中文版3ds max 2018／VRay

效果图全能教程

主　编　胡爱萍　徐　俊　姚丹丽
副主编　余　辉　张杨魏　李　平

机械工业出版社

这是一本全面介绍中文版3ds max 2018 / VRay制作效果图的教程，主要针对零基础读者开发，是入门级读者快速并全面掌握3ds max 2018 / VRay效果图制作的必备参考书。本书从3ds max 2018 / VRay的基本操作入手，结合大量的可操作性实例，全面而深入地阐述了3ds max 2018 / VRay的建模、灯光、材质、渲染在效果图制作中的运用。全书共18章，分为基础篇、提高篇、精华篇三大部分。讲解模式新颖，符合零基础读者学习新知识的思维习惯。本书附带所有实例的实例文件、场景文件、贴图文件与多媒体教学视频，同时作者还准备了常用单体模型、效果图场景、经典贴图赠送读者，以方便读者学习。

本书适合装修设计师、3d爱好者使用，也可供各类数码图片培训班作为教材使用，还适合于大、中专院校学生自学。

图书在版编目（CIP）数据

中文版3ds max 2018 / VRay效果图全能教程 / 胡爱萍，徐俊，
姚丹丽主编. —北京：机械工业出版社，2018.2
ISBN 978-7-111-59058-3

Ⅰ.①中… Ⅱ.①胡… ②徐… ③姚… Ⅲ.①三维动画
软件—教材 Ⅳ.①TP391.414

中国版本图书馆CIP数据核字（2018）第021123号

机械工业出版社（北京市百万庄大街22号 邮政编码 100037）
策划编辑：张秀恩 责任编辑：张秀恩
责任校对：王 延
责任印制：张 博
北京中科印刷有限公司印刷
2018年3月第2版第1次印刷
210mm×285mm · 18印张 · 502千字
标准书号：ISBN 978-7-111-59058-3
定价：99.00元

前 言

3ds max是当前国内最流行的效果图制作软件，是环境艺术设计师必须掌握的重要软件之一。使用3ds max 2018／VRay制作装修效果图简单快捷，效果逼真，熟练掌握操作技法后还能根据设计要求来创新，获得与众不同的表现效果。学习3ds max 2018／VRay已成为艺术设计行业的一种工作时尚，是施展个人才华，获取成功的捷径。

其实，3ds max 2018／VRay的开发初衷并不是用于制作单纯的静态图像，而是用于角色动画与场景动画开发，其中包含各种复杂的操作面板与参数选项，要深入学习需要消耗大量的时间与精力，而制作效果图只使用其中部分功能，因此学习难度并不大，但是要特别熟悉常用的操作方法与参数设定，这样才能满足现代快节奏的工作需求。

使用3ds max 2018／VRay制作效果图主要分为5个步骤。第1步是创建基础模型，使用各种二维与三维基本体，制作室内外主体界面与构造，如墙、地、顶、门窗等，同时赋予相关材质、贴图，并为材质命名。第2步制作局部构件模型，如踢脚板、吊顶、配饰等，方法同第1步，但是由于各种构件数量较多，形体琐碎，花费时间较长。第3步设置摄像机与灯光，仔细调节灯光位置与各项参数，求得真实的照明效果。第4步合并成品模型，如各种家具、陈设品等，进一步丰富空间场景，检查、调整合并模型的材质与贴图。第5步渲染场景空间，经过一系列复杂参数设定，经过渲染后能得到细腻真实的效果图，还可以根据需要使用PhotoshopCS做进一步修饰。

我们在长期教学、实践过程中总结了一套比较完整的3ds max／VRay的操作方法，3ds max 2018／VRay的参数很多，学习时不能死记硬背，尤其不能强制性记忆不常用的参数，即使背得再熟，间隔一周不用就容易遗忘。因此要在学习过程中不断比较记忆，分清各项参数所属的对话框、选项与卷展栏，可以对各种对话框、选项与卷展栏作纵向推理与横向比较，推理记忆各项参数所在的卷展栏的位置，比较卷展栏所在的选项与对话框。先理清这三者之间的从属关系，再比较不同对话框之间、选项之间、卷展栏之间的差异，就能快速识别各项参数的所在位置与特有功能。

在3ds max 2018正式发布之际编写本书，希望能推动我国艺术设计行业的发展。本书共分为基础篇、提高篇、精华篇三大部分，细分为18章，全面且深入讲解3ds max 2018／VRay制作效果图的方法步骤，另附Photoshop进行后期渲染的基本技法，涵盖效果图制作全部内容，能让初学读者快速入门并提高，在短期内达到专业水平，提升个人竞争实力。这是一部完整的效果图制作宝典，请在下面的网址下载本书配套资料包括教学视频与相关素材资料。

https://pan.baidu.com/s/1nvGag0h

本书在编写过程中得到了广大同仁的帮助与支持，在此表示感谢。本书主编为胡爱萍、徐俊、姚丹丽，副主编为余辉、张杨魏、李平，参加编写工作的还有（以下排名顺序不分先后）：

黄 溜	吴 刚	董道正	胡江涵	李星雨
雷叶舟	李昊燊	张 达	童 蒙	廖志恒
彭曙生	曾令杰	刘 婕	王文浩	肖 冰
王 煜	张礼宏	朱梦雪	张秦毓	钟羽晴
柯玲玲	赵 梦	祝 丹	李艳秋	邹 静
刘 雯	李文琪	张 欣	刘 岚	郑雅慧
金 露	邵 娜	邓诗元	蒋 林	桑永亮
权春艳	吕 菲	付 洁	陈伟冬	汤留泉
邓贵艳	董卫中	鲍 莹		

编 者

目 录
前 言

中文版3ds max 2018／VRay

效果图全能教程

基础篇·模型创建

第1章　3ds max 2018基础

操作难度☆☆☆☆★

本章简介

　　3ds max是当今最流行的三维图形图像制作软件，目前在我国制作装修效果图几乎全部使用这款软件，它的功能强大，制作效果逼真，受众面很广。本章主要介绍3ds max 2018的基础，包括简介、新增功能、安装、界面介绍、视口布局等内容，让读者熟悉3ds max 2018软件的基本操作，为后期深入学习打好基础。

1.1　中文版3ds max 2018简介

　　3ds max 2018全称为3D Studio MAX。该软件早期名为3DS，是应用在dos操作系统下的三维软件，之后随着PC高速发展，Autodesk公司于1993年开始研发基于PC平台的三维软件（图1-1），终于在1996年，3D Studio MAX V1.0问世，图形化的操作界面，使应用更为方便。3D Studio MAX从V4.0开始简写成3ds max，随后历经多个版本。最新版本为3ds max 2018。3ds max 2018分为32bit与64bit两种版本，安装时应根据电脑操作系统类型来选择。

　　3ds系列软件在三维动画领域拥有悠久的历史，在1990年以前，只有少数几种渲染与动画软件可以在PC上使用，这些软件或是功能极为有限，或是价格非常昂贵，或是二者兼而有之。作为一种突破性新产品，3D Studio的出现，打破了这一僵局。3D Studio为在PC上进行渲染与制作动画提供了价格合理、专业化、产品化的工作平台，并且使制作计算机效果图与动画成为一种全新的职业。

　　DOS版本的3D Studio诞生在20世纪80年代末，那时只要有一台386DX以上的计算机就可以圆一名设计师的梦。但是进入20世纪90年代后，PC与Windows 9x操作系统不断进步，使DOS 操

图1-1

作系统下的设计软件在颜色深度、内存、渲染与速度上存在严重不足。同时，基于工作站的大型三维设计软件，如Softimage、Light wave、Wave front等在电影特技行业的成功使3D Studio的设计者决心迎头赶上。与前述软件不同，3D Studio从DOS向Windows转变要困难得多，而3D Studio MAX的开发则几乎从零开始。

后来随着Windows平台的普及以及其他三维软件开始向Windows平台发展，三维软件技术面临着重大的技术改革。在1993年，3D Studio软件所属公司果断放弃了在DOS操作系统下的3D Studio源代码，而开始使用全新的操作系统（Windows NT）、全新的编程语言（Visual C++）、全新的

结构（面向对象）编写了3D Studio MAX。从此，PC上的三维动画软件问世了。

在3D Studio MAX 1.0版本问世后仅1年时，开发者又重写代码，推出了3D Studio MAX 2.0。这次升级是1次质的飞跃，增加了上千处的改进，尤其是增加了NURBS建模、光线跟踪、材质发、镜头光斑等强大功能，使得该版本成为了1款非常稳定、健全的三维动画制作软件，从而占据了三维动画软件市场的主流地位。

随后的几年里，3D Studio MAX先后升级到3.0、4.0、5.0等版本，且依然在不断地升级更新，直到现在的3ds max 2018，每个版本的升级都包含了许多革命性的技术更新（图1-2、图1-3）。

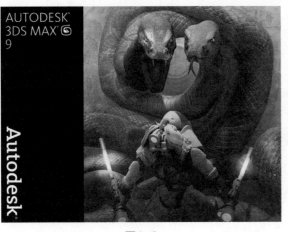

图1-2

图1-3

1.2 新增功能

Autodesk 3ds max 2018软件提供了一种用于运动图形、视觉效果、设计可视化与游戏开发的3D动画的全新方法。从用于自动生成群组的具有创新意义的新填充功能集到显著增强的粒子流工具集，再到现在支持 Microsoft DirectX 11明暗器且性能得到了提升的视口，3ds max 2018融合了当今现代化工作流程所需的概念与技术。此外，借助

新的跨 2D／3D 分割的透视匹配与矢量贴图工具，3ds max 2018 提供了可以帮助操作者拓展其创新能力的新工作方式。

1.2.1 工作流程修改

鉴于小的细节会造成重大差异，3ds max 2018对工作流程进行了诸多改进，以帮助提高整体

补充提示

3ds max最初是用于三维空间模拟试验的软件，后来应用到影视动画上，能获得真实摄像机与后期处理难以达到的效果。在我国，装饰装修行业非常发达，3ds max则主要用于三维空间效果图制作，用于反映设计师的初步创意，三维空间效果图成为设计师与客户之间必备的交流媒介，几乎所有装饰装修设计师都要掌握这套软件。

工作效率。例如：修复了UV展开、捕捉、Caddies与视口切换；隔离工具得到了增强；统一了多边形编辑快捷键；改进了与缺少插件相关的场景管理等。

1.2.2 搜索3ds max命令

使用搜索3ds max命令可以按名称搜索操作。当选择"帮助搜索3ds max命令"时，3ds max将显示1个包含搜索字段的小对话框（图1-4、图1-5）。当输入字符串时，该对话框显示包含指定文本的命令名称列表。从该列表中选择1个操作会应用相应的命令，前提是该命令对于场景的当前状态适用，然后对话框将会关闭（图1-6）。

1.2.3 增强型菜单

主菜单栏的增强版本在替代工作区中可用。新菜单已经重新组织，更易于使用，并且常用的命令更易于访问，图标也已添加。还可以重新排列新菜单，使常用命令更易于访问。

要访问设计标准菜单，请打开快速访问工具栏上的"工作区"下拉列表，然后选择"设计标准菜单"（图1-7）。每个面板可以收拢或展开，不论是处于固定状态还是浮动状态。面板收拢时，标题栏的左侧会显示1个"＋"图标，右侧会显示1个右向三角形。面板展开时，标题栏左侧会显示1个"－"图标。要切换面板的状态，请单击标题栏上除右侧之外的任意位置（图1-8）。

1.2.4 循环活动视口

现在，可以使用键盘上的Windows徽标〈❖〉键与〈Shift〉键组合来循环活动视口。如果所有视口都是可见的，则按〈❖+Shift〉键将会更改处于活动状态的视口。当视图区的1个视口最大化后，按〈❖+Shift〉键将会显示可用的视口。反复按〈❖+Shift〉键将会更改视口的焦点，松开这些按键时，所选择的视口将变为最大化视口（图1-9）。

1.2.5 中断自动备份

当3ds max保存自动备份文件时，会在提示行中显示1条相关消息。如果场景很大，并且您不希望此时立即花时间来保存该文件，可以按〈Esc〉键停止保存。如果建立的模型场景不是很复杂，则提示仅会短暂显示。

1.2.6 文件链接管理器

当链接到包含日光系统的Revit或FBX文件时，文件链接管理器现在会提示您向场景中添加曝光控制。曝光控制是用于扫描线渲染器的对数曝光控制，或用于其他视觉渲染器的mr摄影曝光控制，主要包括mental ray、iray或Quicksilver渲染器。建议单击"是"按钮，否则，渲染效果将曝光过度（图1-10）。

1.2.7 填充

现在，使用3ds max 2018中新增的群组动画功能集，只需简单几个步骤即可将制作的静态模型变得栩栩如生。填充可以提供对物理真实的人物动画的高级控制，通过该功能，操作者可以快速轻松地在场景选定区域中生成移动或空闲的群组，以利

图1-4

图1-5

图1-6

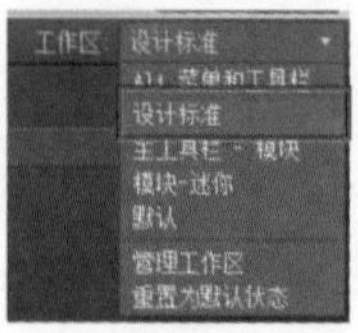

图1-7

图1-8

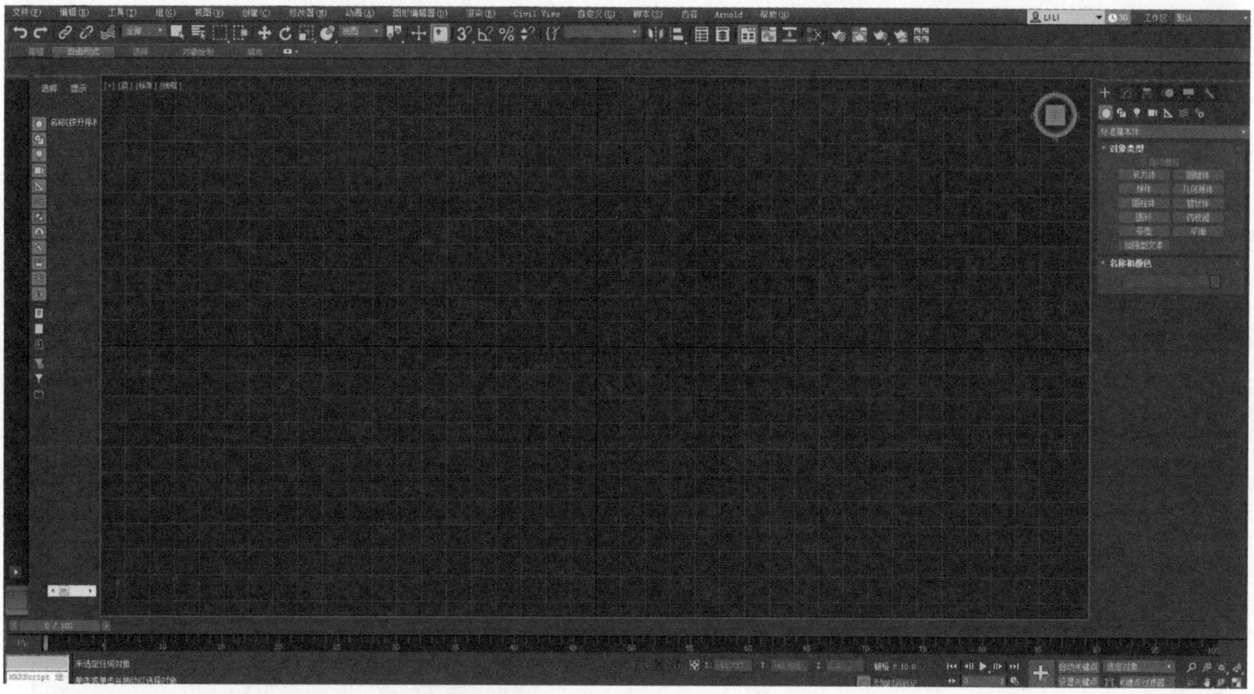

图1-9

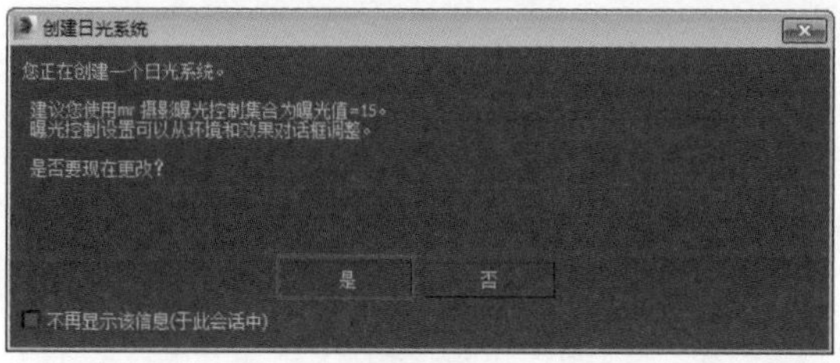

图1-10

用真实的人物活动丰富建筑演示或预先可视化电影
或视频场景。"填充"附带了一组动画与角色，可
用于常见的公共场合，如人行道、大厅、走廊、广
场。而且操作者通过其群组合成工具，可以将人行
道连接到人流图案中。

1.2.8　粒子流中的新特性

1）MassFX mParticles。使用模拟解算器
MassFX系统全新的mParticles模块，创建复制现
实效果的粒子模拟。为延伸现有的"粒子流"系
统，mParticles 向操作者提供了多个操作符与测
试，可以用它们模拟自然与人为的力，创建和破坏
粒子之间的砌合，让粒子相互之间或与其他物体进
行碰撞。由于mParticles具有为MassFX模拟优化
的"出生"操作符、使初始设置更为简单的预设流

以及两个易于使用的使粒子能够影响标准网格对象
的修改器，因此操作者能轻松创建出美妙绝伦的模
拟效果。同时，利用NVIDIA的多线程PhysX模拟
引擎，mParticles可帮助美工人员提高工作效率。

2）高级数据操纵。使用新的高级数据操纵工具
集创建自定义粒子流工具。现在，后期合成师与视
觉效果编导可以创建自己的事件驱动数据操作符，
并将结果保存为预设，或保存为"粒子视图"仓库
中的标准操作。使用全新、通用、易于使用的"粒
子流"高级视觉编辑器，操作者可以合并多达27个
不同的子操作符，从而创建专用于特定目的、大量
的"粒子流"工具集，以满足单个产品的特定要
求。

3）"缓存磁盘"与"缓存选择性"。使用面向
通用"粒子流"工具集的两个全新的"缓存"操作
符可提高工作效率。全新的"缓存磁盘"操作符能
提供在硬盘上预计算并存储"粒子流"模拟的功
能，从而能让操作者更快速地进行循环访问。"缓
存选择性"操作符能让操作者缓存特定类型的数
据，使用该操作符，操作者可以选择粒子系统的大
部分计算密集型属性，预先计算1次，然后通过后缓
存操作符使用其他粒子系统属性，如图形、大小、

方向、贴图、颜色等。

1.2.9　环境中的新功能

1）球形环境贴图。用于环境贴图的默认贴图模式现在为"球形贴图"。

2）加载预设不会更改贴图模式。当加载渲染预设时，环境贴图的贴图模式不会更改。在早期版本中，它将恢复为"屏幕"，而不管以前是什么设置。

3）曝光控制预览支持"mr"天光。用于曝光控制的预览缩略图现在可以正确显示"mr"天光。

1.2.10　材质编辑中的新增功能

现在，在"材质/贴图"浏览器中，右键单击材质或贴图时，可以将其复制到新创建的材质库中去（图1-11）。

图1-11

1.2.11　贴图中的新特性

1）矢量贴图。使用新的矢量贴图，操作者可以加载矢量图形作为纹理贴图，并按照动态分辨率对其进行渲染；无论将视图放大到什么程度，图形都将保持鲜明、清晰。通过包含动画页面过渡的PDF支持，操作者可以创建随着时间而变化的纹理，同时设计师可以通过对AutoCAD PAT填充图案文件的支持创建更加丰富与更具动态效果的CAD插图。此外，该功能还支持AI（Adobe Illustrator）、SVG、SVGZ等格式。

2）法线凹凸贴图。"法线凹凸"贴图能修复导致法线凹凸贴图在3ds max视口中与在其他渲染引擎中显示不同的错误。此外，现在使用"首选项"对话框中"常规"面板中的"法线凹凸"选项，可以优化其他程序创建的法线凹凸贴图，这些是以往版本所不具备的功能。

1.2.12　摄像机中的新特性

摄像机中的新特性即是增加了透视匹配，通过新的"透视匹配"功能，操作者可以将场景中的摄影机视图与照片或艺术背景的透视进行交互式匹配。使用该功能，操作者可以轻松地将1个CG元素放置到静止帧摄影背景的上下文中，使其适合打印与宣传合成物。

1.2.13　渲染中的新功能

1）mental ray渲染器。mental ray渲染器有一个新的易于控制的"统一采样"模式，而且渲染速度比3ds max早期版本使用的多过程过滤采样快得多。

新的"天光"选项可用于从一个或多个环境贴图，尤其是在高动态范围图像中能准确生成天光。

"字符串选项"卷展栏可用于在mental ray MI文件中按照操作者自己的喜好输入选项。

如果mental ray渲染器遇到致命错误，3ds max 2018将继续运行，但要重新创建mental ray渲染，则需要重新启动3ds max 2018。

2）iray渲染器。iray渲染器现在支持多种在早期版本可能不会渲染的贴图。这些贴图包括"棋盘格""颜色修正""凹痕""渐变""渐变坡度""大理石""Perlin大理石""斑点""Substance""瓷砖""波浪""木材"与"mental ray海洋明暗器"。

新的解算器方法选项可用于启用能提高室内场景精度的采样器以及能提高焦散照明质量的采样器。"置换"设置已移动到独立的卷展栏。使用"无限制"选项时，"渲染进度"对话框现在显示已执行的迭代的次数，进度条显示动画条纹，而不是绝对的百分比。

3）渲染模式同步。单击菜单栏"渲染"按钮所弹出的菜单，现在已与"渲染设置"对话框中的"渲染"按钮的下拉菜单同步，即更改1个控件上的渲染模式会随之更改其他控件上的模式。

1.2.14　视口新功能

1）Nitrous 性能改进。在3ds max 2018中，

复杂场景、CAD数据、变形网格的交互、播放性能有了显著提高，这要归功于新的自适应降级技术、纹理内存管理的改进、增添了并行修改器计算以及某些其他优化。Nitrous视口在多方面都有了更新，以提高速度。例如：改进了粒子流的播放性能；改进了场景包含大量实例化对象时的性能；改进了处理Auto CAD文件时的性能；改进了蒙皮对象的播放性能；改进了纹理管理；线框显示中的背面消隐。Nitrous 视口现在完全支持自适应降级，包括"永不降级"对象属性。

2）支持 Direct3D 11。它是利用 Microsoft DirectX 11的强大功能，再加上3ds max 2018对DX 11明暗器新增的支持，操作者现在可以在更短的时间内创建并编辑高质量的资源与图像。此外，凭借 HLSL（高级明暗处理语言）支持，新的 API 在3ds max 2018中提供了 DirectX 11功能。在 Windows 7系统上，Nitrous视口现在可以使用 Direct3D 11。WindowsXP的用户仍然可以使用 Nitrous Direct3D 9驱动程序。在不具有图形加速的Windows7系统上，Nitrous软件驱动程序同样可用。"显示驱动程序选择"对话框已更新，以反映这些更改。

3）2D 平移／缩放。这能使操作者可以像平移、缩放二维图像一样操作"摄影机""聚光灯"或"透视"视口，而不影响实际的摄影机或灯光位置或"透视"视图的渲染帧。在匹配透视图、使用轮廓或蓝图构建场景以及放大密集网格进行选择时，此功能对线条的精确放置非常有帮助。此功能取代了早期版本中使用"锁定缩放／平移"复选框。

4）切换最大化视口。当视口最大化时，可以按"❖+Shift"键切换至另一视口。

1.2.15　文件处理中的新功能

1）位图的自动 Gamma 校正。保存与加载图像文件时，新的"自动 Gamma"选项会检测文件类型并应用正确的Gamma设置。这样，操作者就无须为典型渲染工作流程手动设置Gamma。启用了Gamma校正时，3ds max 2018使用随它加载的位图文件一起保存的Gamma值，并随它所保存的位图文件一起保存该Gamma值。如果文件格式不支持Gamma值，则为8位图像格式使用Gamma 值2.2，对浮点与对数图像格式使用值1.0（无Gamma校正）。此外，状态集也已更新，以随所有文件一起正确保存Gamma。

2）状态集。现在可以记录对象修改器的状态更改，这对渲染过程控制与场景管理非常有帮助。操作者还可以通过右键单击菜单控制状态集，而且"状态集"用户界面可以停靠在视口中，增加了可访问性。在 3ds max 2018与 Adobe After Effects软件之间提供双向数据传输的媒体同步功能，现在支持文本对象。文本属性与动画属性现在可双向同步。状态集现在保存文件与正确的Gamma值。

3）日志文件更新。日志文件现在包含列标题，条目包含添加条目的3dsmax.exe进程的进程与线程ID。同时运行的所有3dsmax.exe进程将写入同1个"max.log文件"。

1.2.16　自定义中的新特性

现在，操作者可以为菜单操作选择自定义图标。此选项位于菜单窗口的右键单击菜单中的"自定义用户界面"中的"菜单"面板上。

1.2.17　帮助新特性

帮助进行了重新组织，使得查找信息更容易，而且与其他Autodesk Media或Entertainment产品中的帮助更加一致。此外，3ds max 2018还创建了1个帮助存档。存档中的主题描述了将来不太可能更改的特性。

1.3　安装方法

本节将对中文版3ds max 2018的安装进行明确介绍，其实3ds max 2018的安装与前期版本差不多，操作起来并不复杂，但是不能颠倒顺序。

1.3.1　安装方法

1）解压下载的压缩包。打开解压文件夹找到"Setup.exe"文件，运行它开始安装3ds max 2018中文版（图1-12）。

图1-12

2）检查系统配置后，这时就会进入安装界面。单击"安装"按钮进行安装（图1-13）。

3）安装许可协议勾选"我接受"，单击"确定"按钮（图1-14）。

4）产品信息界面。选择许可类型为"单机"，输入序列号"*** - *******"与产品密钥"******"，单击"下一步"按钮，当序列号无效时，可单击链接接提交问题（图1-15）。

5）配置安装界面。设置安装路径，单击"安装"按钮（图1-16）。

6）进入安装等待界面，等待一段时间就安装完成（图1-17）。

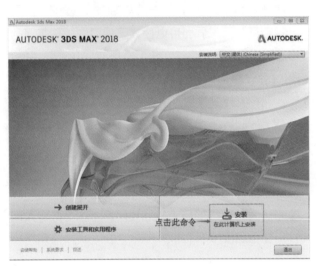

图1-13

图1-14

图1-15

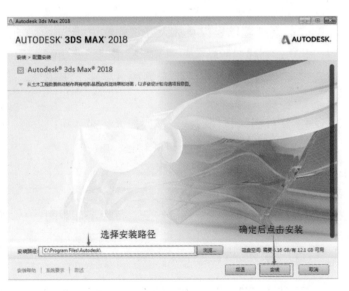

图1-16

1.3.2 语言转换

在计算机系统的开始菜单中找到3ds max 2018的"Languages"文件夹，单击"3ds Max 2018 -simplified Chinese"，就可以转换到简体中文版了（图1-18）。

1.3.3 激活方法

1）安装3ds max 2018后，打开3ds max 2018，单击右下角的"激活"按钮（图1-19）。

2）在"激活选项"对话框中，有"立即连接并激活"与"我具有Autodesk提供的激活码"两种激活方式。一般建议选择前者，需要将该安装计算机连接互联网，根据互联网提示进一步输入激活信息。如果选择后者，则需要向经销商索要激活码，具体操作各有不同，可以由经销商提供激活方法（图1-20）。

3）用户还可以登录互联网，进入Autodesk中国官网www.autodesk.com.cn（图1-21），查阅相关帮助文档获得激活信息（图1-22）。

4）完成激活后即可正式使用（图1-23）。

图1-17

图1-18

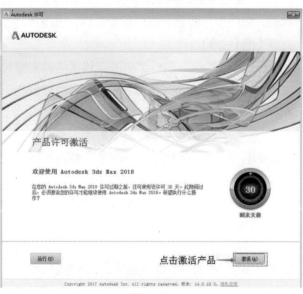

图1-19

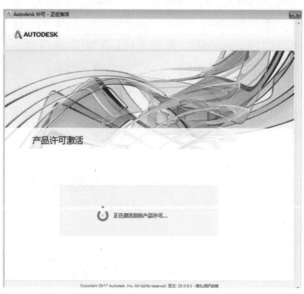

图1-20

图1-21

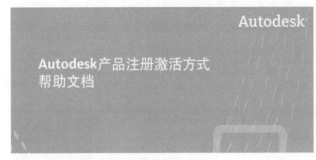

图1-22

图1-23

1.4　界面介绍

3ds max 2018的界面布局与3ds max 2010等以往版本的界面布局都是一样的，内容包括菜单栏简介、主工具栏简介、命令面板简介及卷展栏简介4个部分，操作界面比较复杂。

1.4.1　菜单栏简介

3ds max 2018操作界面的菜单栏主要提供了文件、编辑、工具、组、视图、创建、修改器、动画、图形编辑器、渲染、Civil View、自定义、脚本、内容、Arnold、帮助（H）共16个菜单命令（图1-24），菜单栏中常用的命令含义如下。

1）文件菜单。文件菜单中包含了使用3ds max文件的各种命令，使用这些命令可以创建新场景，打开并保存场景文件，也可以导入对象或场景（图1-25）。

2）编辑菜单。编辑菜单包含从错误中恢复的命令、存放、取回的命令，以及几个常用的选择对象命令（图1-26）。

3）工具菜单。工具菜单主要包含场景对象的操作命令，如阵列、克隆、对齐等，以及管理操作命令（图1-27）。

4）组菜单。组菜单中包含成组、解组、打开组、关闭组、附加组、分离组、炸开组、集合命令，主要是对场景中的物体进行管理（图1-28）。

5）视图菜单。视图菜单主要用于调节各种视图界面，包括视口配置、视口背景颜色、设置活动视口等（图1-29）。

6）创建菜单。创建菜单主要包括各种对象的创建命令，3ds max 2018所提供的各种对象类型都可以在该菜单中找到（图1-30）。

7）修改器菜单。修改器菜单中主要包含的是3ds max 2018中的而各种修改器，并对这些修改器进行了分类（图1-31）。

8）动画菜单。动画菜单中主要包含各种控制

图1-24

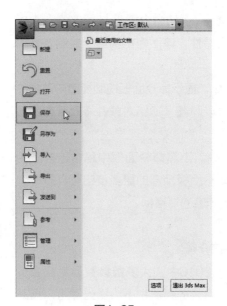

图1-25

图1-26

图1-27

图1-28

图1-29

图1-30

图1-31

图1-32

图1-33

器、动画图层、骨骼，以及其他一些针对动画操作的命令（图1-32）。

9）渲染菜单。渲染菜单主要包含与渲染有关的各种命令，3ds max 2018中的环境、效果、高级照明、材质编辑器等都包含在该菜单中（图1-33）。

1.4.2 主工具栏简介

主工具栏是整个3D制作时用得最多的工具栏，该工具栏包含一些常用的命令及相关的下拉列表选项，使用时，可以在工具栏中单击相应的按钮快速执行命令（图1-34）。单击主工具栏左端的两条竖

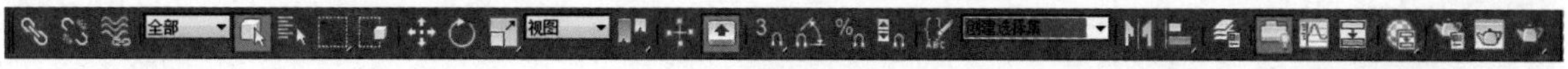

图1-34

线并拖动，可以使其脱离界面边缘而形成浮动工具窗口（图1-35）。如果主工具栏中的工具按钮含有多种命令类型，则单击该按钮不放，会弹出相应的下拉工具选项（图1-36）。

1.4.3　命令面板简介

命令面板位于3ds max 2018操作界面的右侧，该面板包含创建、修改、层次、运动、显示、实用程序这6个命令类型（图1-37），如层次命令面板（图1-38）、显示命令面板（图1-39）。命令面板中主要命令类型的含义如下。

1）创建命令。创建命令面板可以为场景创建对象，这些对象可以是几何体，也可以是灯光、摄影机或空间扭曲之类的对象。

2）修改命令。修改命令面板中的参数对更改对象十分有帮助，除此之外，在修改面板中还可以为选定的对象添加修改器。

3）层次命令。层次命令面板包括3类不同的控制项集合，通过面板顶部的3个按钮可以访问这些控制项。

4）运动命令。运动命令面板与层次命令面板类似，具有双重特性，该面板主要用于控制对象的一些运动属性。

5）显示命令。显示命令面板控制视口内对象的显示方式，还可以隐藏、冻结对象并修改所有的显示参数。

6）工具命令。工具命令面板中包含一些实用的工具程序，单击面板顶部的更多按钮可以打开显示其他实用工具列表的对话框。

1.4.4　卷展栏简介

在3ds max 2018中，大多数参数通常都会按类别分别排列在特定的卷展栏下，操作时可以展开或卷起这些卷展栏来查看相关的参数（图1-40）。进入显示命令面板，在面板中列出了6个卷展栏，此时这些卷展栏都处于卷起状态。用鼠标单击这些卷展栏的题标就会展开卷展栏，显示其中的相关参数（图1-41）。

图1-35

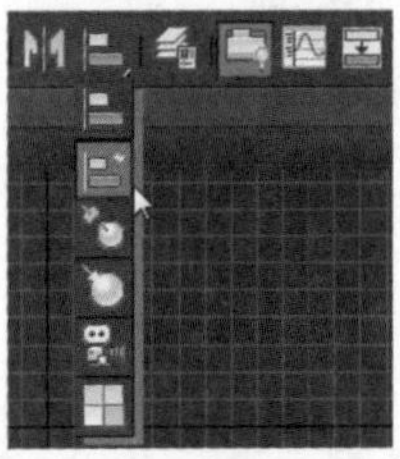

图1-36

图1-37

图1-38

图1-39

图1-40

图1-41

补充提示

3ds max 2018的操作界面还是一如既往地复杂，但是复杂中带有条理，在初学阶段，应始终把握好先创建，再修改的原则，任何模型都是如此。在"创建面板"中，尽量使用"标准基本体"中的各种成品模型，这样操作速度会很快。不要随意采用二维线型来创建模型，待后期修改就会遇到很多麻烦。至于"层次命令"与"运动命令"，一般不会用到，可以暂时不用去熟悉。

1.5 视口布局

3ds max 2018的默认视口布局能够满足大多数用户的操作需要，但如果用户有特殊要求，也可通过自定义菜单来自定义视口布局。本节对视口布局、视口显示、视口显示类型，以及视口操作工具等的相关知识进行介绍。

1.5.1 视口的布局

在视口左上角的视口"＋"处右击鼠标，在弹出的菜单中选择"配置视口"命令（图1-42）。在开启的视口配置对话框中切换到"布局"选项卡。在"布局"选项卡中可以设置视口的布局方式，3ds max 2018提供了14种布局方式（图1-43）。

1.5.2 不同的视口显示类型

在激活视口左上角的视口名称上单击鼠标右键，在弹出的菜单中可以选择不同的视口显示方式（图1-44）。

1.5.3 视口控件

在3ds max 2018操作界面的右下角有针对视口操作的"视口工具"按钮，主要功能有8种（图1-45），使用这些工具能更方便地进行观察与操作。凡是右下角带有黑色小三角符号的按钮，表示这个按钮是按钮组，还有其他按钮隐藏在里面，按

下鼠标左键保持1s不放，即可显示全部按钮（图1-46）。视口控件中各个按钮的含义依次如下。

1）缩放按钮。使用缩放工具可以对当前所选择的视口进行缩放控制。

2）缩放所有视图按钮。使用该工具可以操作界面中所有的视口都进行缩放控制。

3）最大化显示按钮。使用该按钮可以将当前激活视口中的对象最大化显示出来。

4）所有视图最大化显示按钮。该按钮的功能与最大化显示按钮一样，只是它将视口中的对象都最大化显示。

5）视野按钮。该按钮可以控制视口中的视野大小，当活动视口为正交、透视或用户三向投影视图时，有可能显示为缩放区域按钮。

6）平移视图按钮。使用该按钮可以对视口进行平移操作。

7）弧形旋转按钮。使用该按钮可以对视口进行各个方向的旋转操作。

8）最大化视口切换按钮。使用该按钮可以在最大化视口与标准的视口之间进行切换。

1.5.4 其他视口操作命令

在视口操作命令中，除了以上这些外还有一些视口的操作命令。显示栅格命令可以控制是否在视

图1-42

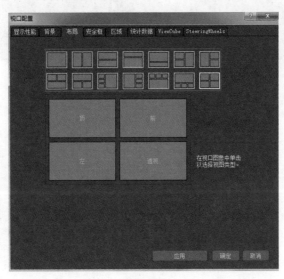

图1-43

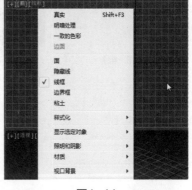

图1-44

图1-45

图1-46

口中显示背景的栅格线，如在视口中显示栅格效果（图1-47），或在视口中不显示栅格效果（图1-48），或在视口中显示安全框（图1-49），快捷键为"Shift＋F"等。安全框显示是指显示一个由

3种颜色线条围成的线框（图1-50），最外侧的线框是渲染的边界，中间的线框为图像安全框，内部的线框为字幕安全框，超出安全框外的对象将不显示在最终渲染图像中。

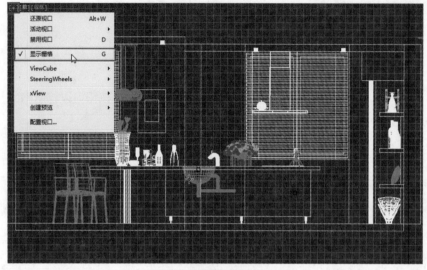

图1-47

图1-48

图1-49

图1-50

第2章　基本三维建模

操作难度☆☆☆★★

本章简介

　　基本三维建模是3ds max 2018中最简单、最基础的三维模型，是各种效果图建模的制作基础。基本三维建模虽然简单，但是也需要设置各种参数，控制尺寸大小，不能随意创建。在大多数复杂模型的创建初期，都是先用基本几何体组成雏形，再对其进行细致修改，基本几何体的创建可以在创建命令面板中的几何体类别下进行创建。

2.1　标准基本体

　　标准基本体都有自身特定的参数，本节将对这些基本体的参数进行介绍。在创建面板中几何体类别下的对象类型卷展栏中，3ds max 2018提供了10种标准基本体（图2-1）。

　　1）使用频率最多的是长方体与圆柱体对象类型，它可以在场景中创建长方体或圆柱体对象。该对象包含长、宽、高、直径、半径、长度分段等参数（图2-2、图2-3）。

　　2）球体与几何球体对象类型可以在场景中创建球体与几何球体（图2-4），这两种类型都包含有半径、分段等参数。这是更改创建参数后的模型效果（图2-5）。

图2-1

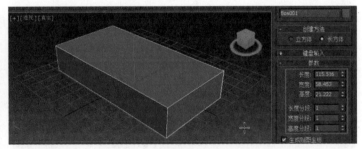

图2-2

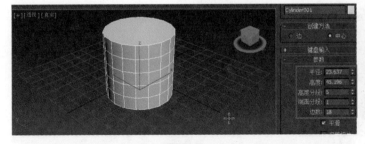

图2-3

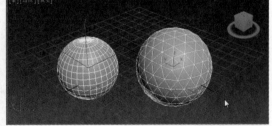

图2-4

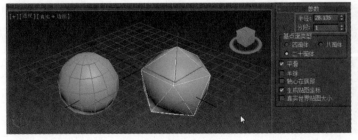

图2-5

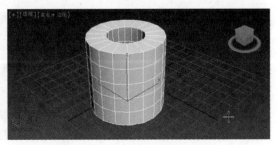

图2-6

3）管状体对象类型可以在场景中创建管状体（图2-6），该对象类型包含半径、高度、及边数等参数（图2-7）。

4）圆锥体对象类型可以在场景中创建圆锥体（图2-8），该对象类型包含半径、高度、高度分段等参数（图2-9）。

5）圆环对象类型可以在场景中创建圆环（图2-10），该对象类型包含半径、旋转、扭曲等参数（图2-11）。

6）四棱锥对象类型可以在场景中创建四棱锥对象（图2-12）。

7）平面是没有厚度的平面实体（图2-13），不同的分段值决定平面在长、宽上的分段。

8）茶壶对象类型可以在场景中创建茶壶对象（图2-14），该对象类型由半径与分段参数决定其大小与表面光滑程度（图2-15）。

补充提示

标准基本体的运用简单快捷，是制作效果图的主要模型创建对象，在创建时应注意表面网格的数量不宜过多，够用即可。

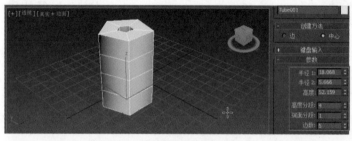

图2-7

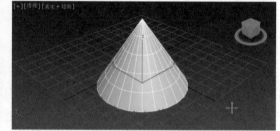

图2-8

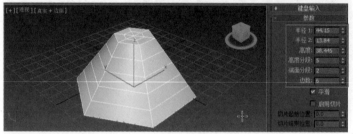

图2-9

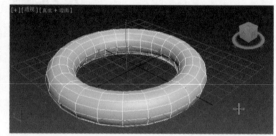

图2-10

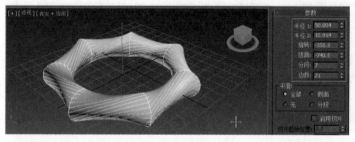

图2-11

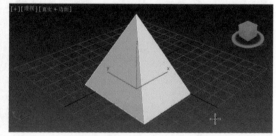

图2-12

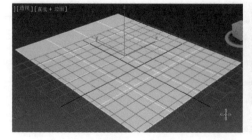

图2-13

图2-14

图2-15

2.2 实例制作——书柜

本节将根据上节内容制作一个简单的实例书柜，具体操作步骤如下。

1）新建一个场景，进入菜单栏，在"自定义"菜单中单击"单位设置"（图2-16），将"公制"单位设为"毫米"，即mm，单击"系统单位设置"，将单位也设为"毫米"，即mm。这样在后续操作中就统一了输入数据单位，无须再次调整了（图2-17）。

2）进入右侧创建命令面板，在"标准基本体"下选择"长方体"，在前视口中创建长方体（图2-18）。

3）修改该长方体的参数，将"长度"设置为2000.0mm，"宽度"设置为1500.0mm，"高度"设置为20.0mm（图2-19）。

4）单击"最大化视口切换"按钮，将前视口最大化，继续创建一个长方体（图2-20），将"长度"设置为2000.0mm，"宽度"设置为20.0mm，"高度"设置为400.0mm（图2-21）。

5）在工具栏中用鼠标左键按住"捕捉"工具不放，在下拉工具中选择"2.5维"捕捉按钮（图2-22），在捕捉开关上面单击鼠标右键，在弹出的对话框中取消勾选"栅格点"，然后勾选"顶点"（图2-23）。

6）使用"移动"工具，滑动鼠标滑轮将视口放大，用鼠标左键按住小长方体的左上角顶点不放，将其移动到大长方体的左上角顶面，放开鼠标让其重合（图2-24）。

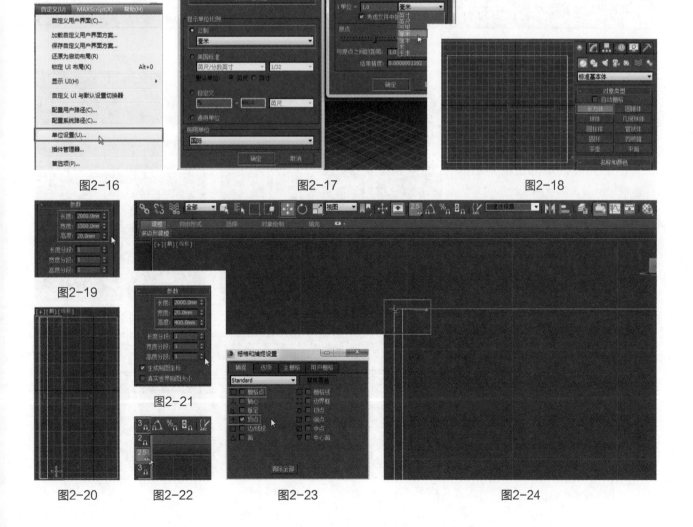

图2-16　　　　　　　　　图2-17　　　　　　　　　图2-18

图2-19

图2-20　　　图2-22　　　　　　图2-23　　　　　　　　　图2-24

图2-21

7）按住Windows徽标〈⊞〉键，并同时按下〈Shift〉键来循环活动视口，将视口切换到顶视口（图2-25），放大视口，将两个长方体重合的部分移动出来，并将小长方体的左上角捕捉到大长方

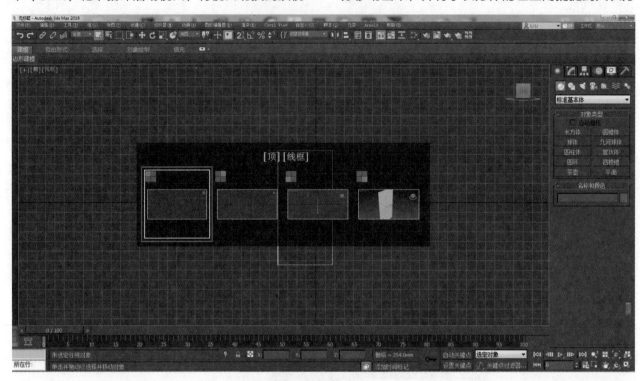

图2-25

体的左下角顶点（图2-26）。

8）选中小长方体，同时按住〈Shift〉键，将其在"X"轴的正方向上移动一定距离（图2-27），在弹出的克隆选项对话框中选择"复制"对象，将"副本数"设置为4，单击"确定"按钮（图2-28）。

9）将最右边的小长方体的左上角捕捉到大长方体的左下角，并将其余3个小长方体调整到等分的位置（图2-29）。

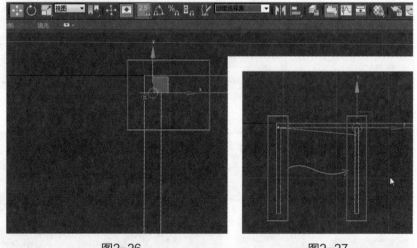

图2-26　　　　　　　　图2-27

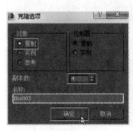

图2-28

图2-29

10）继续创建长方体，捕捉"大长方体的左上角"到"最右边小长方体的右下角"创建一个长方体，创建完成后将"高度"设置为20.0mm（图2-30）。

11）按住Windows 徽标〈 ⊞ 〉键，并同时按下〈Shift〉键来循环活动视口，将视口切换到前视口，使用"移动"工具，将创建的长方体移动到最上面位置，并使用"捕捉"工具将其对齐至顶点（图2-31）。

12）按住〈Shift〉键，将该长方体在"Y"轴的负方向移动一定距离，并在弹出的"克隆选项"对话框中将"副本数"设置为5，单击"确定"（图2-32）。

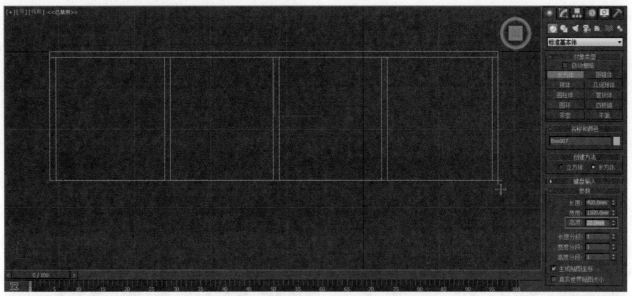

图2-30

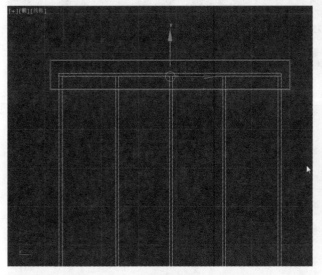

图2-31

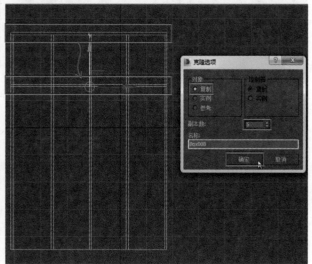

图2-32

补充提示

　　在初学阶段，可以多联系制作几何体模型，如简单的家具，这会有助于提高操作速度，熟悉3ds max 2018的各种操作界面。如果觉得很乏味，可以将本书配套资料的模型打开，逐个分析，了解基本模型的创建方法。创建模型的关键在于善于运用"克隆"命令，将同类模型一次性制作出来，再运用"移动""对齐"工具来调整模型的位置。制作基础模型应当精心、精心，才能磨练学习意志，为后期快速提高打好基础。

13）将最下面的一个长方体的下面顶点使用"捕捉"工具对齐，按"S"键可以关闭"捕捉"功能，然后将其余的长方体在Y轴上移动到等分的位置（图2-33）。

14）将视口切换到透视口，框选所有的长方体模型，展开菜单栏中的"组"菜单，选择"组"（图2-34），在弹出的组对话框中，将"组名"设置为书柜（图2-35）。

15）这是将该书柜摆放饰品后渲染效果（图2-36），关于V-ray材质与V-ray灯光操作方法将在本书其后章节里作详细介绍。

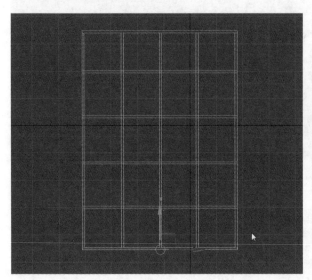

图2-33

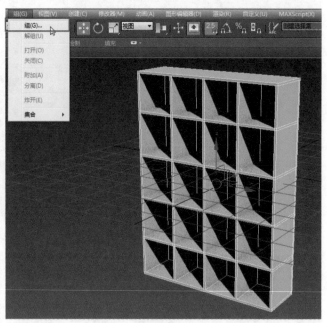

图2-34

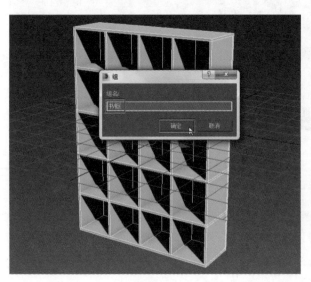

图2-35

图2-36

2.3 扩展基本体

扩展基本体要比标准基本体具有更多的参数控制，能生成比基本几何体更为复杂的造型。3ds max 2018提供了13种扩展基本体类型，可以根据不同的设计需要来选择相应的对象类型进行创建（图2-37）。

1）异面体对象类型是在场景中创建异面体的对象，默认状态下创建的异面体（图2-38），该对象自身包含有5种形态，并且可以通过修改P、Q参数值调整模型的形态（图2-39）。

2）环形结对象类型是扩展基本体中较为复杂的工具，默认

图2-37

情况下的模型效果并无实际意义（图2-40），但是可以修改模型参数，这是可以根据需要更改参数，这是更改参数后的环形结模型形态（图2-41）。

3）切角长方体对象类型可在场景中创建切角长方体（图2-42），该类型与长方体对象的区别在于前者能在边缘处产生倒角效果。

4）切角圆柱体对象类型可在场景中创建圆角圆柱体（图2-43），"圆角"与"圆角分段"参数分别用来控制倒角的大小与分段数。

5）油罐对象类型可在场景中创建两端为凸面的圆柱体（图2-44），"半径"参数用来控制油罐的半径大小，该对象可勾选"启用切片"，启用切片后的效果很独特（图2-45）。

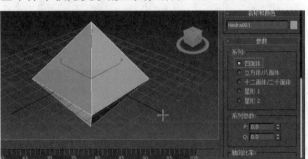

图2-38

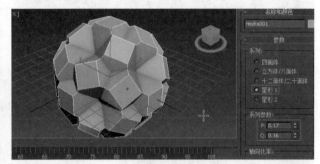

图2-39

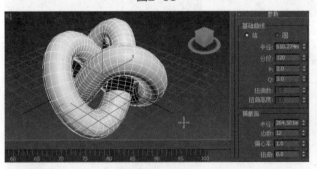

图2-40

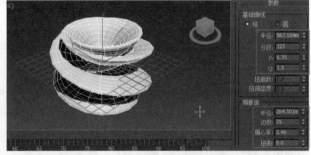

图2-41

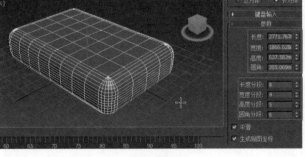

图2-42

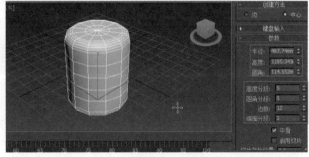

图2-43

6）胶囊对象类型可创建出类似药用胶囊形状的对象（图2-46）。

7）纺锤对象类型可以创建出类似于陀螺形状的对象（图2-47）。

8）L-Ext对象类型可以创建类似L形状的墙体对象（图2-48）。

9）C-Ext对象类型可以创建类似C形状的墙体对象（图2-49）。

10）球棱柱对象类型的圆角参数可以创建出带有圆角效果的多边形（图2-50）。

11）环形波对象类型可以创建一个内部有不规则的波形的环形（图2-51）。

12）软管对象类型可以创建出类似于弹簧的软管形态对象，但不具备弹簧的动力学属性（图2-52）。

13）棱柱对象类型可以创建出形态各异的棱柱（图2-53）。

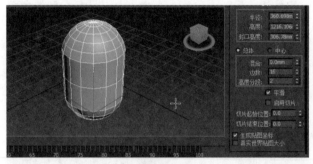

图2-44

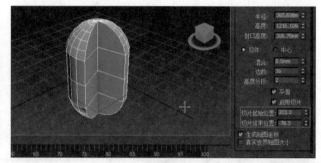

图2-45

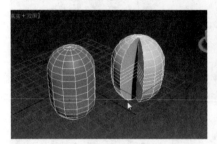

图2-46

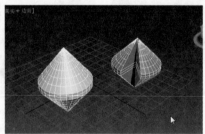

图2-47

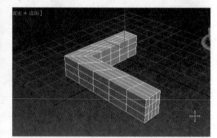

图2-48

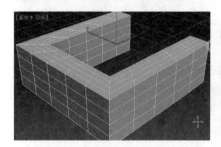

图2-49

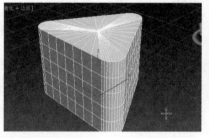

图2-50

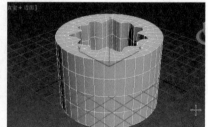

图2-51

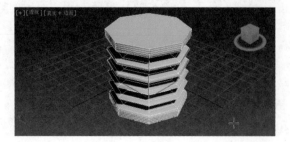

图2-52

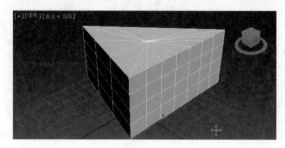

图2-53

2.4 实例制作——沙发

本节示范利用切角长方体制作沙发,具体操作步骤如下。

1)新建一个场景,进入菜单栏,在"自定义"菜单中单击"单位设置",将"公制"单位设为"毫米",单击"系统单位设置",将单位也设为"毫米"。

2)进入创建面板打开创建面板的下拉菜单,选择"扩展基本体"(图2-54),再选择"扩展基本体"中的"切角长方体",创建一个切角长方体

(图2-55)。

3)进入修改面板,调整创建模型的各项参数,将"长度"设置为500.0mm,"宽度"设置为1500.0mm,"高度"设置为170.0mm,"圆角"设置为25.0mm,接着将"长度分段""宽度分段""高度分段"都设置为1,将"圆角分段"设置为5(图2-56)。

图2-54

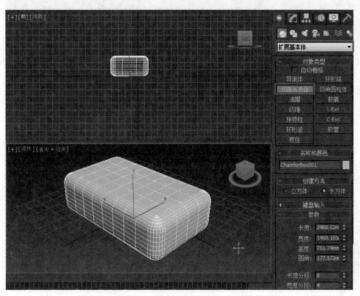

图2-55

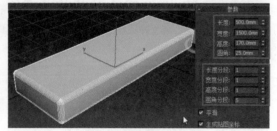

图2-56

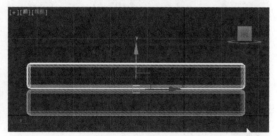

图2-57

4)进入前视口,使用"移动"工具,同时按住〈Shift〉键将其向上移动复制1个(图2-57)。

5)选择复制的切角长方体,在修改面板中调整其参数,将"长度"设置为500.0mm,"宽度"设置为500.0mm,"高度"设置为170.0mm,"圆角"设置为50.0mm(图2-58)。

6)进入前视口,使用"移动"工具,将其移动到与下面

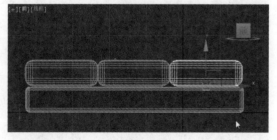

图2-59

图2-58

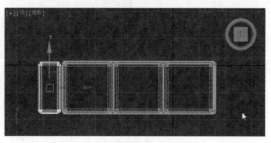

图2-60

切角长方体左边缘对齐的位置，再将其向右复制2个（图2-59）。

　　7）在顶视图中创建1个切角长方体（图2-60），修改其参数，将"长度"设置为500.0mm，"宽度"设置为160.0mm，"高度"设置为440.0mm，"圆角"设置为25.0mm（图2-61）。

　　8）设置完成后，在前视口中将其移动好位置，再将其复制1个到右边对称的位置放好（图2-62）。

　　9）在顶视口再创建1个切角长方体（图2-63），进入修改面板修改其参数，将"长度"设置为160.0mm，"宽度"设置为1840.0mm，"高度"设置为550.0mm，"圆角"设置为25.0mm（图2-64）。

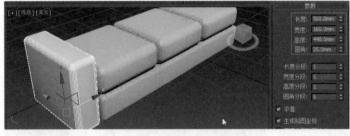

图2-61

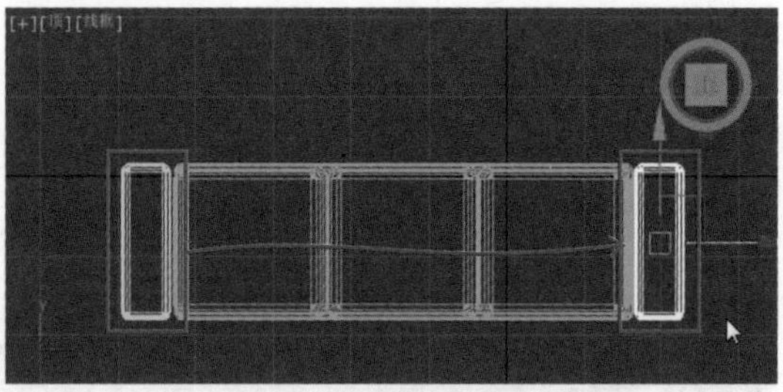

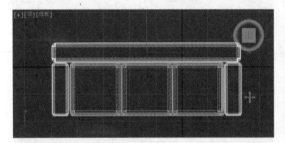

图2-63

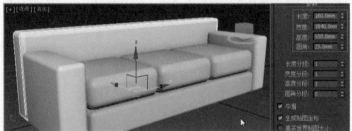

图2-62

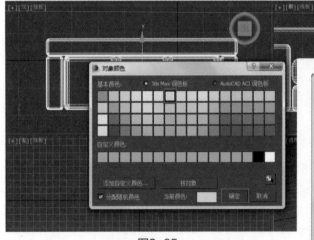

图2-64

图2-65

图2-66

　　10）按住鼠标左键，框选所有切角长方体，在修改命令面板右上角为对象选择同一颜色（图2-65）。

　　11）最后将其空间中设置灯光，并给模型附上材质，这是渲染后的效果（图2-66）。

第3章　二维转三维建模

操作难度☆☆☆★★

本章简介

二维转三维是3ds max 2018中重要的模型创建方法。先创建二维线条，对二维线条进行修改调节后，再运用修改器转换成三维模型。多适用弧形或曲面体模型，属于比较复杂的三维模型，其形体变化自由，后期可以任意修改，适用面非常广。

3.1　二维形体

3.1.1　标准二维图形

二维图形是由一条或多条曲线组成的对象，在3ds max 2018中，可以将二维图形转换为三维模型，二维图形可以在创建命令面板的"二维图形"类别下进行创建。在3ds max 2018中，所有二维图形都可以称为样条线，主要提供了12种标准的样条线（图3-1），下面就介绍主要的样条线。

1）线对象类型是最简单的二维图形，可以使用不同的拖动方法，创建不同形状的线，如直接在视口区单击两个点就能创建一条直线。如果在单击点的时候，还同时拖动鼠标，就能创建弧线，也可以先创建直线，再将直线修改成为弧线，最终可以形成曲直结合的自由线条（图3-2）。

2）矩形对象类型由长、宽、高、角半径等参数控制其形态，不同参数值的形状不同（图3-3）。

图3-1

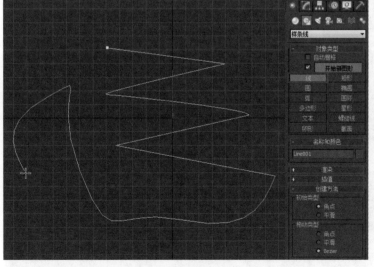

图3-2

图3-3

补充提示

采用二维图形创建模型是最传统的方式，它能创建出各种具有弧线形体的三维模型，而且可以随意变换形体结构，在效果图中应用较多。但是二维图形的创建速度较慢，因此能用三维建模创建的模型一般不用二维图形创建。

3）圆对象类型由半径来控制，圆环对象类型可以创建标准的圆环图形，椭圆对象类型由长度与宽度参数来控制，也可利用轮廓创建出椭圆环，可以利用这3种类型来创建不同的效果（图3-4）。

4）弧对象类型可以创建出圆弧与扇形，而使用螺旋线对象类型则可以创建平面或3维空间的螺旋状图形，这是弧与螺旋线的效果（图3-5）。

5）多边形对象类型可以创建出任意边数或顶点的闭合几何多边形（图3-6）。

6）星形对象类型可以创建出任意角度的完整

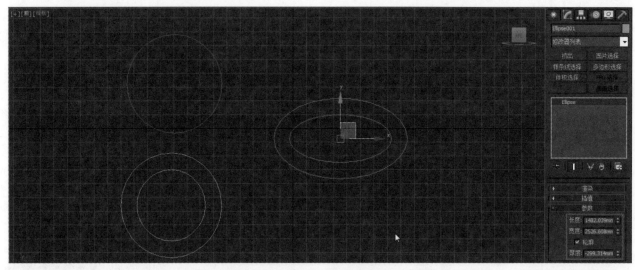

图3-4

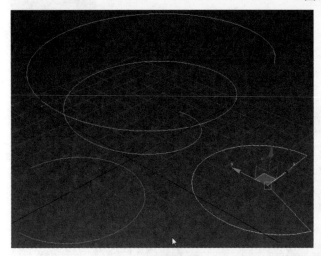

图3-5

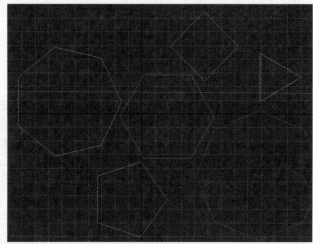

图3-6

闭合星形，星形角的数量可以根据需要随意设置（图3-7）。

7）文本样条线对象类型是在场景中创建二维文字的工具，在创建面板的图形类别下选择"文本"类型，面板下面显示出"参数"卷

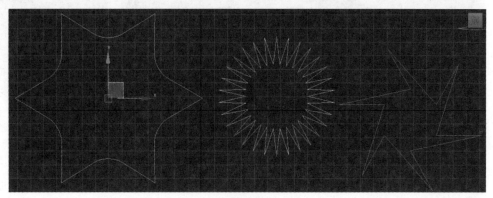

图3-7

展栏（图3-8）。在文本框中输入内容"3ds max 2018"，在前视图中单击鼠标左键，即可在该视口中创建文本对象（图3-9）。文字的修改面板与Word中的面板相似，可以根据需要进行调节（图3-10）。

8）卵形对象类型，该对象类型是3ds max

图3-8　　　　　　　　　　　　　　图3-9

图3-10

2018新增的对象，可以创建出类似鹅卵石形状的图形，也可创建环形的卵形，可以变化的余地较大，能用于创建不规则的模型（3-11）。

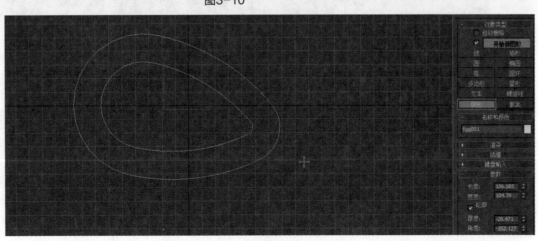

图3-11

3.1.2　从三维对象上获取二维图形

截面是基本二维图形中比较特殊的一种图形，该类型可以从三维对象上获取二维图形，其截面是指平面穿透过三维对象时所形成的截面边缘形态。

1）打开3ds max 2018中自带场景的一个汽车模型（图3-12）。

2）在图形创建面板中选择"样条线，"单击"截面"按钮，再在前视口中创建一个截面图形，

并适当调节其位置，让其完全穿透车身（图3-13）。

3）在图形的修改面板中单击"创建图形"，在弹出"命名截面图形"对话框中输入图形的名称（图3-14）。

4）选择创建的截面并隐藏未选中对象，此时，在视口中可看到通过截面图形创建的汽车截面形态（图3-15）。

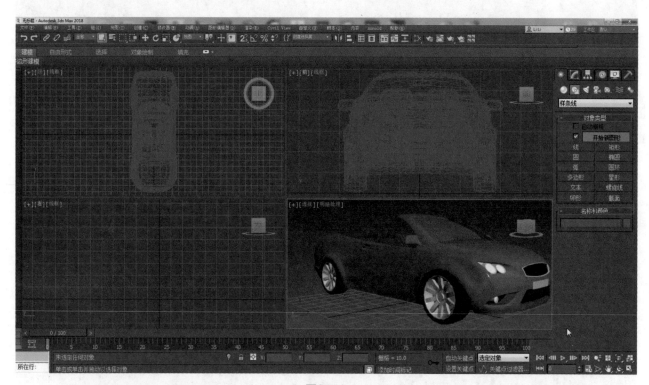

图3-12

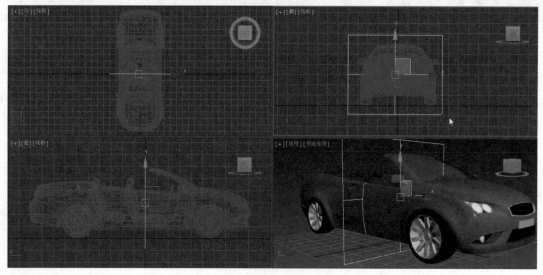

图3-13

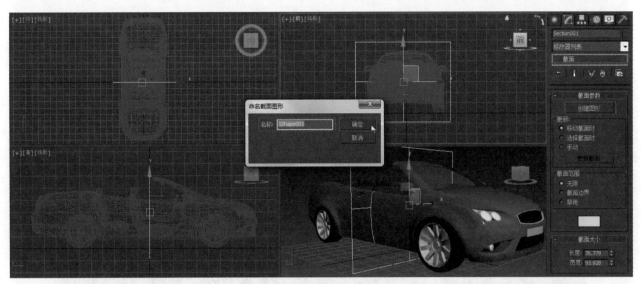

图3-14

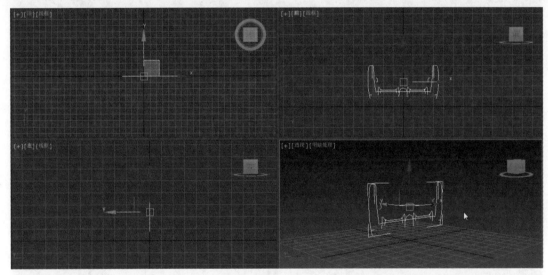

图3-15

3.1.3 扩展二维图形

1）矩形封闭图形与圆环类似，只不过它是由两个同心矩形组成的，利用该类型可以在视口中创建矩形墙（图3-16）。

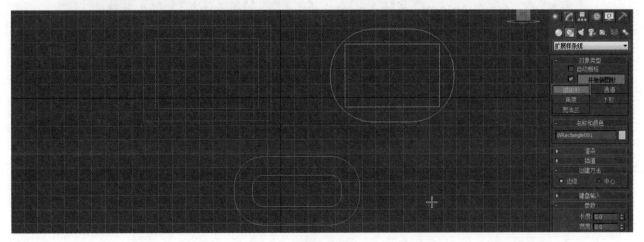

图3-16

2）通道对象类型可以创建C形的封闭图形，并可以控制模型的内部及外部转角的圆角效果（图3-17）。

3）角度对象类型可以创建一个L形的封闭图形，也可以控制内部及外部转角的圆角效果（图3-18）。

4）T形对象类型可以创建一个T形的封闭图形，而宽法兰对象类型可创建一个工字形的封闭图形（图3-19）。

创建二维形体后需要添加修改器，或经过放样等操作才能变成真正的三维模型，满足设计要求。

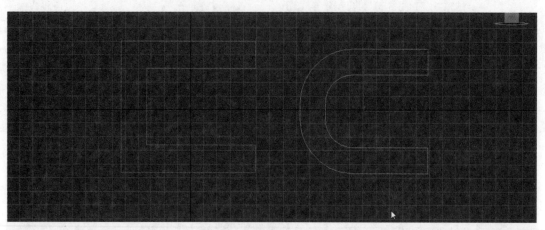

图3-17

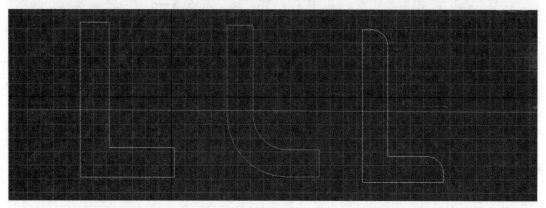

图3-18

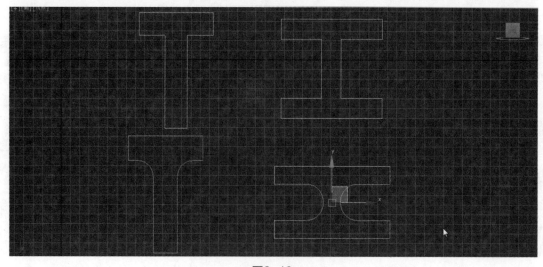

图3-19

3.2 线的控制与编辑样条线

3.2.1 线的控制

线的控制是通过利用修改器对已创建的线对象进行调节与变形，通过这些调节与变形就可以得到需要的设计图形，从而进一步生成三维形体。

1）进入创建面板单击"线"按钮，在顶视口中创建一条封闭的线（图3-20）。

2）进入修改面板展开"Line"级别，选择"顶点"，使用"移动"工具调节样条线中的点（图3-21）。

3）进入"线段"级别可以对样条线中的线段进行调节（图3-22），进入"样条线"级别就可以对整个样条线进行调节。

4）回到"顶点"级别，选择视图中的"顶点"，单击右键即能修改顶点的类型（图3-23）。

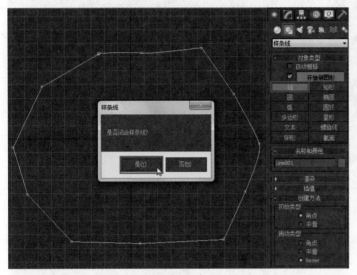

图3-20

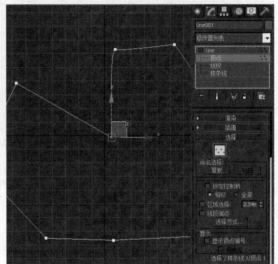

图3-21

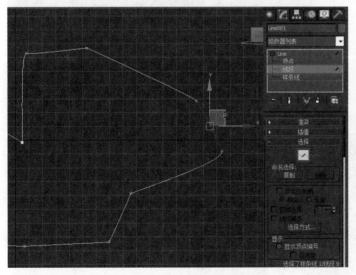

图3-22

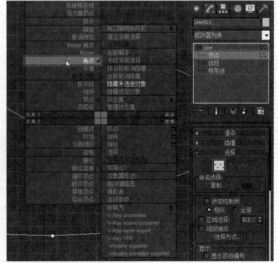

图3-23

补充提示

对二维线型控制的方式很多，要熟练掌握需要一段时间强化训练。注意在控制线的角点时，不要随意更换视口，否则角点的位置容易混乱，可能无法使用修改器作进一步操作，也就无法生成三维模型。

5）如果单击"平滑"命令，可以将该顶点转为平滑顶点（图3-24）。

6）再次单击右键，选择"Bezier"命令，就可以将该顶点转为"Bezier顶点"，还可以运用顶点两边的控制杆对该顶点进行调节（图3-25）。

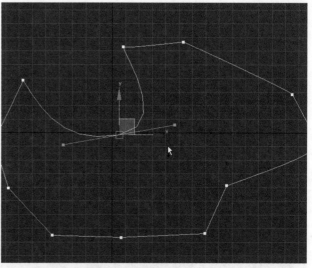

图3-25

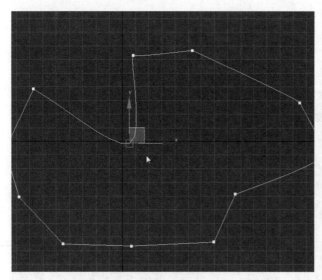

图3-24

7）单击右键，选择"Bezier角点"命令，可以将该顶点转为"Bezier角点"，也能通过调节控制杆对其进行调节，但是它与"Bezier"的区别是，"Bezier角点"顶点两端的控制杆是可以分开调节，互不干扰（图3-26）。

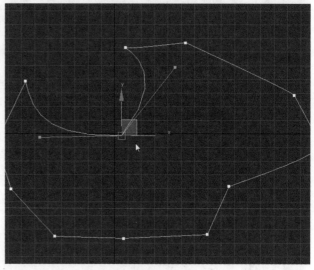

图3-26

3.2.2 编辑样条线

编辑样条线是对一些不可进行编辑的样条线进行编辑的工具，运用这个修改工具可以做出各种各样的样条线，编辑样条线的运用步骤如下。

层级下的"编辑样条线"（图3-28）。

1）进入创建面板，进入"样条线"级别，在顶视图创建一个矩形（图3-27）。

2）进入修改面板，只能调节其长、宽、角半径。现在单击菜单栏"修改器"中的"片面／样条线编辑"

图3-27

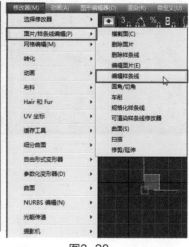

图3-28

3）回到修改面板，展开"编辑样条线"，就可 （图3- 29）。
以对其顶点、线段、样条线进行调节了

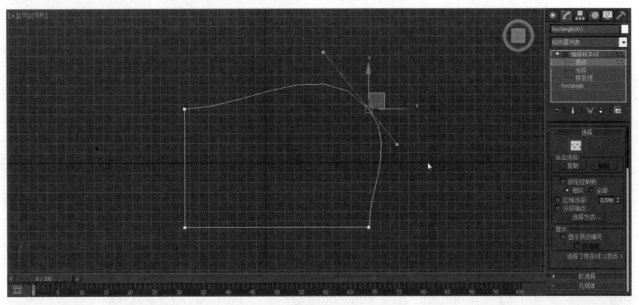

图3-29

3.3 二维形体修改器

3.3.1 "挤出"修改器星形

"挤出"修改器是将没有高度的二维图形挤出
至一定高度，让其成为三维图形。使用"挤出"修
改器可以更方便地制作出三维几何体。

1）在场景顶视图中创建一个二维图形，如桃
心形（图3-30）。

2）进入修改器命令面板，展开修改器列表，从

列表中找到"挤出"修改器，并单击选择（图3-
31）。

3）在挤出修改器的"数量"里面输入任意数
值，如100.0mm（图3-32）。

4）观察透视图中，二维图形经挤出后即形成
三维六角星模型（图3-33）。

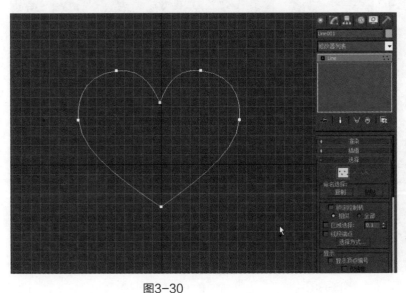

图3-30

图3-31

图3-32

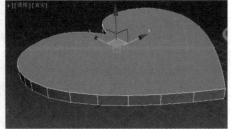

图3-33

3.3.2 "车削"修改器高脚杯

"车削"修改器是将二维图形沿着某个轴旋转成三维图形，本节以高脚杯为例进行示范，具体步骤如下。

1）在前视图中，创建高脚杯形状的基本轮廓线（图3-34）。

2）进入修改命令面板，对其顶点进行调节，将顶点进行移动与变形调节到设计形状（图3-35）。

3）进入"样条线"级别，在"轮廓"后输入50（图3-36）。

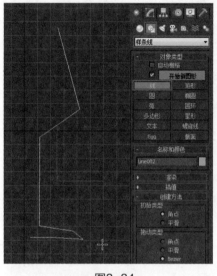

图3-34

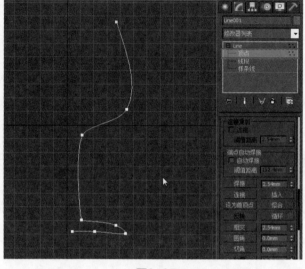

图3-35

图3-36

4）再次进入"顶点"层级，将杯口的两个顶点移动至同一水平面上，并将其左侧（即杯口内侧）顶点转换为"Bezier角点"，调节控制杆将杯口变得平滑（图3-37）。

5）打开修改器列表，找到"车削"修改器单击选择（图3-38）。

6）进入修改器，打开"车削"层级，单击"轴"，使用"移动"工具，向左移动"轴"，这时就生成了高脚杯的模型，并设置相应参数（图3-39）。

7）回到透视图观察效果，如果仍有不足，可继续进行调节，直至符合设计要求（图3-40）。

这是将此高脚杯使用Vray渲染器渲染后的效果（图3-41）。

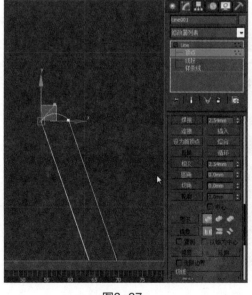

图3-37

图3-38

图3-39

补充提示

　　"车削"修改器的生成模型速度较快，但是要特别注意旋转轴的上、下角点必须在同一垂直位置，稍有偏差就无法获得完整的三维模型。虽然生成三维模型后还可以回到"Line"级别中进行修改，但是对于复杂的模型，反复操作会使计算机出错或停滞。

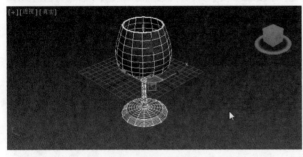

图3-40

图3-41

3.4　实例制作——倒角文字

　　倒角是将物体尖锐的边缘倒平滑的修改器，本节以立体字为例做示范，步骤如下。

　　1）在前视口创建文字"3ds max 2018"，将文字"大小"设置为800.0mm（图3-42）。

图3-42

补充提示

　　现代装修效果图中少不了会用到文字，虽然可以使用Photoshop在后期作添加，但是效果不及真实的三维模型。一次输入文字的数量不宜超过20个字，对于长篇幅文段应当另创建空白文件制作，并单独保存，待渲染之前再合并到场景中来，否则，计算机的运算负荷会很大，导致长期停滞不前。

2）在修改器列表中为创建的文字添加一个"倒角"修改器（图3-43）。

3）将下面"级别1"中的"高度"设置为100.0mm，勾选"级别2"，在里面也输入相应数值。（图3-44）。

这时会看到文字前面出现了倒角效果（图3-45）。

4）给文字模型添加灯光，赋予材质后的效果会显得非常真实（图3-46）。

图3-45

图3-43

图3-44

图3-46

3.5　实例制作——花式栏杆

"可渲染样条线"修改器是能将不可渲染的二维样条线变为可渲染三维模型的工具，本节以栏杆为例示范，操作步骤如下。

1）先建立一个较大的平面（图3-47）。

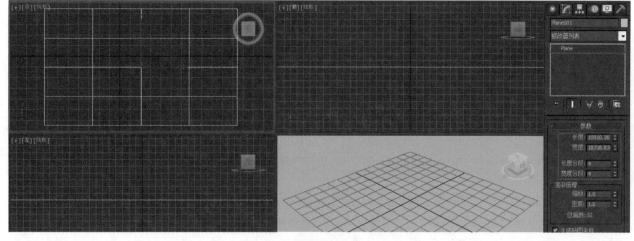

图3-47

2）在前视口中按住〈Shift〉键，分别绘制1条水平线与1条垂直线（图3-48）。

3）分别给这两条线分别添加"可渲染样条线"修改器（图3-49）。

4）将水平线的"径向厚度"设置为4.0mm（图3-50），将垂直线的"径向厚度"设置为2.0mm（图3-51）。

5）在前视口中仔细移动其位置，让栏杆相接与一起且接触地面（图3-52）。

6）在顶视口中选择竖直栏杆并按住〈Shift〉键，将其向右平行复制多个（图3-53）。

7）调节位置，在左边竖直的两个栏杆中间创建

图3-48　　　　　　　　图3-49　　　图3-50　　　图3-51

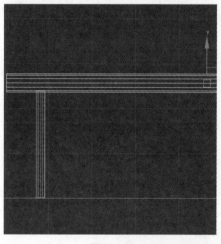
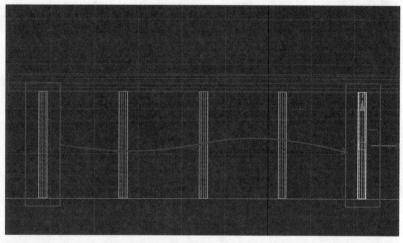

图3-52　　　　　　　　　　　　　　　图3-53

一个圆形（图3-54）。

8）进入修改面板，展开"渲染"卷展栏，勾选"在渲染中启用"与"在视口中启用"（图3-55）。

9）将该圆复制到其余几个栏

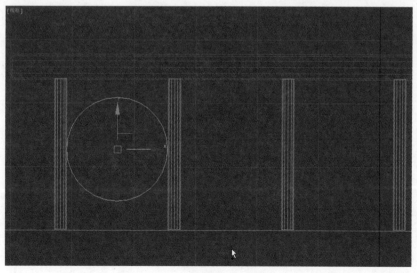

图3-54　　　　　　　　　　　　　　　　　图3-55

杆的中间（图3-56）。

10）将该场景添加灯光材质后，经过渲染得到效果（图3-57）。

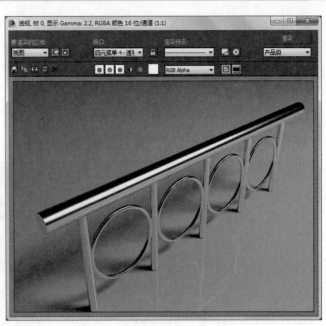

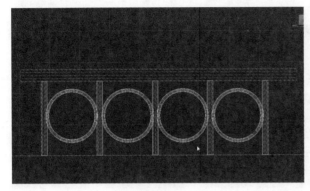

图3-56

图3-57

第4章 布尔运算与放样

操作难度☆☆★★★

本章简介

布尔运算与放样是3ds max 2018中创建曲线体模型的基本方法，两者通常组合运用，能创建各种常用的曲线体模型。在制作装修效果图时会经常用到这两种工具，它们创建速度快，能制作常用的曲面体模型，且占用内存少，模型的性能较稳定。

4.1 布尔运算

布尔运算是使用率非常高的生成新对象的方法，其使用比较简单。在本章，应该重点掌握各种布尔运算类型之间的差别，特别要注意差集运算类型的拾取顺序，不同的拾取顺序会产生不同的效果。下面介绍常用的4种运算类型（图4-1）。

4.1.1 并集

并集可以将多个相互独立的对象合并为一个对象，并忽略两个对象之间相交的部分。在视口中分别创建相交在一起的立方体与球体，此时这两个对象为相互独立的对象（图4-2）。选择球体对象，在创建面板的

下拉菜单中选择"复合对象"中的"布尔"（图4-3），选择"操作"选项中的"并集"运算类型，拾取立方体对象，完成后两个对象就合并成一个对象（图4-4）。

图4-1

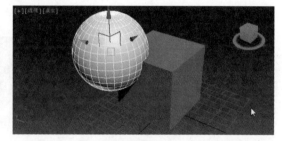

图4-2

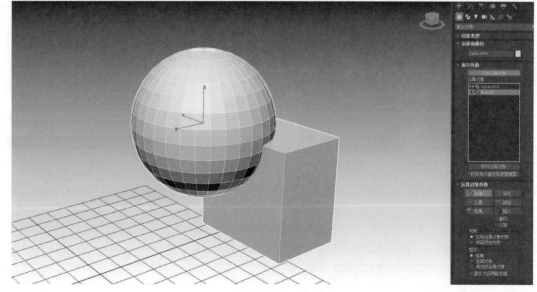

图4-3

图4-4

4.1.2 交集

交集用于两个连接在一起的对象，进行布尔运算能使两个对象的重合部分保留，而删除不重合的部分。还以前面的场景为例，选择球体，再选择"交集"运算类型，然后拾取立方体（图4-5）。

4.1.3 差集

差集可以从一个对象上减去与另一个对象的重合部分，当两个物体交错放在一起，即能从球体中减去立方体构造（图4-6）。

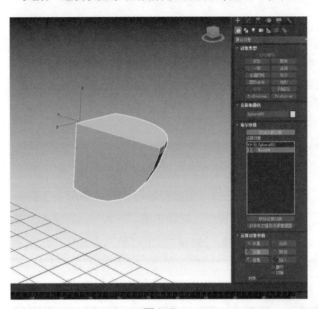

图4-5

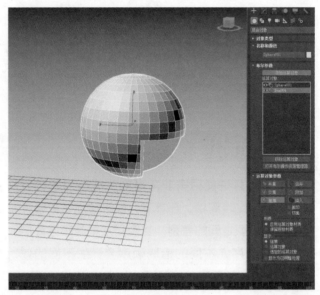

图4-6

4.1.4 交集+切面

交集+切面是将两个对象的不重合部分删除，并将重合部分进行截面裁切（图4-7）。

以上4种是常用类型，此外还有其他4种运算类型是不常用的类型（图4-8），可以根据需要试用其效果，除此之外，还有选择材质、显示运算对象等功能（图4-9）。

图4-8

图4-9

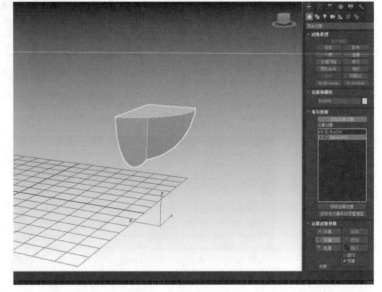

图4-7

补充提示

布尔运算操作很容易失误，主要表现为部分模型缺失、变形、破损，因此应当注意以下3个要点。

1）在布尔运算之前应该及时保存好模型，或将模型另存1份。

2）两个模型的表面网格应当基本相同。

3）尽量只作1次布尔运算，避免在相同模型上进行反复、多次布尔运算。

4.2 多次布尔运算

进行多次布尔运算的时候很容易出现错误，因此，需要预先将多个对象连接在一起，再进行一次布尔运算。

进行布尔运算时如果连续拾取对象就会出现错误，如对场景中的长方体进行多次差集布尔运算，拾取第1个圆柱体对象（图4-10），当继续拾取第2个圆柱体对象的时候，可能会发现第1个拾取的圆柱体对象消失了（图4-11）。

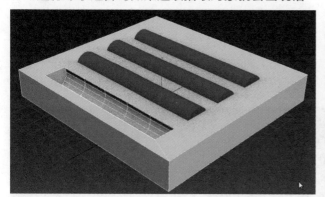

图4-10

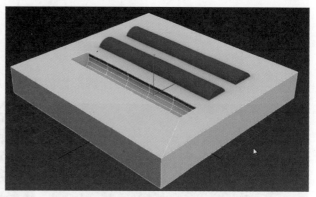

图4-11

这时，要对场景中对场景中的4个圆柱体进行布尔运算，就应该预先将4个圆柱体连接在一起，再进行一次布尔运算。可以选择场景中的1个圆柱体，将其添加"编辑多边形"修改器，选择其中的"附加"命令（图4-12），再依次单击场景中的另外3个圆柱体（图4-13），并再次单击"附加"按钮，这时4个圆柱体对象就成为一个整体了。最后选择长方体对4个圆柱体进行一次布尔运算（图4-14）。

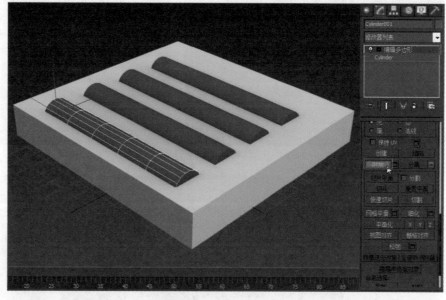

图4-12

图4-13

图4-14

4.3 放样

放样模型的原理较为简单,但是要熟练掌握也并不容易,应该着重体会放样模型的操作方法。

4.3.1 基本放样操作

1)打开场景模型,在前视口创建一条线,作为放样的路径,这条线可曲可直,也可以根据需要绘制其他二维图形(图4-15)。

2)在该线的旁边创建另外一个图形为放样图形,如矩形(图4-16)。

3)选中视口的曲线模型,进入创建命令面板,选择"几何体"创建类型的"复合对象",再进一步选择"放样"命令(图4-17)。

4)在修改面板中单击获取图形,再单击前视口中的矩形(图4-18)。

5)现在在前视口中观察,出现了一个全新的三维模型,这就是经过放样得到的模型(图4-19)。

图4-15

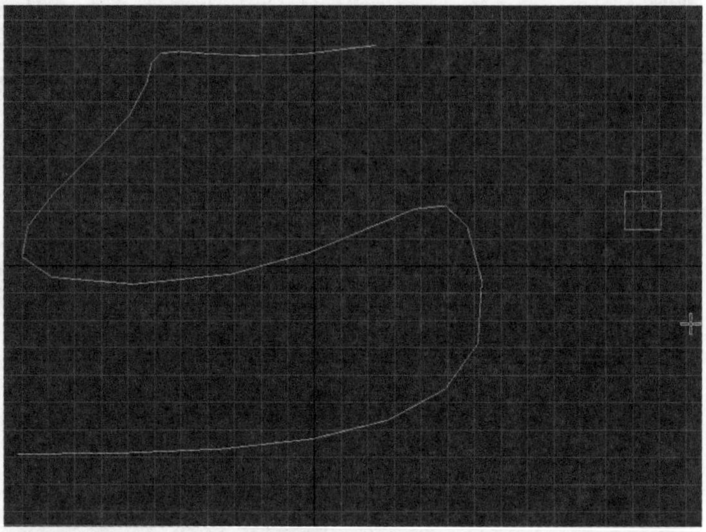

图4-16

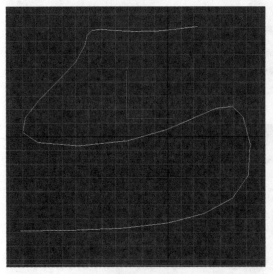

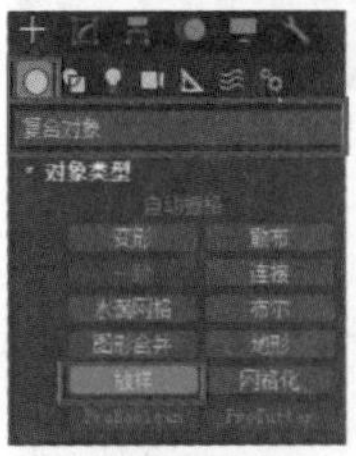

图4-17

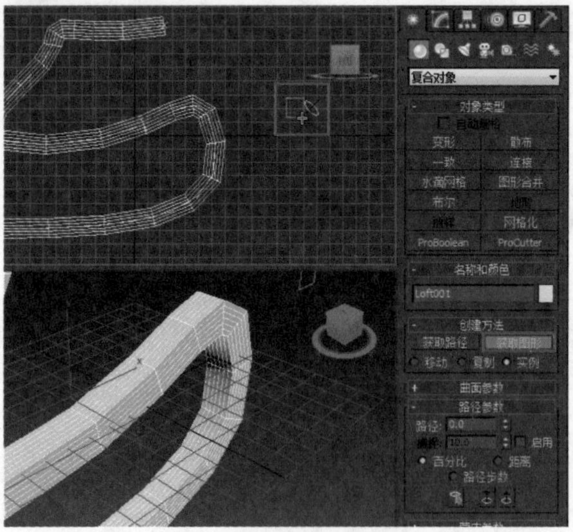

图4-18

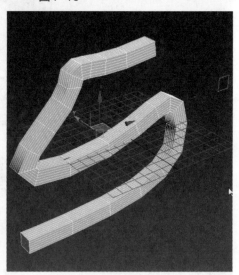

图4-19

补充提示

放样操作关键在于识别截面图形与路径图形,截面图形能控制生成模型的截面形状,路径图形能控制其走势。

4.3.2　放样的参数

　　进行放样操作之后，进入修改命令面板，在该面板中可以通过设置参数，对放样对象进行进一步的修改。在"创建方法"卷展栏中，可以选择"获取图形"或"获取路径"。如果先选择的是图形，则现在就要选择"获取路径"；如果先选择的是路径，则现在就要选择"获取图形"。要特别注意，模型的延伸方向为路径，模型的截面形状为图形。

　　"曲面参数"卷展栏主要控制放样对象表面的属性。"平滑"选项组中的"平滑长度"与"平滑宽度"能控制模型网格在经度与纬度这两个方向上的平滑效果，初次放样后的模型都比较平滑。取消勾选"平滑"选项组中的这两个复选框，就变成体块效果了（图4-20）。

图4-20

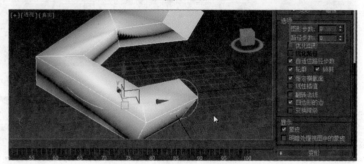

图4-21

　　在"蒙皮参数"卷展栏中，选项组中的"图形步数"与"路径步数"是用于控制放样路径与放样图形的分段数。如果将"图形步数"与"路径步数"都设置为0，就变成多边形几何体（图4-21），将以上两个参数设置为20，就变得特别圆滑（图4-22）。

　　"变形"卷展栏包括缩放、扭曲、倾斜、倒角、拟合5种变形方式（图4-23）。其后会通过案例介绍具体操作方法。

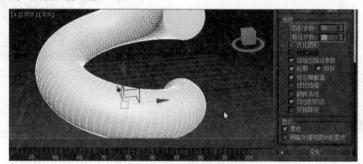

图4-22

图4-23

4.4　放样修改

　　本节将通过结合前面的内容对已建好的放样图形进行精致修改。

　　1）在视口中运用放样的方法创建的圆柱体，在前视图创建"直线"为路径，在顶视口创建"圆形"为图形（图4-24）。

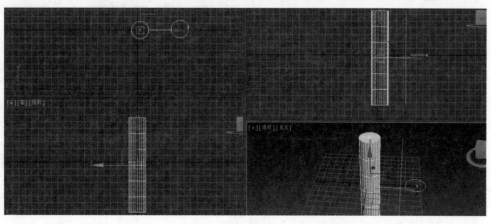

图4-24

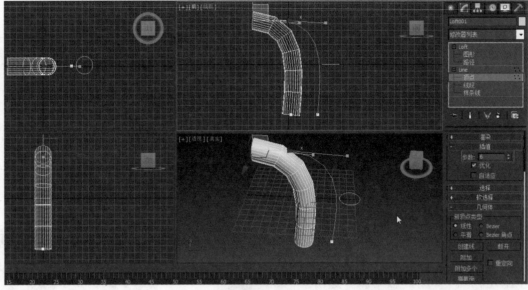

图4-25

图4-26

2）进入修改命令面板，打开"Loft"卷展栏，单击"路径"，这时就会在下面出现"Line"卷展栏，可以对该放样模型的路径进行重新修改（图4-25）。

3）进入"Line"卷展栏的"顶点"层级，选择顶点，可以对其进行弯曲编辑（图4-26）。

4）再运用上节内容对其设置参数，直至达到需要的设计效果（图4-27）。

图4-27

4.5　放样变形

4.5.1　缩放变形

1）在顶视口中创建直线与任意图形进行放样（图4-28）。

2）进入修改命令面板，展开"变形"卷展栏，单击"缩放"变形器按钮，就会弹出"缩放变形"修改框（图4-29）。

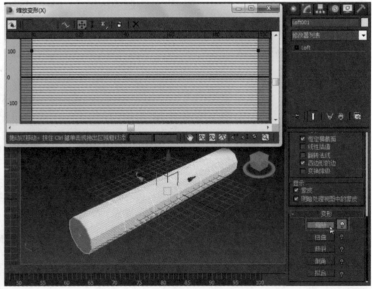

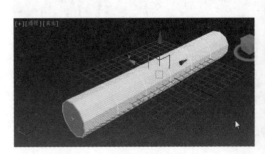

图4-28

图4-29

3）上下移动其中的修改点，观察视口中图形的变化（图4-30）。

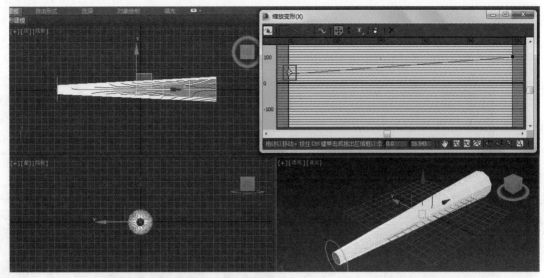

图4-30

4）在该条控制线上插入角点，再对其进行控制变形（图4-31）。

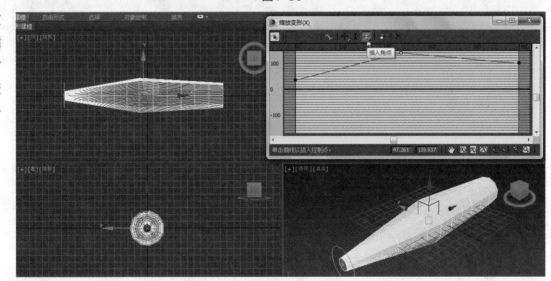

图4-31

5）将控制点变为"Bezier-角点"完成进一步调节（图4-32）。

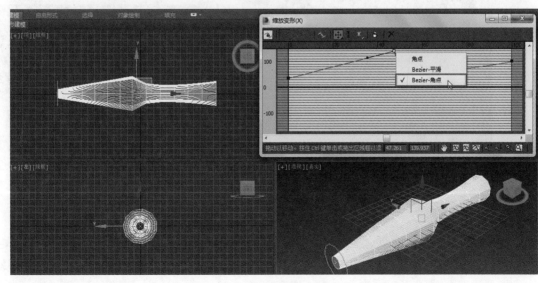

图4-32

4.5.2 扭曲变形

将"缩放"变形后面的"灯泡"取消点亮，再单击"扭曲"变形器，就会弹出"扭曲变形"修改框，调节控制点，透视口中的模型就会发生相应的扭曲变化（图4-33）。

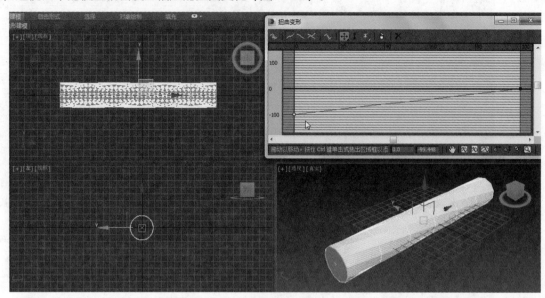

图4-33

4.5.3 倾斜变形

将"扭曲"变形后面的"灯泡"取消点亮，再单击"倾斜"变形器，就会弹出"倾斜变形"修改框，调节控制点，透视口中的模型就会发生相应的倾斜变化（图4-34）。

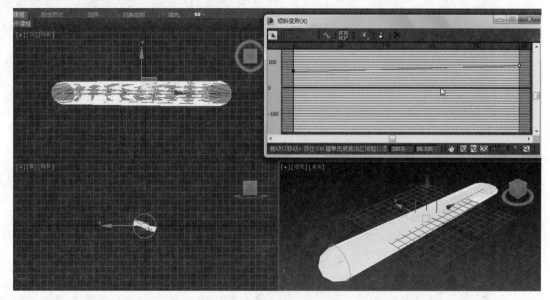

图4-34

补充提示

在放样变形中，要注意识别变形角点的走向与趋势，并比较角点的变化与模型变化的关系，可以随时根据需要变换选择"X轴"■、"Y轴"■、"XY轴"■这3个按钮，多次摸索才能总结其中规律。此外，不要随意增加曲线中的角点，角点越多，再次修改就越困难。

4.6 实例制作——装饰立柱

本节将利用上述放样的相关知识，制作装饰立柱的模型，具体操作步骤如下。

1）使用放样的方法在场景中创建一个圆柱体（图4-35）。

2）进入修改命令面板，展开"变形"卷展栏，选择"缩放"变形器（图4-36）。

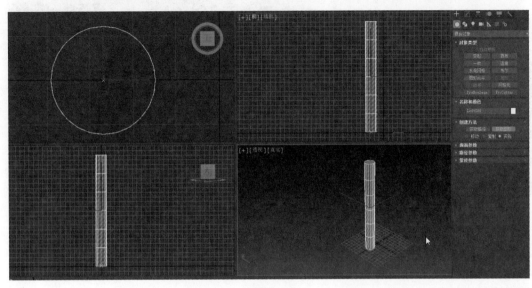

图4-35

图4-36

3）在"缩放变形器"对话框中插入两个节点（图4-37）。

4）将左边的3个点都转为"Bezier-角点"并使用"移动"工具移动好位置（图4-38）。

5）在右边也插入两个节点，并将其调节为跟左边对称的位置（图4-39）。

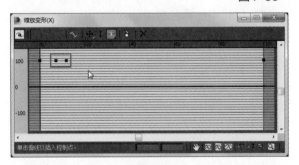

图4-37

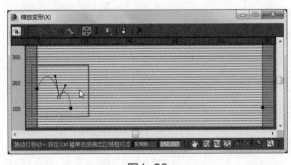

图4-38

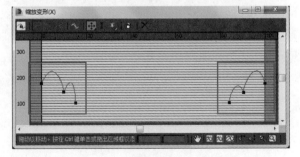

图4-39

补充提示

很多模型的创建方法不止一种，在操作之前中应当仔细分析，往往操作复杂的模型，反而制作起来较轻松，因为操作者是多动手少动脑，当然也不建议花大量时间去做一件效果图中的模型，可以适时调用本书配套资料中的模型，将会使烦琐的操作变得简单。

补充提示

这个装饰立柱也可以先创建二维图形，再使用"车削"修改器生成。具体使用哪种方式可以根据个人对这两部分内容的理解程度，其他模型也是如此。

6）完成之后立柱的效果（图4-40），将其赋予材质渲染后的效果比较华丽（图4-41）。

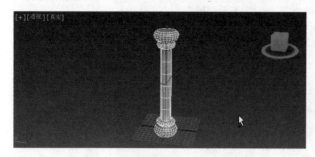

图4-40

图4-41

4.7 实例制作——窗帘

本节将利用放样的图形的对其方式制作窗帘模型，具体操作步骤如下。

1）新建场景，在顶视口中创建1条曲线（图4-42），进入修改面板，展开"Line"级别，选择"顶点"，框选所有的顶点并单击右键，将所有的点改为"平滑"角点（图4-43）。

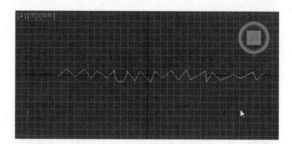

图4-42

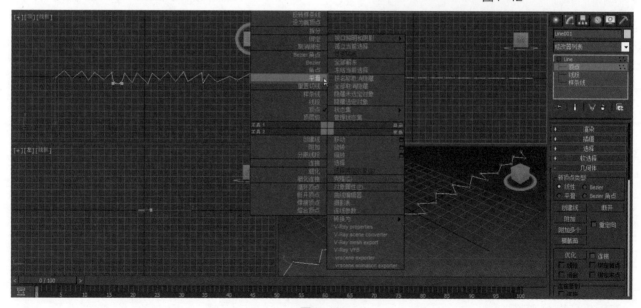

图4-43

2）在前视口中创建一条线，选择曲线进行放样，以直线为路径，以曲线为图形（图4-44）。

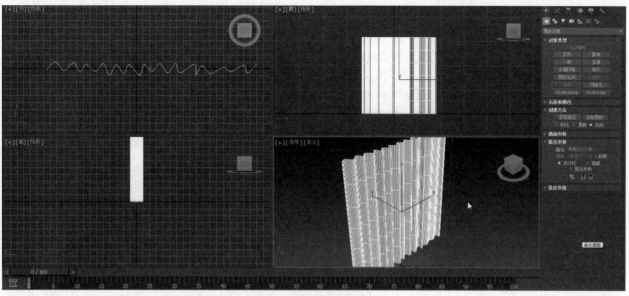

图4-44

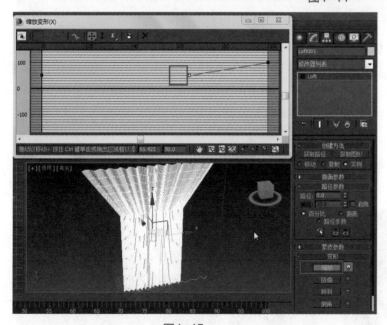

图4-45

3）进入修改命令面板，打开"变形"卷展栏，打开"缩放"变形器，插入角点并调节位置（图4-45）。

4）将中间的角点改为"Bezier-角点"，并调节控制杆（图4-46）。

5）关闭缩放窗口，进入"Loft"中的"图形"层级（图4-47）。

6）在透视口中单击窗帘模型下部的曲线，并将其选中（图4-48）。

7）在修改面板下方的"图形命令"卷展栏中，这里有6种对齐方式，现在选择"左"对齐方式（图4-49）。

图4-48

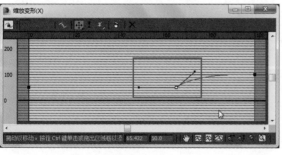

图4-46

图4-47

图4-49

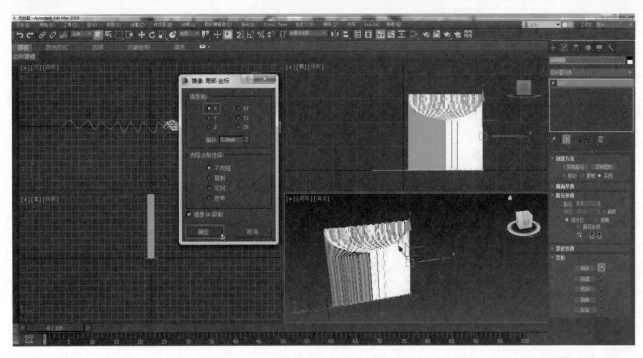

图4-50

8）退出"图形"层级，回到"Loft"层级，将
窗帘向左复制一个，并在"X"轴进行镜像（图4-
50）。

9）移动好位置，在窗帘的上方使用放样制作
一个遮帘（图4-51）。

10）窗帘的模型就做好了，再将其附上材质与

贴图，放在合适的环境中，经过渲染即能呈现效果
（图4-52）。

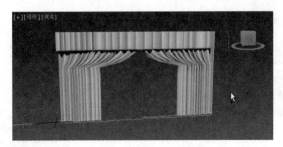

图4-51

图4-52

第5章　场景模型编辑

操作难度☆☆★★★

本章简介

在3ds max 2018场景中，几乎所有模型都需要经过进一步编辑才能达到预期效果，如场景模型的打开、保存、移动、复制等操作，经过这些编辑后，才能让模型达到设计要求，同时也能提高场景模型的使用效率，本章就针对这些编辑操作进行讲解。

5.1　模型打开与合并

5.1.1　打开模型

1）重置场景，打开主菜单栏选择"打开"（图5-1）。

2）选择本书配套资料中"模型\第5章\

蛇.max"，并将其打开（图5-2）。

3）打开后就可将保存的模型在场景中打开（图5-3）。

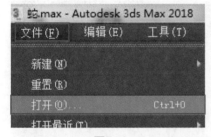

图5-1

图5-2

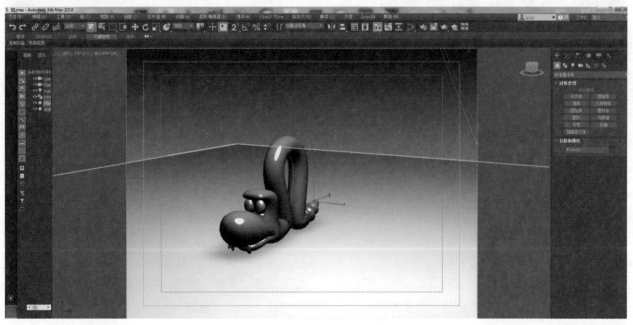

图5-3

5.1.2 合并模型

1）打开主菜单栏选择"导入→合并"（图5-4）。

2）在弹出的"合并文件"对话框中选择"模型\第5章\文字.max"，单击"打开"按钮（图5-5）。

3）在弹出的新的对话框中单击"Text001"，取消勾选"灯光"与"摄像机"，单击"确定"按钮（图5-6）。

4）完毕后文字模型就与蛇模型合并到一个场景中了（图5-7）。

图5-4

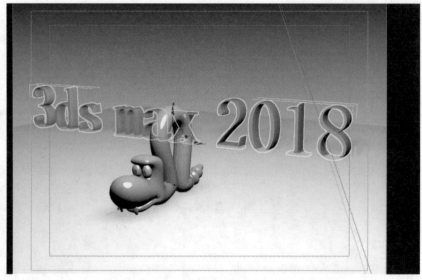

图5-5

图5-6

图5-7

5.2 模型保存与压缩

5.2.1 保存模型

1）打开本书配套资料中的"模型\第5章\小沙发.max"场景模型（图5-8）。

2）打开主菜单栏选择"保存"，由于这是打开的已经保存的场景，系统将会默认覆盖该打开的场景（图5-9）。

3）如果要将场景另外命名保存，就需打开主菜单栏选择"另存为→另存为"（图5-10）。

4）在弹出的对话框中将文件名命名为"小沙发2"单击"保存"按钮，这样就可将场景保存为"小沙发2.max"（图5-11）。

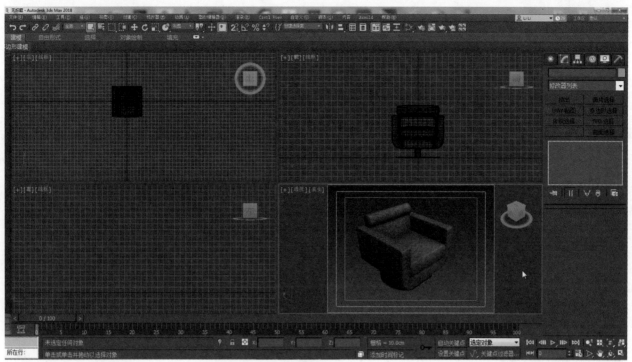

图5-8

图5-9

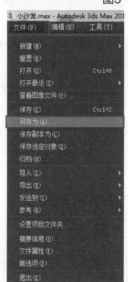

图5-10

补充提示

3ds max 2018中默认保存文件格式为".max"，这是3ds max 2018的专用格式，使用其他软件无法打开。".max"格式的文件存储容量较小，不占用过多硬盘空间。如果希望将模型导出至其他软件中打开并编辑，可以单击"导出"命令，其中有".3ds"".dwg"等诸多格式可供选择。只是导出后不能保留灯光、贴图等重要组成元素。

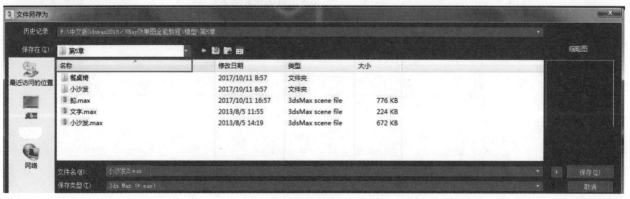

图5-11

5.2.2　压缩模型（归档）

压缩模型（归档）就是将场景模型进行"归档"，归档可以将场景中的模型与贴图一起保存，经过压缩后的归档文件可以在别的计算机里面打开，且包含贴图与原始的贴图路径。这种方法特别适合更换计算机后继续操作，或设计团队联网操作。经过压缩（归档）后的模型文件属性并没有改变，需要全部解压后才能打开。

1）打开主菜单栏选择"归档"（图5-12）。

2）选择文件位置为"模型\第5章\"，命名为小沙发，单击"保存"按钮（图5-13）。

3）打开文件夹"模型\第5章"，将"小沙发.zip"解压，打开文件夹，里面包含整个场景所需的所有文件（图5-14）。

图5-12

图5-13

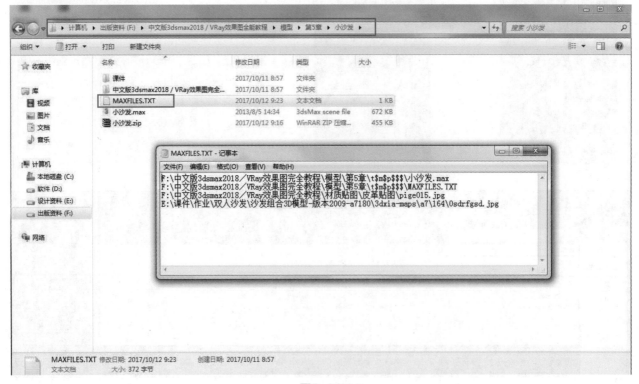

图5-14

5.3 移动、旋转、缩放

5.3.1 移动工具

"移动"工具可将场景中的当前选择物体在X轴、Y轴、Z轴上进行移动。

1）选择场景中的物体，单击激活"移动"工具，将鼠标指针放在某个轴向上拖动就可移动该模型物体（图5-15）。

2）如果要将模型在某坐标轴上进行精确移动，就在"移动"工具上单击鼠标右键，弹出"移动变换输入"对话框，在对应的坐标上输入偏移数值即可。其中"绝对：世界"是指模型相对空间坐标原点而言的位置，而"偏移：世界"是指模型相对自身而言的位置（图5-16）。

3）要移动物体的坐标，还可以直接在界面下方的坐标显示栏中输入需要的坐标数值，其功能与上述"移动变换输入"对话框一致（图5-17）。

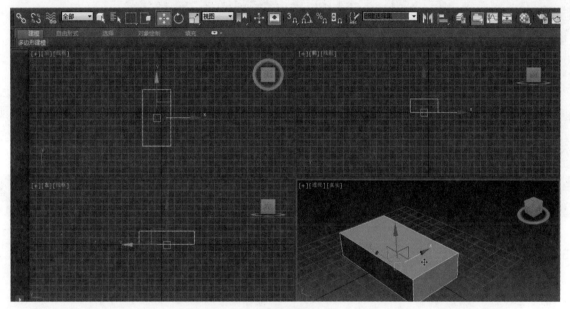

图5-15

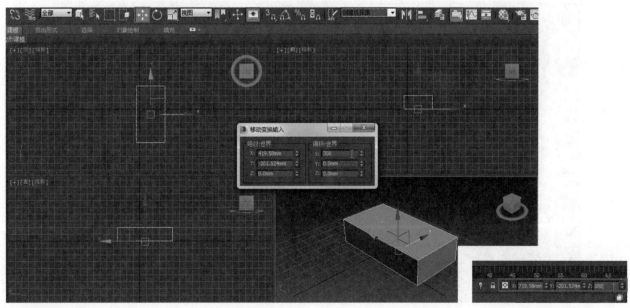

图5-16   图5-17

5.3.2　旋转工具

"旋转"工具是可将场景中当前选择的物体绕X轴、Y轴、Z轴进行旋转的工具。

1）选择场景中的物体，单击激活"旋转"工具，将鼠标指针放在某一轴向上拖动就可旋转该模型物体（图5-18）。

2）如果要将模型绕某坐标轴进行精确的旋转，就在"旋转"工具上单击鼠标右键，弹出对话框，在对应的坐标上输入偏移度数（图5-19）。

3）要旋转物体，还可以直接在界面下方中间的坐标显示栏中输入想要的旋转坐标数值来旋转物体（图5-20）。

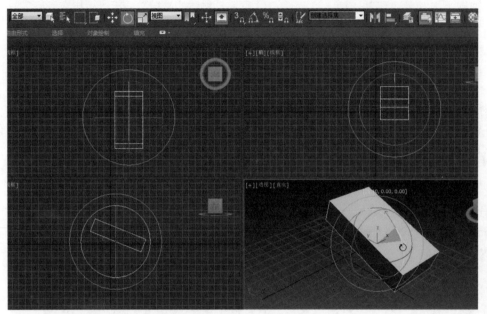

图5-19

图5-20

图5-18

5.3.3　缩放工具

"缩放"工具是可将场景中当前选择的物体在X轴、Y轴、Z轴上缩放的工具。

1）选择场景中的物体，单击激活"缩放"工具，将鼠标指针放在某一轴向上拖动就可在该轴上缩放该模型物体（图5-21）。

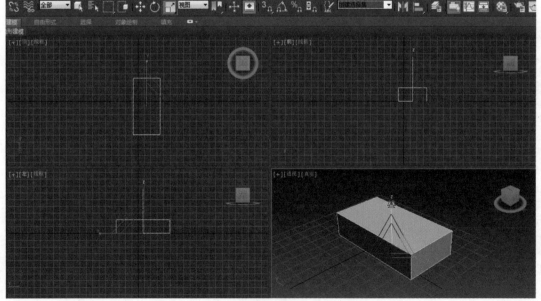

图5-21

2）若想在某一平面上缩放物体，就将鼠标指针放在激活该平面的位置拖动（图5-22）。

3）若想整体缩放物体，就将鼠标指针放在3个坐标轴的中间同时激活3个坐标轴，再拖动即可（图5-23）。

4）如果要将模型在某坐标轴上进行精确的缩放，就在"缩放"工具上单击鼠标右键，弹出对话框，在对应的坐标上输入对应数值（图5-24）。

5）要缩放物体，还可以直接在界面下方中间的坐标显示栏中输入想要的缩放坐标数值缩放物体（图5-25）。

6）使用鼠标左键按下"缩放"工具不放就会出现"缩放"工具的复选框，其中有3种不同的"缩放"工具，分别为"选择并均匀缩放""选择并非均匀缩放""选择并挤压"（图5-26）。

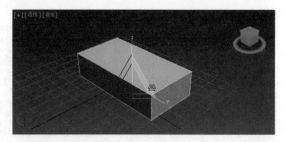

图5-22

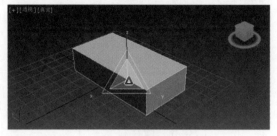

图5-23

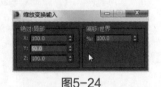

图5-24

图5-25

图5-26

5.4 复制

要将场景中的当前选中的模型物体进行复制，可以使用各种工具进行各种复制，只需要在使用工具的时候，按住〈Shift〉键就可将物体进行复制。

5.4.1 移动复制

1）选择"移动"工具，将场景中的物体选中，按住〈Shift〉键在"X"轴上移动，放开鼠标就会弹出"克隆选项"对话框（图5-27）。

2）在"克隆选项"对话框中可以设置复制的"对象"类型。"复制"对象是复制物体与原物体之间将无关联；"实例"对象是复制物体与原物体

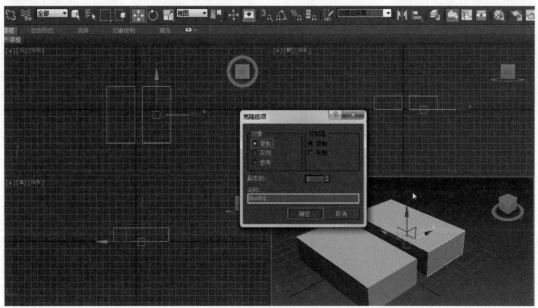

图5-27

产生关联，一旦复制物体或原物体中的一个改变时另外的物体都会改变；"参考"对象是复制的物体作为原物体的参考对象，原物体改变时参考对象也会发生变化。对话框中还可设置"副本数"与"名称"（图5-28）。

图5-28

这是设置完成后复制的效果（图5-29）。

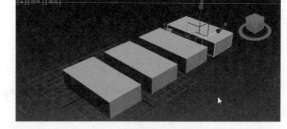

图5-29

5.4.2　旋转复制

选择"旋转"工具，将场景中的物体选中，按住〈Shift〉键在任意轴上移动一定角度，放开鼠标就会弹出"克隆选项"对话框（图5-30）。

设置完成后即可看到复制的效果（图5-31）。

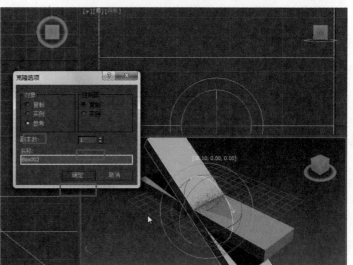

图5-30

5.4.3　缩放复制

1）选择"缩放"工具，将场景中的物体选中，按住〈Shift〉键在任意轴上移动一定角度，放开鼠标就会弹出"克隆选项"对话框（图5-32）。

2）设置完成后，将复制的物体移动出来的效果（图5-33）。

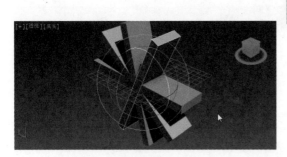

图5-31

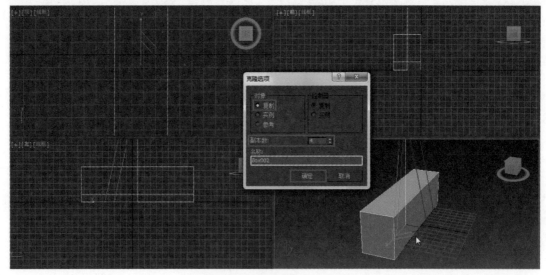

图5-32

图5-33

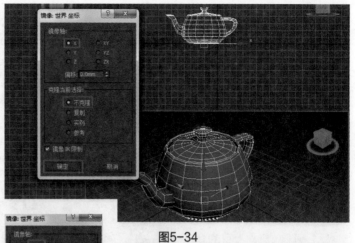

图5-34

5.4.4 镜像复制

1）选中场景中的物体，选择"镜像"工具，就会弹出"镜像"对话框（图5-34）。

2）在对话框中"镜像轴"中可以选择不同的镜像方向，在下面的"克隆当前选择"中则可以选择不同的克隆方式或选择"不克隆"（图5-35）。

3）选择"复制"的克隆方式，将看到克隆后的茶壶移动位置后的效果（图5-36）。

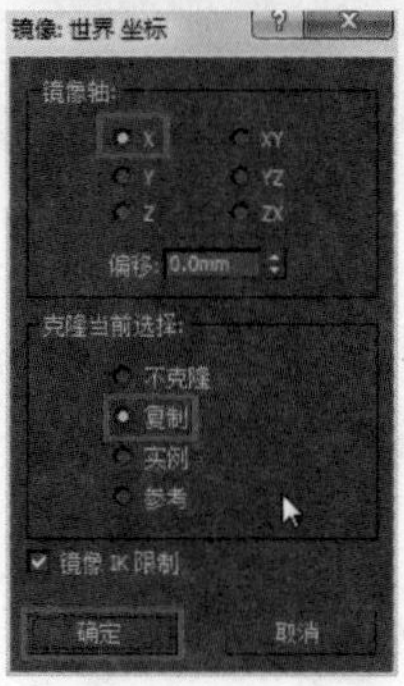

图5-35

图5-36

5.5 阵列

"阵列"是将物体按照一定方向、角度、等距进行复制的工具，能将复制的模型进行整齐且有次序的排列。

1）设置单位，在视口中随意创建一个长方体，进入创建面板，选择工具菜单栏中的"阵列"（图5-37）。

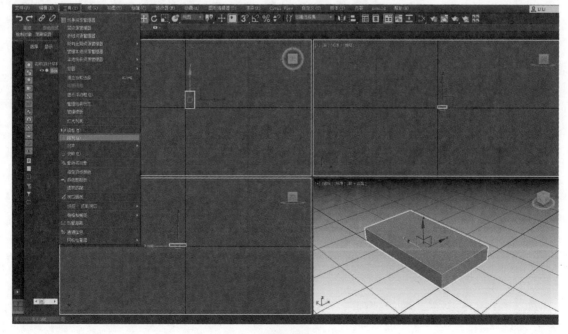

图5-37

2）弹出"阵列"对话框，其中"移动增量"能增减每个复制物体之间的距离，"总计"是所有复制模型的总距离。将"移动增量X"设置为60.0mm，"数量1D"设置为10，单击"预览"即能看到长方体的复制效果（图5-38）。

3）"旋转增量"能控制每个复制物体之间的角度，"总计"是所有复制模型的总角度。这是将"旋转增量Z"设置为45.0，"数量1D"设置为5的阵列效果（图5-39）。

4）"缩放增量"控制每个复制物体之间在某个轴线上的比例，"总计"是所有复制模型的总量。这是将"移动增量X"设置为30.0mm，"缩放增量Y"设置为70.0，"数量1D"设置为10的阵列效果，整体形态富有变化（图5-40）。

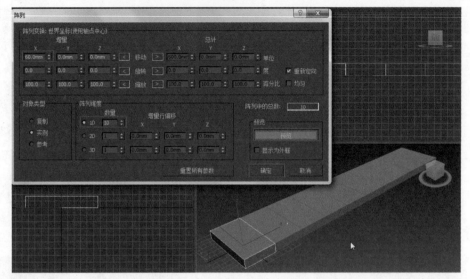

图5-38

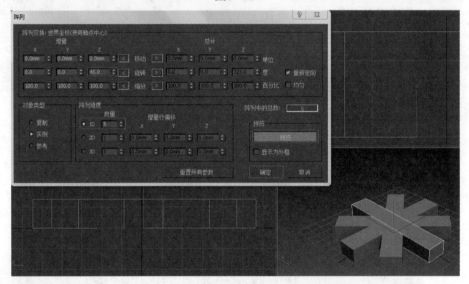

图5-39

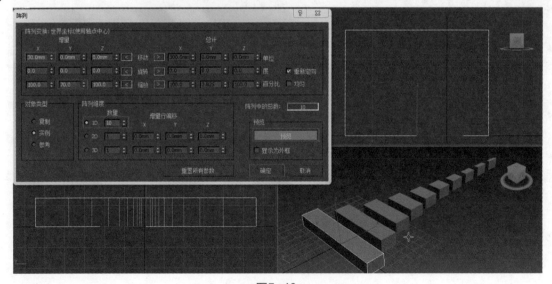

图5-40

5.6　对齐

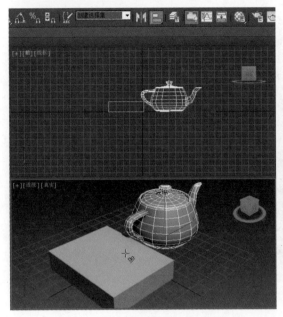

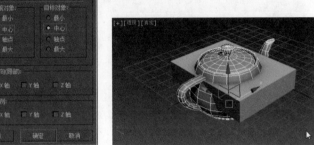

"对齐"可以将场景中的多个物体在某1轴向或多个轴向上对齐的工具，操作时，既可选择工具栏中"对齐"按钮，也可在"工具"菜单栏中选择"对齐"命令。

1）在视口中随意创建一个长方体和一个茶壶模型，结束创建后选择茶壶模型，单击对齐工具，这时鼠标指针变为对齐选择另一对象的图标，单击长方体模型（图5-41）。

| 图5-41 | 图5-42 | 图5-43 |

2）在弹出的对其当前选择对话框中可以设置"对齐位置""对齐方向""匹配比例"，勾选"对齐位置"中的"X位置""Y位置""Z位置"，并将"当前对象"与"目标对象"都选择"中心"（图5-42），这时两个模型都以中心对齐的形式重叠到了一起（图5-43）。

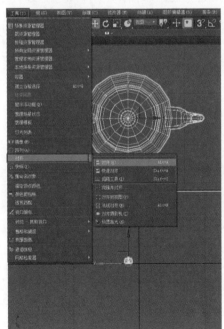

3）在工具菜单栏中还有几种不同的对齐工具，第1个"对齐"就是"对齐"工具，第2个"快速对齐"工具则是使用默认的方式进行对齐，第3个"间隔"工具可将选中物体进行复制与对齐（图5-44）。

4）现在选择"间隔工具"，在打开的对话框中设置相关选项，即能得到间隔排列的3个茶壶（图5-45）。

| 图5-44 | 图5-45 |

补充提示

注意理清模型的"X位置""Y位置""Z位置"关系，一切以视口中的坐标轴为参照，正确识别后再勾选。

5）选择子菜单中第4个"克隆并对齐"工具，可将选中物体克隆一个，并与拾取物体对齐（图5-46、图5-47）。

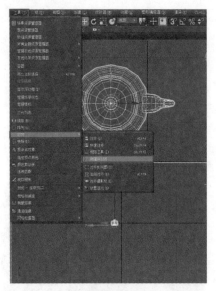

图5-46

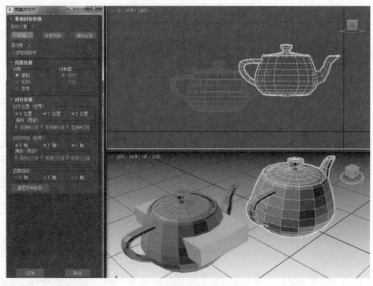

图5-47

5.7 实例制作——布置餐桌椅

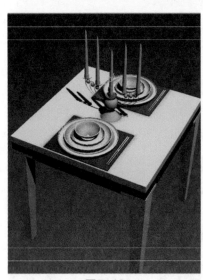

图5-48

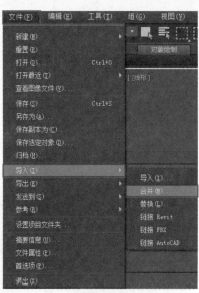

图5-49

1）打开本书配套资料中的"模型\第5章\餐桌椅\桌子.max"（图5-48）。

2）打开主菜单栏选择"导入→合并"，将"模型\第5章\餐

图5-50

桌椅\椅子.max"合并进场景中（图5-49）。

3）在弹出的"合并"对话框中，单击"全部"，取消勾选"灯光"与"摄像机"，单击"确定"按钮（图5-50）。

4）在新弹出的"重复材质名称"对话框中勾选"应用于所有重复情况"，单击"自动重命名合并材质"（图5-51）。

5）选中椅子，使用"移动"工具将椅子向桌子的另一边复制一个，在"克隆选项"对话框中选择"实例"对象，单击"确定"按钮（图5-52）。

图5-51

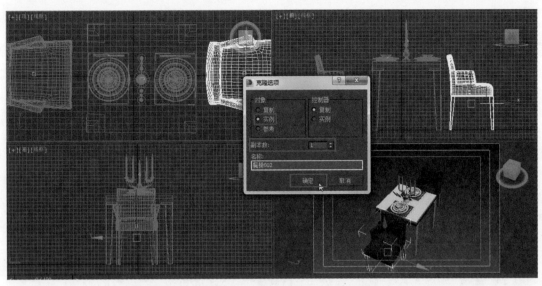

图5-52

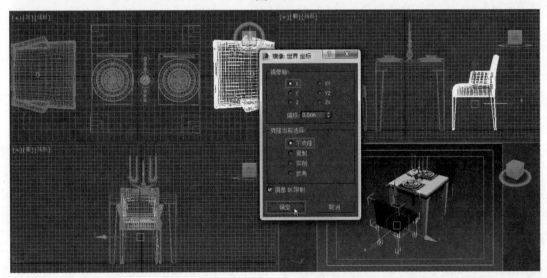

图5-53

6）单击"镜像"工具，在"镜像：世界坐标"对话框中选择"镜像轴"为"X"，选择"不克隆"，单击"确定"按钮（图5-53）。

7）进一步调整椅子的位置，这样就完成了一套餐桌椅的布置。限于构图视角的原因，可看到删除一把椅子后的渲染效果（图5-54）。

图5-54

第6章　常用修改器

操作难度☆★★★★

本章简介

　　3ds max 2018中的对象空间修改器种类很多，是常用的修改模型的工具，其实制作装修效果图所需要掌握的修改器并不多，主要有编辑网格、网格平滑、壳、阵列、FFD等修改器，这些修改器需要深入学习，灵活运用，才能满足后期实践需要。

6.1　编辑网格修改器

　　"编辑网格"修改器能对物体的点、线、面进行编辑，使其达到更精致的效果。

　　1）在场景中创建一个长方体，给其添加"编辑网格"修改器（图6-1）。

　　2）展开"编辑网格"卷展栏，就会出现5个层级，选择"顶点"层级，可以对顶点进行移动与变

形（图6-2）。

　　3）选择"边"层级，就可以对边进行编辑，下面的修改面板中还有很多可以编辑的方式，如"切角"命令（图6-3）等。

　　4）选择"面"层级，可以选择任何面的1／2三角面进行编辑（图6-4）。

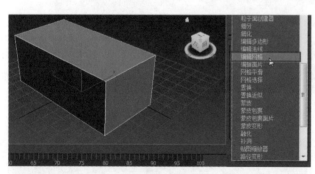

图6-1

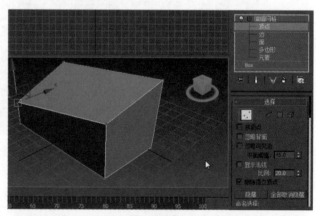

图6-2

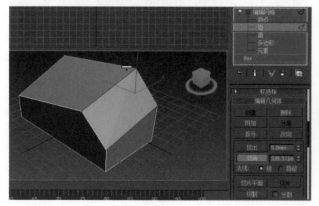

图6-3

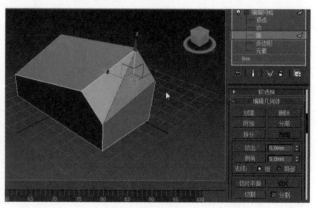

图6-4

5）选择"多边形"层级，则是选择每个面进行独立编辑（图6-5）。

6）选择"元素"层级，则是对每个单独的元素整体进行编辑，该场景元素仅为1个（图6-6）。

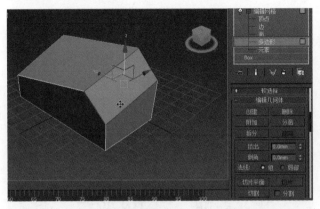

图6-5

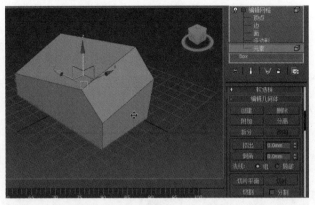

图6-6

6.2 网格平滑修改器

"网格平滑"修改器是对网格物体表面棱角进行平滑的修改器。

1）以上节的模型为例，选择物体，退回"编辑网格"层级，为其添加"网格平滑"修改器（图6-7）。

2）将"细分量"卷展栏中的"迭代次数"设置为3，该模型就会变成相对平滑的橄榄球状（图6-8）。这时应注意，"迭代次数"不能设置过高，一般最多设置为3，设置过高计算机可能会停滞。

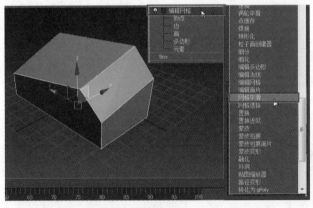

图6-7

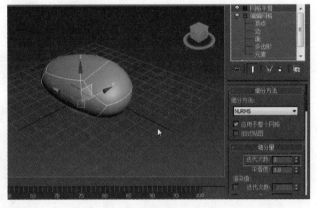

图6-8

> **补充提示**
>
> 将模型进行网格化有助于进一步细化模型的外观形态，但是模型的网格越多，计算机的反应速度就越慢，导致最终"崩溃"，因此要合理控制模型的网格数量。
>
> 常见的直线形模型各面网格数量一般为1个，这类模型无须作曲线变化，因此不能设置过多网格，尽量减少计算机的运算负荷。要求具有弧形变化的模型，各面网格数量一般为16～32个，这已经能创建出比较生动的曲线模型了。如果在效果图制作过程中，需将某些建筑结构变为弧形，并且占据很大图样面积，那么也应该适当选择，将能被渲染角度看到的模型适当细化，将不能看到的进行简化，甚至删除网格。对于效果图中的陈设品、配饰模型体量较小，应尽量简化模型，或待后期直接采用Photoshop添加陈设品、配饰图片来取代模型。总之，应尽最大可能简化模型网格，保证计算机运行顺畅。

6.3 FFD修改器

"FFD"修改器能通过控制点对物体进行平滑且细致的变形。

1）新建场景，在透视图中创建一个长方体，并将长方体的"长度分段""宽度分段""高度分段"都设置为10（图6-9），为这个长方体添加"FFD（长方体）"修改器（图6-10）。

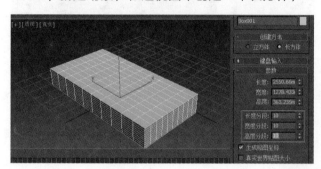

图6-9

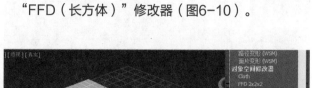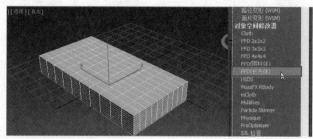

图6-10

2）打开"FFD（长方体）"卷展栏，选择其中的"控制点"层级（图6-11）。

3）移动视图中的控制点，物体会产生平滑的变形效果（图6-12）。

图6-11

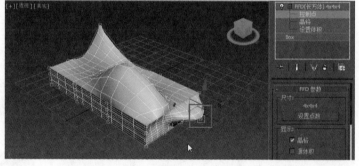

图6-12

6.4 壳修改器

"壳"修改器是给壳状模型添加厚度的修改器，使单薄的壳体能迅速增厚，成为有体积的模型，这种修改方法在制作室内玻璃时用得比较多。

1）在场景中创建一个球体，并为其添加"编辑网格"修改器（图6-13）。

2）选择"多边形"层级，并在前视口中选中上半部球面（图6-14）。

3）按键盘上的〈Delete〉键，删除上部表面（图6-15）。

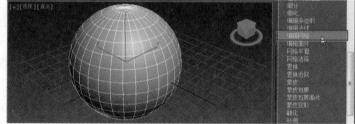

图6-13

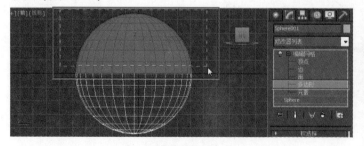

图6-14

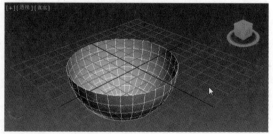

图6-15

4）回到"编辑网格"层级，为其添加"壳"修改器（图6-16）。

5）通过调节"内部量"与"外部量"参数就能变化其内外的延伸厚度，从而彻底改变模型的形态（图6-17）。

图6-16

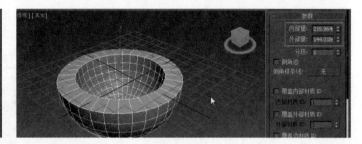

图6-17

6.5 挤出修改器

"挤出"修改器是给物体添加维度的一个修改器，它可将一维物体转成二维物体，二维物体转为三维物体，即是将线转为面，面转为体。

1）新建场景，在前视口中创建一个线的模型，并为其添加"挤出"修改器（图6-18）。

2）在修改面板中，将"数量"设置一定的数值，刚才的线就会变为面（图6-19）。

3）新建场景，在顶视口中创建一个矩形，并为其添加"挤出"修改器（图6-20）。

4）在修改面板中，将"数量"设置一定的数值，刚才的矩形就会变为长方体（图6-21）。

图6-18

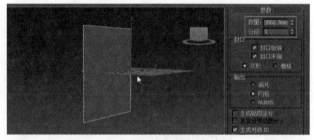

图6-19

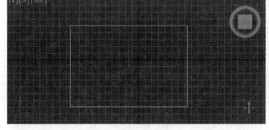

图6-20

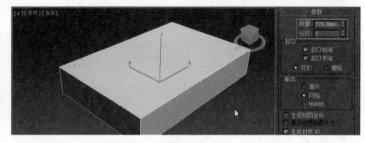

图6-21

补充提示

"挤出"修改器使用频率较高，很多操作者在创建模型时都习惯采用"挤出"修改器，而不再采用传统的标准基本体来创建。

"挤出"修改器最大特色在于，将前期绘制的二维线条变换为三维模型后，还可以随时回到二维线条层级，进行反复修改，如修改二维线条的点与线段的位置、形态，尤其是曲线的弧度，这些修改能影响最终的三维模型。在制作效果图过程中，很多具有创意的模型需要一边创意一边创建，因此，这种修改器非常适合创意设计师。当然，在运用过程中也要注意总结，不能随意切换到上、下级修改器来修改模型，否则可能会造成计算机运算错误，导致前功尽弃。一般而言，经过"挤出"修改器创建的三维模型其后不宜再添加过多修改器，所有修改器控制在3个以内最佳。

6.6　法线修改器

　　"法线"修改器可以改变物体每个面的法线，让看不见的单面可以看见。

　　1）新建场景，在视口中创建一个长方体，然后单击鼠标右键，选择"对象属性"（图6-22）。

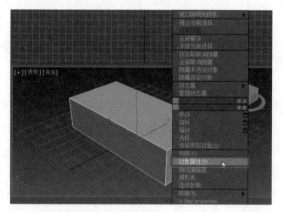

图6-22

图6-23

图6-24

　　2）在对象属性中勾选"背面消隐"，单击"确定"按钮（图6-23）。

　　3）在修改器列表中为长方体添加"法线"修改器（图6-24）。

　　4）添加完毕后观察长方体，长方体的法线都反过来了，而且面为反面的面会在视口中看不见（图6-25）。

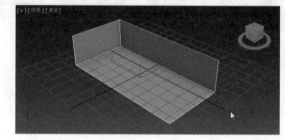

图6-25

6.7　实例制作——陶瓷花瓶

　　本节将结合前面内容的"编辑网格""网格平滑""壳"这3个修改器，制作陶瓷花瓶，具体操作步骤如下。

　　1）新建场景，创建圆柱体，将"高度分段"设置为10（图6-26）。

　　2）进入修改命令面板为其添加"编辑网格"修改器（图6-27）。

　　3）打开"编辑网格"卷展栏，进入"多边形"层级，选择圆柱体的顶面，按〈Delete〉键将其删除（图6-28）。

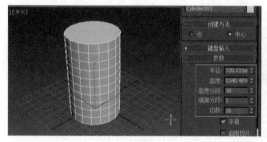

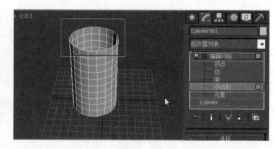

图6-26

图6-27

图6-28

4）继续在前视口中框选最上排的网格（图6-29）。

5）使用"缩放"工具对其进行缩放，在透视口中将鼠标指针放在X、Y、Z轴中心，当中间3个三角形全亮时，将其向下方拖动（图6-30）。

6）回到"编辑网格"层级，为其添加"壳"修改器，并让其向内延伸一定厚度（图6-31）。

7）再为其添加"网格平滑"修改器，将"细分

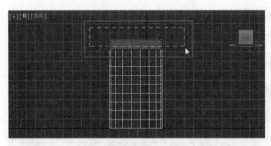

图6-29

图6-30

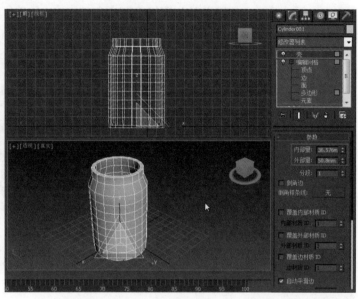

图6-31

量"卷展栏中"迭代次数"设置为3（图6-32）。

8）当陶瓷花瓶制作完成后，再为其添加材质、灯光，合并花草模型，这是渲染后的效果（图6-33）。

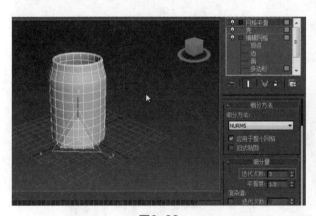

图6-32

图6-33

补充提示

对同一模型添加修改器，应尽量控制数量，如果需要添加很多修改器，那么要注意先后顺序。一般而言，首先添加模型创建修改器，如"车削"修改器、"挤出"修改器等，然后添加模型变形修改器，如"编辑网格"修改器、"法线"修改器等，最后添加模型优化修改器，如"网格平滑"修改器。此外，部分模型还会用到"UVW贴图"修改器，应该待模型已调整到位后再添加。

6.8 实例制作——抱枕

本节将使用"FFD（长方体）"修改器制作抱枕模型，具体操作步骤如下。

1）新建场景，调整单位，在透视图中创建一个切角长方体，将"长度"设置为400.0mm、"宽度"设置为400.0mm、"高度"设置为200.0mm、"圆角"设置为20.0mm，而长度、宽度、高度、圆角的分段数分别设置为10、10、10、3（图6-34）。

2）为该模型添加"FFD（长方体）"修改器，展开"FFD（长方体）"卷展栏，选择"控制

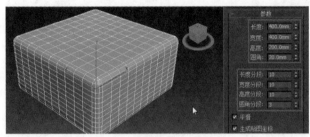

图6-34

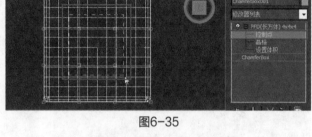

图6-35

点"层级，在顶视口框选中间4个点（图6-35）。

3）打开"编辑"菜单，选择"反选"命令，选择最外层的控制点（图6-36）。

在透视口中单击鼠标右键切换为透视口，并选择"Z"轴，单击向下移动，直至物体边缘都重合（图6-37）。

4）使用"缩放"工具，

5）使用"移动"工具，在前视口中将下部控制点进行移动（图6-38）。

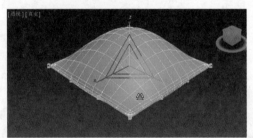

图6-36

图6-37

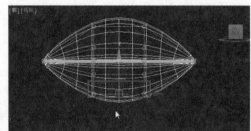

图6-38

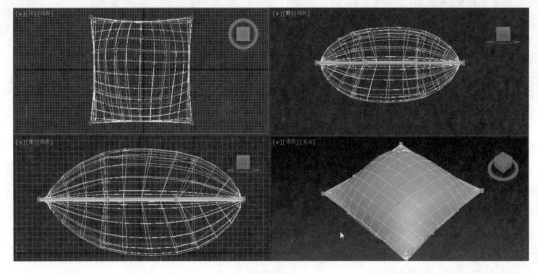

图6-39

6）在顶视口中将4组点向4个顶点分别移动，并在前视口中进一步调节模型的厚度（图6-39）。

7）这样抱枕的模型就基本完成，将其附上材质与贴图后，质地显得很真实。这是设置灯光并配上环境后的渲染效果（图6-40）。

> **补充提示**
>
> "FFD"修改器是将规整模型转变为非规整模型的重要修改器，它能随心所欲地修改标准模型的外观，只是应控制好修改幅度，且控制点之间会相互制约。
>
> 其实"FFD"修改器就是将模型的琐碎网格集中起来集中整形，"FFD"修改器上的控制点可以根据需要来调整数量，默认是每条边4个控制点。

图6-40

6.9　实例制作——靠背椅

本节将使用多边形建模的方法制作靠背椅模型，具体操作步骤如下。

1）新建场景并设置好单位，创建1个长方体并设置参数，将"长度"设置为700.0mm、"宽度"为600.0mm、"高度"为30.0mm，长度、宽度、高度的分段数分别设置为10、10、1（图6-41）。

2）为该长方体添加"编辑多边形"修改器（图6-42），选择"多边形"层级，并按住〈Ctrl〉键选择顶面左上角与右上角两个多边形（图6-43）。

3）打开"编辑多边形"卷展栏，单击"挤出"，可以精确挤出厚度，"挤出"设置为240.0mm，完成后单击下面的"加号"（图6-44）。

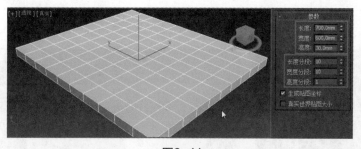

图6-41　　　　　　　　　　　　　　　　　　　图6-42

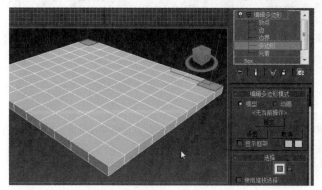
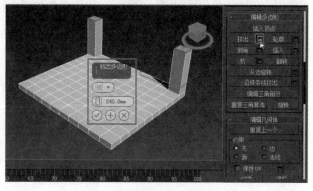

图6-43　　　　　　　　　　　　　　　　　　　图6-44

4）输入80.0mm，单击"加号"（图6-45）；输入100.0mm，单击"加号"（图6-46）；输入350.0mm，单击"加号"（图6-47）；输入50.0mm，单击"对勾"（图6-48）。

5）按住"Ctrl"键，同时选择左右竖向柱状体上的两个对立侧面（图6-49）。

6）将这两个面"挤出"，挤出"厚度"设置为280.0mm，然后单击"对勾"（图6-50）。

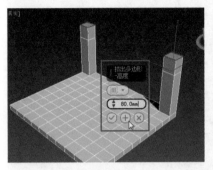

图6-45

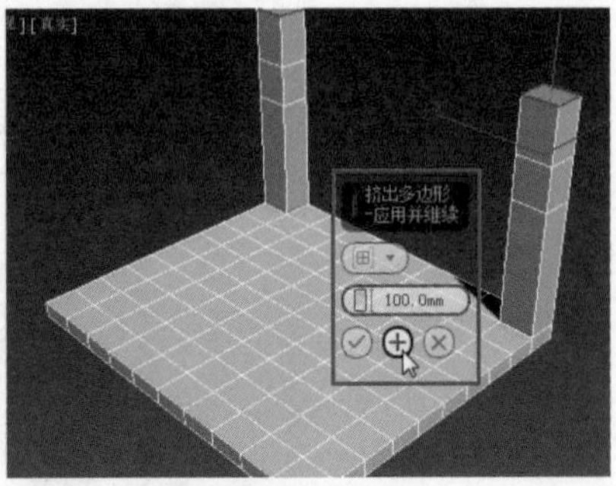

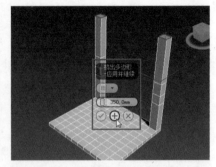

图6-46

图6-47

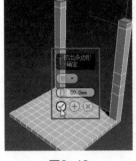

图6-48

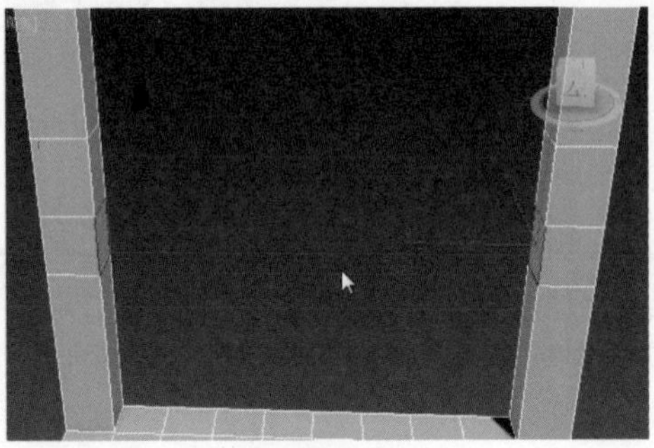

图6-49

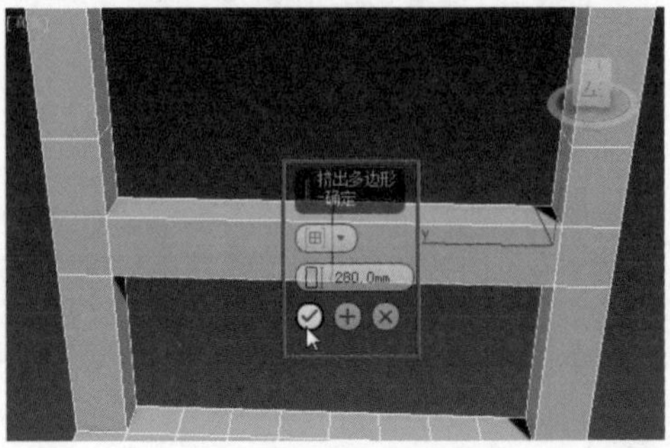

图6-50

7）按住〈Ctrl〉键，同时选择左右竖向柱状体上的两个对立侧面，如果侧面面积过小，可以适当旋转观察角度（图6-51）。

8）将这两个面精确"挤出"，挤出"厚度"

设置为280.0mm，单击"对勾"（图6-52）。

9）按住〈Alt〉键与鼠标中间的滚轮，在透视口中，将观察角度旋转至椅子背后，这时可以选择桌椅靠背上的4个面（图6-53）。

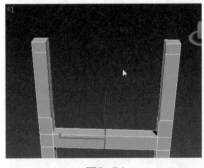

图6-51

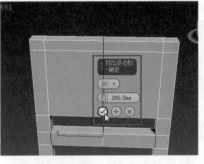

图6-52

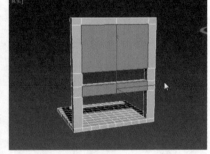

图6-53

补充提示

　　"编辑多边形"修改器的内容最复杂，其功能也最强大，尤其是其中"多边形"层级中的"挤出"命令，能让毫无特征的立方体变化出无穷造型。在挤出过程中，一定要保持面的垂直度，不能有任何歪斜，不能中途添加其他修改器来改变模型的整体形态。如果希望通过"挤出"命令来完成整个模型的创建，应当预先绘制好草图，精确规划每一步挤出的数值。本节所列实例是经过多次尝试才制作出来的，仅供参考，并不代表"挤出"命令操作很容易。

10）继续精确"挤出"，将挤出"厚度"设置为-20.0mm（图6-54）。

11）按住〈Alt〉键与鼠标中间的滚轮，将透视口旋转到椅子底部（图6-55）。

12）按住〈Ctrl〉键，同时选择4个矩形（图6-56）。

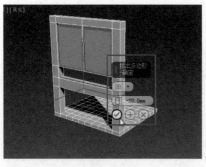
图6-54

图6-55

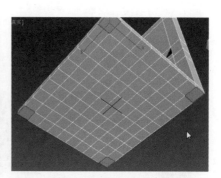
图6-56

13）精确挤出这4个矩形，挤出"厚度"设置为400.0mm，单击"加号"（图6-57）。

14）继续挤出"厚度"设置为80.0mm，单击"加号"（图6-58）。

15）继续挤出"厚度"设置为200.0mm，单击"对勾"（图6-59）。

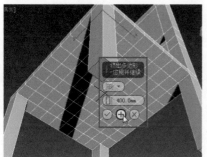
图6-57

图6-58

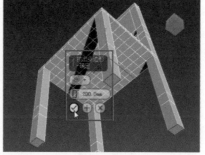
图6-59

16）按住〈Ctrl〉键，同时依次选择椅子脚内侧的8个矩形（图6-60）。

17）单击精确"插入"，选择"按多边形"的方式，输入数值为10，单击"对勾"（图6-61）。

18）单击精确"挤出"，"厚度"设置为280.0mm，单击"对勾"（图6-62）。

19）在前视口，框选椅子座垫的外边缘矩形（图6-63）。

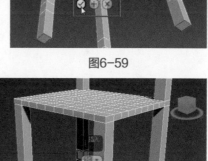
图6-60

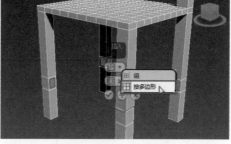
图6-61

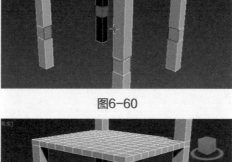
图6-62

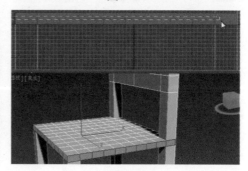
图6-63

20）将其精确"挤出"，选择"本地法线"的挤出方式，挤出"厚度"设置为20.0mm，单击"对勾"（图6-64）。

21）这样靠背椅就创建完成了。这是为其添加灯光、材质后的渲染效果（图6-65）。

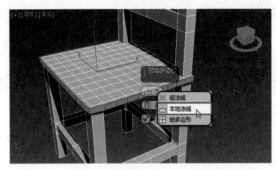

图6-64

图6-65

第7章 材质编辑器

操作难度☆★★★★

本章简介

模型创建的同时要赋予材质贴图，第6章介绍了模型基本材质贴图的赋予方法。本章重点介绍常用的基本材质与贴图的控制，这些内容对整理装修效果图模型非常重要，要求能精确处理模型材质，提高贴图质量。只有对模型赋予精确的材质与贴图，才能渲染出高质量的效果图。

7.1 材质编辑器介绍

材质编辑器是为场景中的物体添加各种材质的，如果你够熟悉材质编辑器就可以制作出你所看见的任何材质，可以让制作的场景更加真实。

1）工具栏中单击"材质编辑器"，会弹出"Slate材质编辑器"（图7-1）。

2）单击"模式"，选择"精简材质编辑器"，

最上面的是材质编辑器的菜单栏（图7-2），下面的就是示例窗（图7-3）。

3）在材质球上面单击鼠标右键，选择"6×4示例窗"，右侧工具按钮组用于控制该示例窗的显示效果（图7-4）。

4）在材质球面板下侧的工具按钮组用于控制

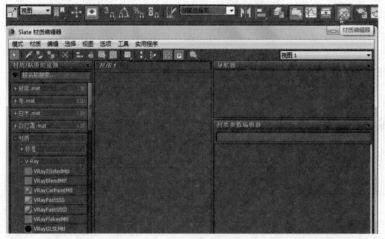

图7-1

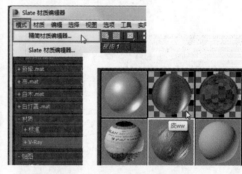

图7-2　　　　图7-3

操作视口的材质贴图效果（图7-5）。

5）最下侧是参数控制面板，能控制着材质的类型与各种参数（图7-6）。

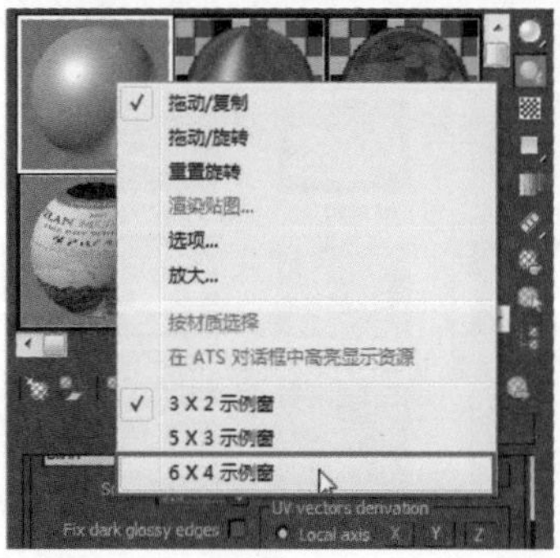

补充提示

3ds max 2018中的材质球数量仍是24个，如果不够用可以将材质球上的材质赋予给模型后再删除，腾出新的材质球继续使用。很多合并进来的模型都自带材质，不用再次使用材质球来设置了，因此24个材质球能满足大多数效果图的制作要求。

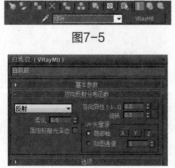

图7-4　　　　　　图7-5

图7-6

7.2 控制贴图

控制好贴图，对于材质的表现是非常重要的，本节将介绍贴图控制的所有因素。

1）新建场景，在场景中建立一个立方体模型，打开"材质编辑器"，单击第1个材质球指定给立方体（图7-7）。

2）单击"物理材质"按钮，将此材质转为"标准"材质（图7-8）。

3）单击"漫反射颜色"后的"色彩框"，就可以在弹出的"色彩选择器"中更改颜色了（图7-9）。

4）为该材质添加一个贴图，打开文件夹找到一张图片，并单击图片按住鼠标左键不放，将图片拖到"漫反射贴图"后面的"无贴图"按钮中（图7-10）。

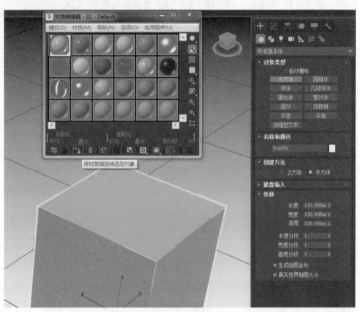

图7-7

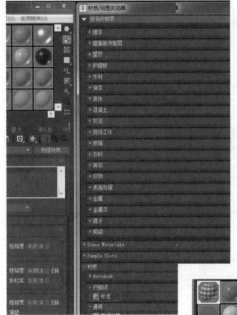

图7-8

5）单击在视口中"显示明暗处理材质"按钮（图7-11）。

6）单击"漫反射贴图"后面的"贴图"按钮（图7-12），进入"贴图"控制面板（图7-13）。

图7-9

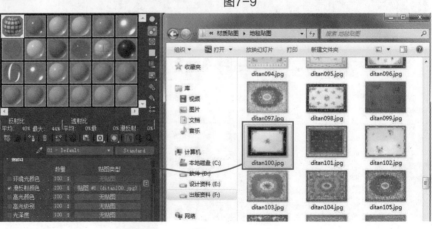

图7-10

7）修改"偏移"中"U"的数值，贴图就会在"U"向做左右偏移（图7-14）。

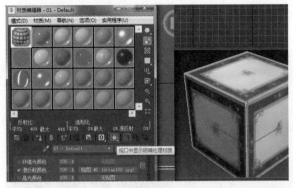
图7-11

图7-12

图7-13

图7-14

补充提示

贴图中"坐标"卷展栏的"U""V"偏移方向要识别清楚。注意这里调整好的各种参数是针对该材质球的，如果将这个材质同时赋予多个模型，其参数会影响全部模型。希望将多个模型上的贴图参数分开设置，互不影响，只能给模型添加"UVW贴图"修改器了。

8）修改"偏移"中"V"的数值，贴图就会在"V"向做上下偏移（图7-15）。

9）"偏移"后面的"瓷砖"能决定贴图在图中的平铺次数，将"U""V"的"瓷砖"数都设置为2（图7-16）。

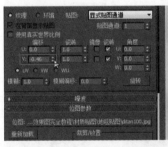

图7-15

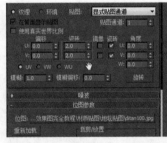

图7-16

10）"镜像"能将图片在"U""V"方向上进行镜像操作，"瓷砖"下的两个复选框控制贴图是否能连续呈现在模型上（图7-17）。

11）"角度"能控制贴图在"U""V"向的缩放，W控制贴图的旋转角度（图7-18）。

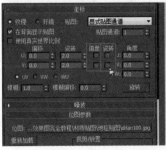

图7-17

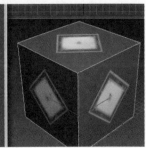
图7-18

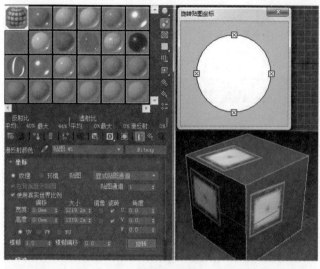

图7-19

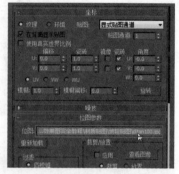

图7-20

12）单击"旋转"，能同时控制整体角度的3个值变化（图7-19）。

13）如果要切换贴图，单击"位图"后的"贴图"按钮（图7-20），直接打开文件夹选择要切换的贴图（图7-21）。

14）单击"转到父对象"，就可以回到上一层级，继续对其他参数进行设置（图7-22）。

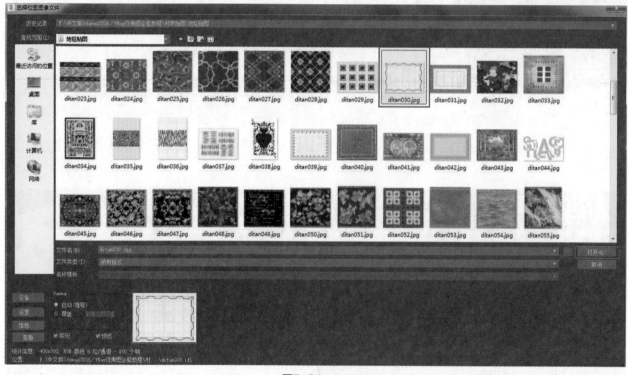

图7-21

补充提示

搜集各种贴图是制作效果图的前期工作，可以通过网络下载、购买光盘、拍摄、扫描、创作等方式收集，本书配套资料中有部分贴图文件，仅供学习参考使用。现代效果图中所需的贴图都是专门为该效果图配备的，操作者应根据客户与投资者的要求去拍摄、扫描、创作贴图，不能随意赋予网络下载贴图。

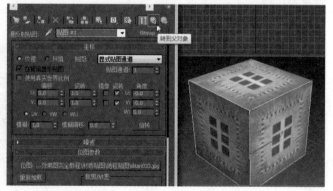

图7-22

7.3 UVW贴图修改器

"UVW贴图"修改器是能将物体表面贴图进行均匀平铺与调整的修改器。

1）新建场景，在创建命令面板的扩展基本体中创建切角立方体，并为其赋予一个材质（图7-23）。

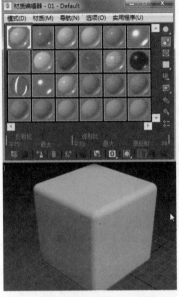

图7-23

2）打开贴图文件，拖入一张贴图在材质球上面，并打开视口中"显示明暗处理材质"按钮（图7-24），并将该材质重新赋予切角立方体（图7-25）。

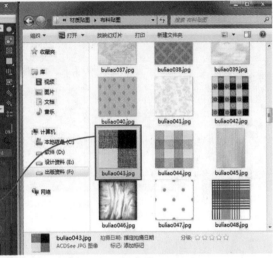

图7-24

3）进入修改命令面板，为刚才创建的切角立方体添加"UVW贴图"修改器（图7-26）。

4）默认的贴图方式是"平面"，平面的贴图方式只是适合平整的物体，一般在室内场景中都是用"长方体"的贴图方式，因此将贴图方式改为"长方体"（图7-27）。

5）更改长方体的"长度""宽度""高度"的数值，一般数值相同的才能达到整体均匀的效果，现在将其均设置为100.0mm（图7-28）。

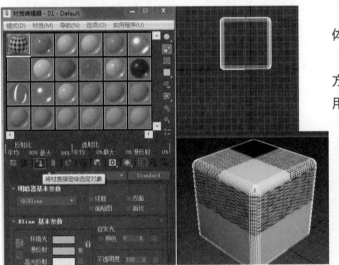

图7-25   图7-26

图7-27   图7-28

图7-29

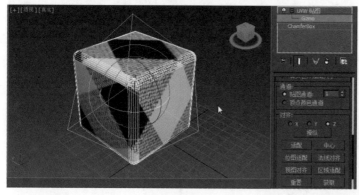

图7-30

6）调整贴图的"对齐"方式，可以让贴图位置更加精确，单击"对齐"选项中的"适配"按钮（图7-29）。

7）其余几种贴图的对齐方式不常用，可以尝试修改。展开"UVW贴图"卷展栏，选择"Gizmo"，可以方便地对贴图进行旋转或移动（图7-30）。

8）将该贴图继续进行调整，可以看到调整完毕后的效果（图7-31）。

图7-31

7.4 贴图路径

将一个场景使用不同的计算机打开，即使贴图文件都存在于计算机硬盘中，也会发现在渲染时没有贴图，这是因为贴图的路径错误所导致的，需要重新寻找贴图路径。

1）打开场景模型文件"模型\第7章\单人沙发01"，打开时就会弹出"缺少外部文件"的对话

框，单击"浏览"按钮寻找外部文件路径（图7-32）。

2）弹出"配置外部文件路径"对话框，单击"添加"按钮找到硬盘文件夹中的贴图路径（图7-33）。

3）进入"模型\第7章\单人沙发01\材质贴图"，勾选"添加子路径"，并单击"使用路径"按钮（图7-34）。

图7-32

图7-33

图7-34

4）回到"配置外部文件路径"对话框，发现新加了4个路径，单击"确定"按钮（图7-35）。

5）完成之后，回到第1步的"缺少外部文件"对话框，里面缺少的文件没有了，单击"继续"，发现视图中的模型就有了贴图（图7-36）。

6）单击工具栏最后的"渲染"按钮即可开始渲染。这是配置灯光与环境后的渲染效果（图7-37）。

图7-35

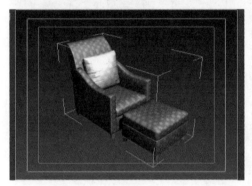

图7-36

图7-37

7.5　建筑材质介绍

建筑材质是在室内场景中运用最广泛的材质类型，本节主要建筑材质的一些参数与使用方法。

1）新建场景，在场景中创建一个长方体（图7-38），并打开"材质编辑器"（图7-39）。

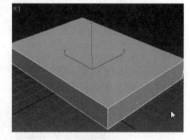

图7-38

补充提示

材质是指物体表面看上去的质地，也可以理解是材料与质感的结合。在计算机渲染程序中，材质是表面各可视属性的结合，这些可视属性是指表面的色彩、纹理、光滑度、透明度、反射率、折射率、发光度等。在日常生活中，设计师应当仔细分析产生不同材质的原因，才能更好地把握质感。

其实，影响材质不同的根源是光，离开光所有材质都无法体现。例如，借助夜晚微弱的天空光，往往很难分辨物体的材质，而在正常的照明条件下，则很容易分辨。此外，在彩色光源的照射下，也很难分辨物体表面的颜色，而在白色光源的照射下则很容易。这也表明了物体的材质与光的微妙关系。本书配套资料中有预先设置好的成品材质，能满足基本需求。

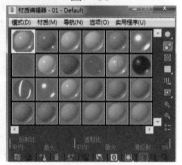

图7-39

2）选择第1个材质球，将该材质球转为"建筑"材质，并将材质指定给对象（图7-40），单击"模板"下的"用户定义"，这是选择建筑材质类型的选框，里面有几乎所有适用于装修效果图的建筑材质（图7-41）。

3）物理性质里面，第1项是"漫反射颜色"，单击后面的颜色框就改变模型材质颜色了。第2项是"漫反射贴图"，单击"无"按钮，就可以为模型增加不同的贴图（图7-42）。

4）第3项是"反光度"。反光度是调节物体表面的物理光滑程度的，光滑的瓷砖的"反射度"设置为90.0，表面越光滑这个值就应设置得越高，可以设置成瓷砖效果（图7-43）。

图7-40

图7-41

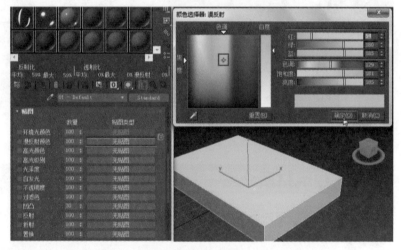

图7-42

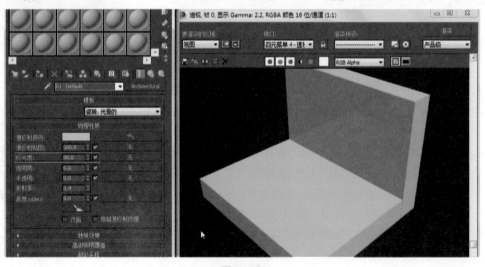

图7-43

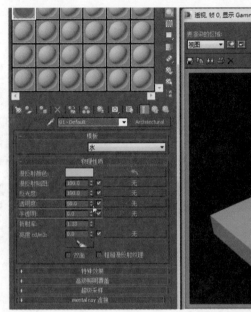
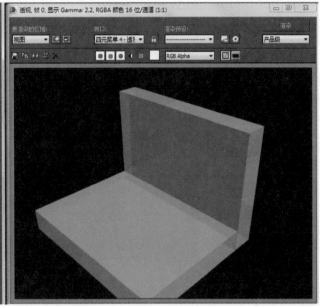

图7-44

5）第4项是"透明度"，值越高物体就越透明，设置为100.0时为全透明，可以使用第5项设置成半透明材质效果（图7-44）。

6）第6项是"折射率"，这个取决于物体的物理属性，水的折射率可设置为1.33，玻璃的折射率可设置为1.5（图7-45）。

7）第7项是"亮度"，亮度是调节物体自发光的亮，可以让物体发光，可以将其设置为1000.0（图7-46）。

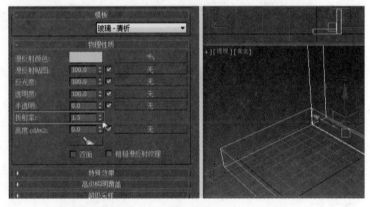

图7-45

图7-46

8）展开下面的"特殊效果"卷展栏，第1项为"凹凸"，可以为物体表面添加凹凸纹理的特殊效果，单击"无"按钮，可以选择1张陶瓷锦砖贴图（图7-47）。

9）渲染透视图场景，发现物体上面出现了陶瓷锦砖的凹凸纹理（图7-48）。在效果图制作中，其他项目的参数一般很少使用，可以根据需要尝试使用。

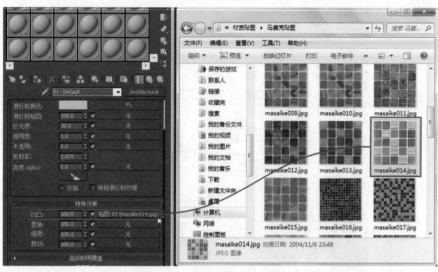

图7-47

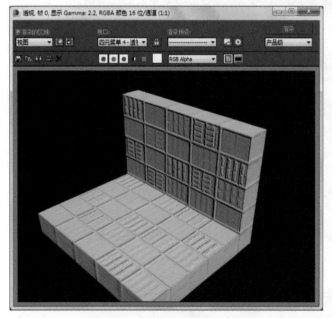

图7-48

7.6　多维子对象材质介绍

多维子对象材质是在多边形建模中大量运用的材质之一，在同一种物体上面要赋予两种不同的材质时，就需要运用多维子对象材质。

1）新建场景，设置单位，在视口中创建1个切角立方体，将立方体的"长度分段""宽度分段""高度分段""圆角分段"都设置为3（图7-49）。

2）在切角长方体上面单击鼠标右键，选择"转换为可编辑多边形"（图7-50）。

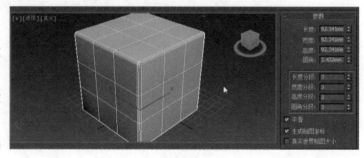

图7-49

3）进入修改面板，展开"可编辑多边形"卷展栏，选择"多边形"层级（图7-51）。

4）按住〈Ctrl〉键，同时选择6个面的"9宫格"（图7-52）。

5）向下拖动修改面板，单击"插入"后面的"设置"按钮，选择"按多边形"的方式插入1，单击"对勾"（图7-53）。

6）选择菜单"编辑→反选"（图7-54），向

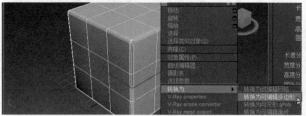

图7-50

图7-51

图7-52

图7-53

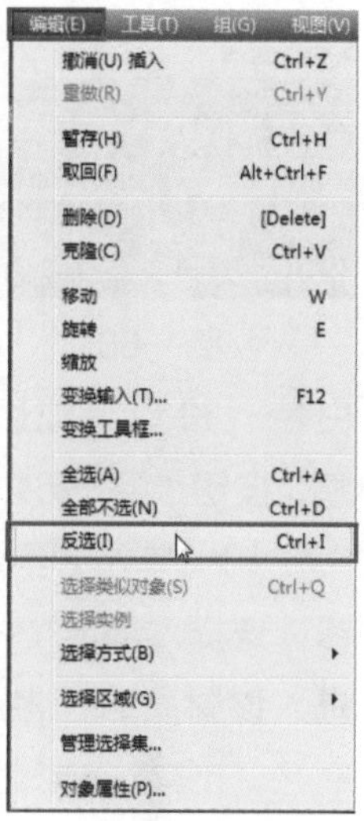

图7-54

下滑动修改面板，在"多边形：材质ID"卷展栏下将"设置ID"设置为1（图7-55）。

7）选择顶面的"9宫格"，将"设置ID"设置为2（图7-56）。

8）依次选择模型其他面上的"9宫格"，将它们的"设置ID"分别设置为3、4、5、6、7（图7-57）。

57）。

9）打开材质编辑器，选择第1个材质球，单击"Standard"按钮，选择"多维/子对象"（图7-58）。

图7-55

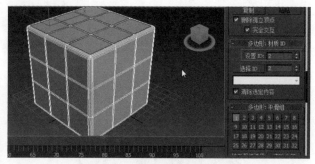

图7-56

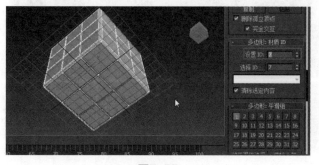

图7-57

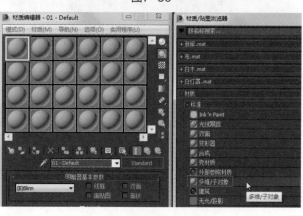

图7-58

图7-59

图7-60

10）在弹出的"替换材质"对话框中选择"将旧材质保存为子材质"（图7-59）。

11）在"多维/子对象基本参数"卷展栏中单击"设置数量"按钮，将"材质数量"设置为7（图7-60）。

12）单击1号材质，进入材质将漫反射颜色设置为白色，设置完成后单击"转到父对象"按钮（图7-61）。

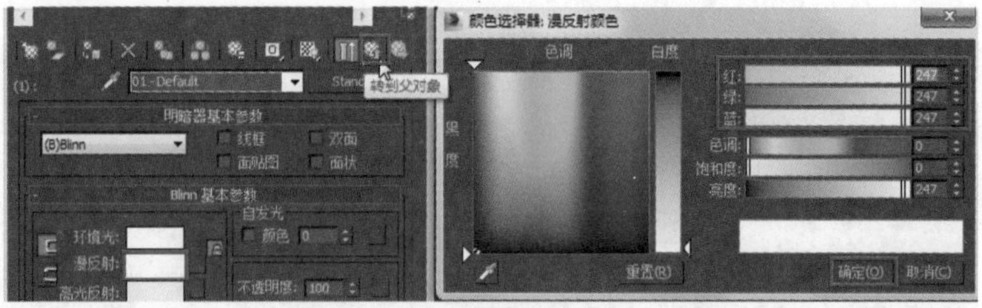

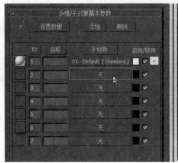

图7-61

13）单击2号材质球的"无"按钮，选择"标准"材质（图7-62）。进入该材质后，将漫反射颜色设置为红色，设置完成后单击"转到父对象"按钮（图7-63）。

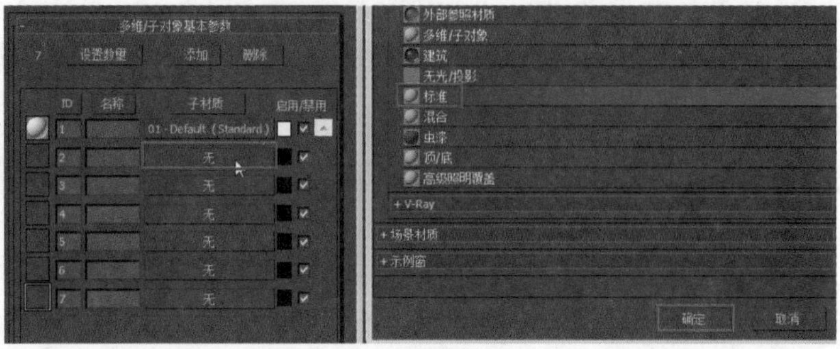

14）将下面的材质都设选择"标准"材质，并设置为不同的颜色，并选择切角长方体，单击"将材质指定给选定对象"按钮（图7-64）。

15）将透视图渲染。这是渲染后的效果（图7-65）。

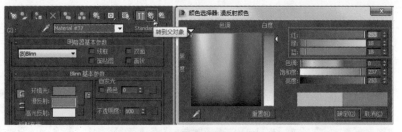

图7-62

图7-63

图7-64

补充提示

多维子对象材质能节省材质球的使用，适用于具有多种材质的模型，如赋予多种材质的空间墙面、重要的陈设饰品、旗帜标语、彩色透光灯箱等。

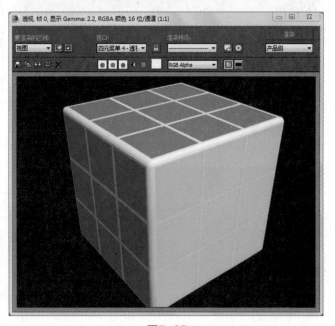

图7-65

7.7 实例制作——家具材质贴图

1）打开本书的配套资料中"模型\第7章\室内场景.max"，打开材质编辑器，选择第1个材质球，并将其命名为木地板（图7-66）。

2）将该材质转为建筑材质，在模板中选择"油漆光泽的木材"，并在漫反射贴图中拖入一张木地板的贴图，并单击"视口中显示明暗处理材质"按钮（图7-67）。

3）选择地面，将第1个材质球赋予地面物体，进入修改面板，为地面添加"UVW贴图"修改器，选择"平面"贴图，并将贴图的"长度"与"宽度"均设置为200.0mm（图7-68）。

4）选择第2个材质球，将其命名为墙纸，将该

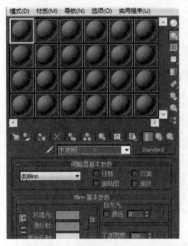

图7-66

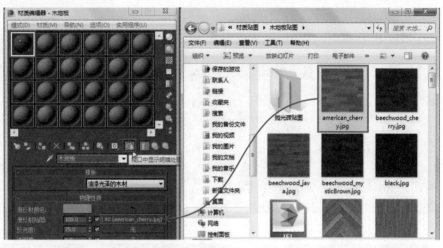

图7-67

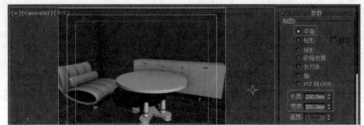

图7-68

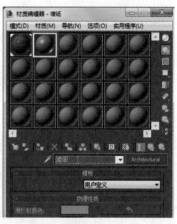

图7-69

材质转为"Architectural"建筑材质（图7-69）。

5）在模板中选择"理想的漫反射"，并在漫反射贴图中拖入一张墙纸的贴图，并单击"视口中显示明暗处理材质"按钮（图7-70）。

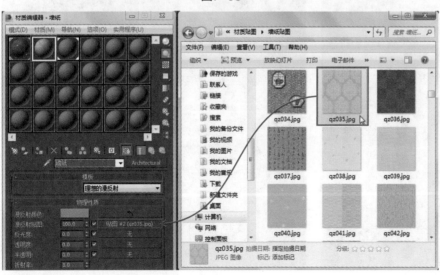

图7-70

6）选择墙面，将第2个材质球赋予墙面物体，进入修改面板，为地面添加"UVW贴图"修改器，选择"长方体"贴图，并将贴图的"长度"与"宽度"均设置为80.0mm（图7-71）。

7）选择第3个材质球，将其命名为布料，将该材质转为建筑材质（图7-72）。

8）在模板中选择"纺织品"，并将漫反射颜色设置为红色（图7-73）。

9）将材质赋予给小沙发的外皮（图7-74）。

10）选择第4个材质球，将其命名为"黑布料"，将该材质转为"Architectural"建筑材质，在模板中选择"纺织品"，并将漫反射颜色设置为黑色，将材质赋予给小沙发的内皮（图7-75）。

11）选择第5个材质球，将其命名为"白布料"，将其转为"Architectural"建筑材质，在模板中选择"纺织品"，并将"漫反射"颜色设置为白色，将材质赋予小沙发的靠枕（图7-76）。

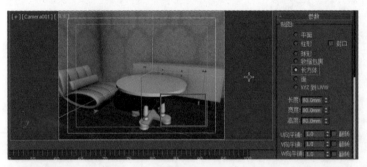

图7-71

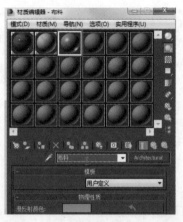

图7-72

图7-73

图7-74

图7-75

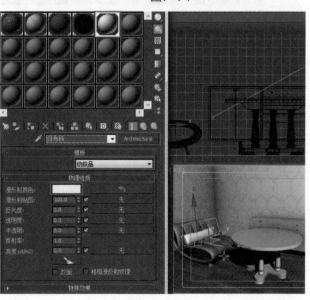

图7-76

12）选择第6个材质球，将其命名为"玻璃"，将其转为"Architectural"建筑材质，在模板中选择"玻璃-清晰"，并将"漫反射"颜色设置为灰蓝色，将材质赋予给茶几台面（图7-77）。

13）选择第7个材质球，将其命名为"不锈钢"，将其转为"Architectural"建筑材质，在模板中选择"金属"，并将"漫反射"颜色设置为黑色，将材质赋予给茶几其余部分、沙发的脚、柜子

的脚、柜子的把手（图7-78）。

14）选择第8个材质球，将其命名为"木材"，将其转为"Architectural"建筑材质，在模板中选择"油漆光泽的木材"，并将"漫反射"颜色设置为蓝色，将材质赋予给柜子（图7-79）。

15）完成之后，使用Vray渲染器渲染。这是渲染后的效果（图7-80）。

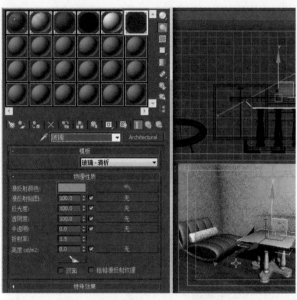

图7-77

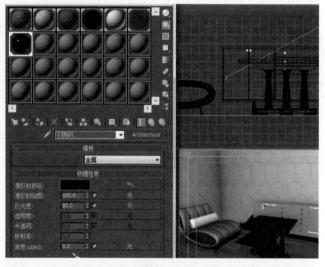

图7-78

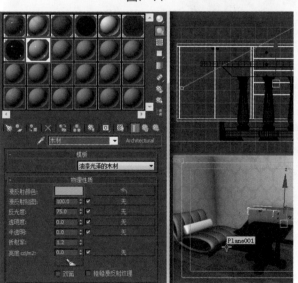

图7-79

图7-80

第8章　建立场景模型

操作难度☆★★★★

本章简介

　　在3ds max 2018中建模，最常用的就是利用AutoCAD图形进行创建。AutoCAD可以精确制作出每根线的尺寸，而3ds max 2018中没有线的尺寸，只有图形的尺寸，这也正是利用AutoCAD图形进行建模的原因。本章以儿童卧室为例，介绍使用AutoCAD创建墙体模型的方法。

8.1　导入图样文件

　　要将AutoCAD中的文件导入到3ds max 2018中比较简单，只是要注意将图样中无关的图形、文字全都删除，保存好备份文件后再导入即可。

　　1）新建场景，进行单位设置，在菜单栏单击"自定义"，选择"单位设置"，将公制与系统单位都设置成"毫米"，单击"确定"按钮

（图8-1）。

　　2）导入CAD图形文件，单击左上角的"主菜单"，选择"导入→导入"（图8-2）。

　　3）打开"模型\第8章\平面布置图"（图8-3）。

　　4）在弹出的"导入选项"对话框中勾选"焊接附近顶点"，并将"焊接阈值"设置为10.0mm，勾选"封闭闭合样条线"，最后单击"确定"按钮（图8-4）。

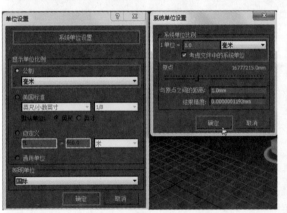

图8-1

图8-2

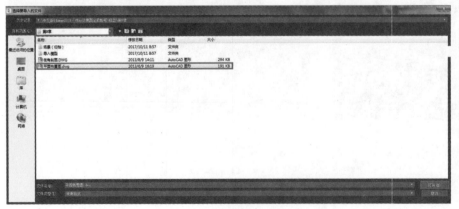

图8-3

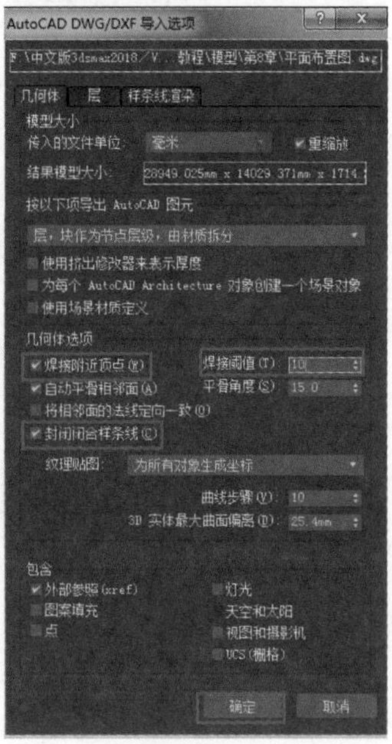

图8-4

5）进入顶视口，并切换至最大化视口，显示导入图样文件全貌（图8-5）。

6）框选所有导入进来的CAD图形文件，单击鼠标右键，在快捷菜单中选择"冻结当前选择"（图8-6），该图样文件就被冻结了，不能再被选中，这样在后期建模时就不会选中冻结对象，能有效避免选中错误和移动缓慢的问题。

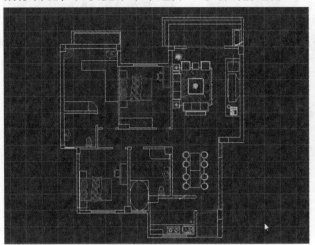

图8-5

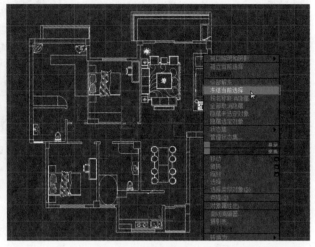

图8-6

8.2　创建墙体模型

创建墙体是采用"二维线"，沿着墙体轮廓重新绘制一遍，再使用"拉伸"修改器变为三维模型。操作比较简单，但是要注意绘制的精确度，不能出现偏差。

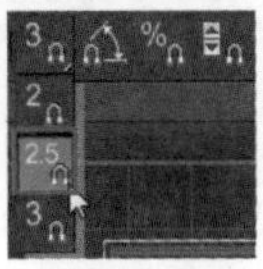

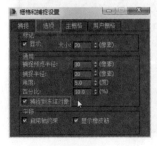

图8-7

1）虽然冻结的图样不能被选中，但是可以捕捉到图样，将"3维"捕捉切换至"2.5维"捕捉，按下"捕捉"按钮不放，向下拖动即可选择"2.5维"捕捉（图8-7）。

2）在"2.5维"捕捉按钮上单击鼠标右键，在弹出的"栅格和捕捉设置"对话框中只将"顶点"勾选（图8-8）。

3）切换到"选项"，勾选"捕捉到冻结对象"，关闭"栅格和捕捉设置"对话框（图8-9）。

4）进入创建面板选择图形中的"线"进行创建，将图形放大，按〈G〉键取消栅格线，从左上角开始，进行顺时针捕捉绘制（图8-10）。

5）按住鼠标中间滚轮可以推动视图，依次单击

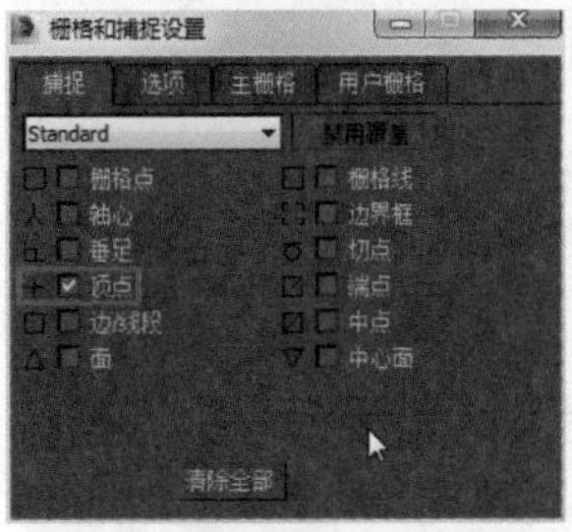

图8-8

图8-9

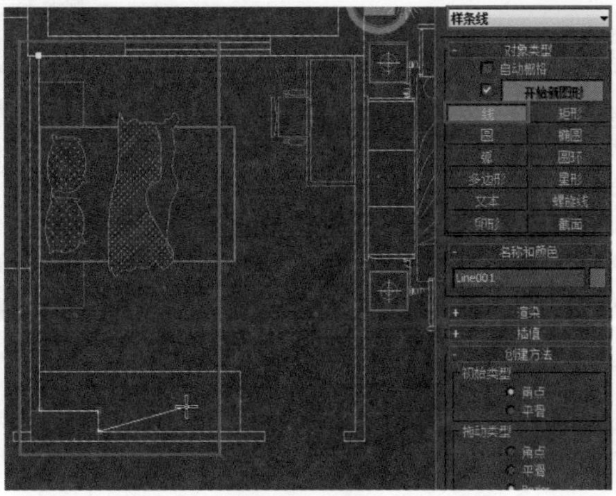

图8-10

补充提示

将AutoCAD的".dwg"格式文件导入进来后，可以在该图形上修改线条，只不过比较麻烦，还不如重新描绘一遍。".dwg"格式文件导入后会占用过多内存，因此应尽快描绘出墙体轮廓，及时删除导入的图形，保障计算机能顺利运行。

墙角，注意在门的两边都应单击顶点，确定门的宽度（图8-11）。

6）在窗的周边也需要单击顶点（图8-12）。

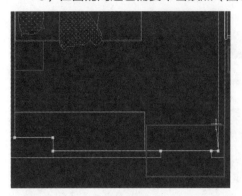

图8-11

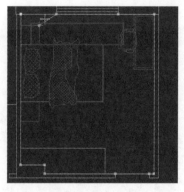

图8-12

7）回到原点，单击起始点，弹出"样条线"对话框，单击"是"按钮（图8-13）。

8）进入修改面板，在修改器列表位置单击鼠

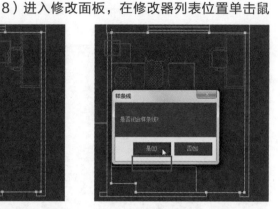

图8-13

标右键，勾选"显示按钮"（图8-14）。

9）继续在修改器列表位置单击右键，单击"配置修改器集"（图8-15）。

10）在修改器集中，将几个常用的修改器拖入8个方框位置，完成后单击"确定"按钮（图8-16）。

11）直接在"修改器"控制面板中单击"挤出"按钮，将"数量"设置为2900.0mm（图8-17）。

12）单击视口区右下角的"最大化视口"按钮，观察透视口中的效果（图8-18）。

图8-14

图8-15

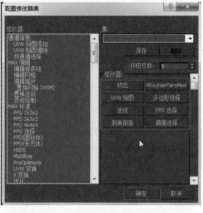

图8-16

图8-17

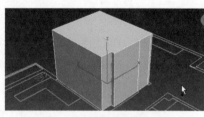

图8-18

13）再为其添加"法线"修改器，在视口中单击鼠标右键选择"对象属性"（图8-19）。

14）在"对象属性"对话框中，勾选"背面消隐"，单击"确定"按钮（图8-20）。

15）选中模型，单击鼠标右

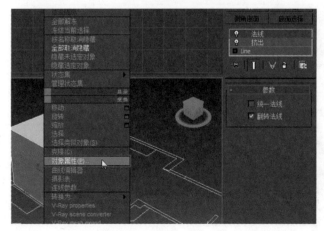

图8-19

图8-20

键，选择"转换为可编辑多边形"（图8-21）。

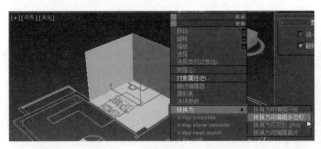

图8-21

16）按键盘上〈F3〉键，选择"边"层级，勾选"忽略背面"，最大化透视口，按住〈Ctrl〉键，同时选中窗的两条边（图8-22）。

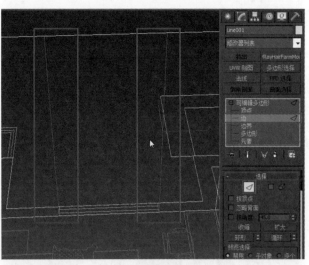

图8-22

17）滑动修改面板滑块，选择"连接"后面的"设置"小按钮，连接2条边（图8-23）。

18）使用"移动"工具选择上面的边，在屏幕下方轴坐标的"Z"轴上输入2300.0mm（图8-24）。

19）选择下面的边，在屏幕下方轴坐标的"Z"轴上输入1100.0mm（图8-25）。

20）切换到"多边形"层级，选择窗的多边形，

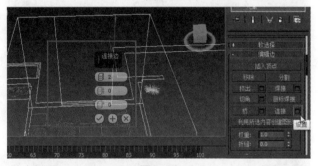

图8-23

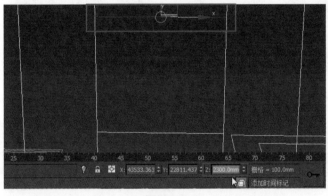

图8-24

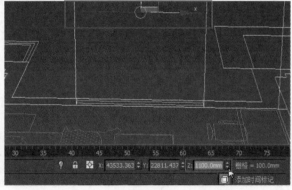

图8-25

选择"挤出"按钮，输入-190.0mm（图8-26）。

21）按键盘上的〈Delete〉键，删除此多边

形，按〈F3〉键回到"实体显示"模式（图8-27）。

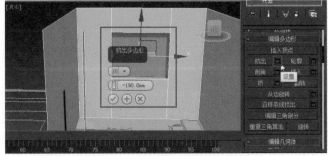

图8-26

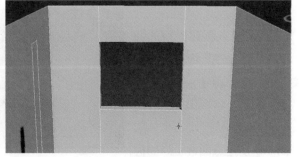

图8-27

8.3　制作顶面与地面

8.3.1　分离地面与顶面

分离地面与顶面的目的是为了更加方便深入地塑造模型，同时也能方便后期贴图。地面与顶面的创建模型内容较多，构造复杂，与墙面连接在一起不太方便，容易出错。

1）最大化显示透视口，进入"多边形"层

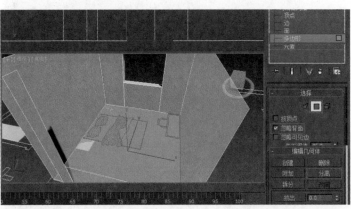

图8-28

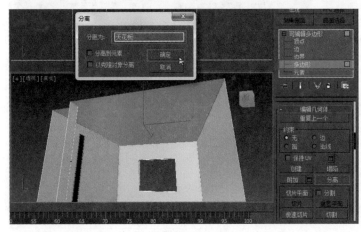

图8-30

级，勾选"忽略背面"，选择底面并将底面与模型分离（图8-28）。

2）分离底面，将对象名称改为"地面"，单击"确定"按钮（图8-29）。

3）选择顶面并将顶面分离，将分离出来的对象"001"改为"天花板"，单击"确定"按钮（图8-30）。

4）单击右下角的最大化视口切换回到4视口，再将顶视口最大化显示（图8-31）。

图8-29

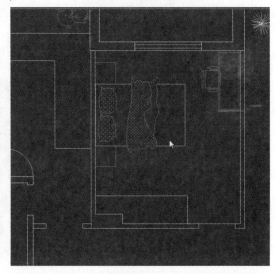

图8-31

8.3.2　制作顶面

1）选择主菜单中的"导入"，将本书配套资料中的"模型\第8章\倒角剖面.dwg"导入到场景中（图8-32）。

2）进入创建面板的图形的"样条线"级别，选择"线"进行创建，打开"捕捉"按钮，将视口放大，用线捕捉图中的"小三角"形状，特别注意曲线上点的位置（图8-33）。

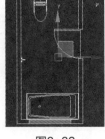

图8-32

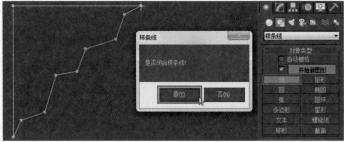

图8-33

3）进入修改面板，展开"Line"卷展栏，选择"顶点"级别，将图中的曲线上的顶点转换为"Bezier"（图8-34）。

4）仔细调节这几个点，让其与原图形基本重合，注意弧线形体应尽量平滑，然后将其移动至旁边（图8-35）。

5）进入显示面板，展开"隐藏"卷展栏，勾选"隐藏冻结对象"（图8-36）。

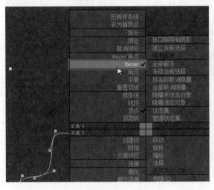
图8-34

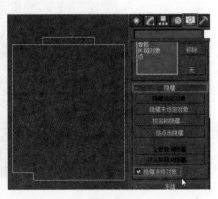
图8-35

图8-36

6）缩小视口，进入创建面板，继续创建线，捕捉绘制墙体外形，最后应闭合样条线（图8-37）。

7）进入修改面板，为该样条线添加一个"倒角剖面"修改器（图8-38）。

8）添加完毕后，在"参数"卷展栏中单击"拾取剖面"按钮，然后单击刚才绘制的装饰角线的截面造型（图8-39）。

9）回到透视口，选择倒角剖面物体，将其向上移动至接近顶部的位置，在修改面板中展开"倒角剖面"修改器的层级，选择"剖面Gizmo"（图8-40）。

10）使用"旋转"工具，在"旋转"工具上单击鼠标右键，在"旋转"对话框的"偏移"的"Z"轴中输入180，按〈Enter〉键结束，可直接关闭该对话框，这时装饰角线的方向就调整到位了（图8-41）。

图8-37

图8-38 图8-39

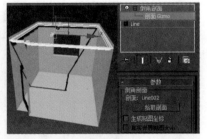
图8-40

补充提示

装饰线条是效果图中的常用模型，创建方法很多，其中放样是最简单的方法，如果对装饰线条的造型有更严格的规范，可以根据产品图样或照片，预先绘制成封闭的截面图形，并保存下来，待需要时再合并到空间场景中来。本书配套资料中也附带不少装饰线条模型，可以随时合并、调用。

图8-41

11）回到"倒角剖面"层级，使用"缩放"工具，将其大小缩放至与内墙基本重合，并将其移动至相应的位置（图8-42）。

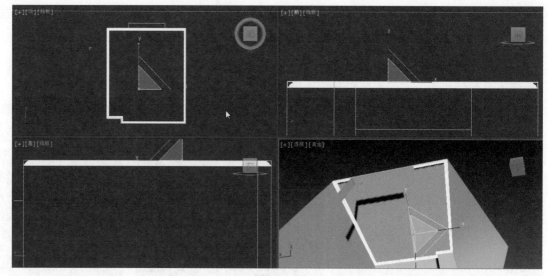

图8-42

8.4 创建门、窗、楼梯

在创建面板中有现成的各种门、窗、楼梯，本节将介绍各种门、窗、楼梯的创建与调整。

8.4.1 门的创建

1）新建场景，在创建面板中，打开下拉菜单选择"门"，这里面有3种门的模型可供选择（图8-43）。

2）枢轴门，单击"枢轴门"按钮，即可在透视口中创建枢轴门（图8-44）。进入修改面板，可以调节其参数，在"打开度数"中输入参数，可以让门打开一定角度（图8-45）。在"打开度数"上方有3个选项，勾选后会有不同效果，现在将"双门"勾选（图8-46）。在"门框"选项中，可以选择有门框的造型，现在勾选

图8-43

图8-44

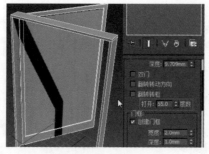

图8-45

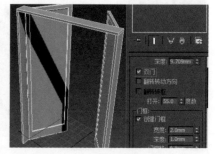

图8-46

"创建门框"，能调节门框"宽度""深度""门偏移"等参数（图8-47）。在"页扇参数"卷展栏中能设置更多形态，通过调节参数来达到设计要求（图8-48）。

图8-47

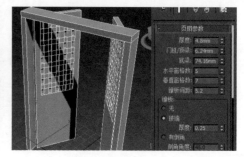

图8-48

3）推拉门，单击"推拉门"，在场景中创建推拉门（图8-49）。进入修改面板，可以调节其参数，如"前后翻转"与"侧翻"可以控制门的开启方式，还可以设置门的"打开"参数（图8-50）。勾选"创建门框"，可以设置门框的各项参数，包括门框的"宽度""深度""门偏移"等参数项（图8-51）。在"页扇参数"卷展栏中，可以对门扇进行各种变形，通过调节达到设计需求（图8-52）。

4）折叠门，参数与上述两种门基本相同（图8-53），这里就不重复介绍了。

图8-49

图8-50

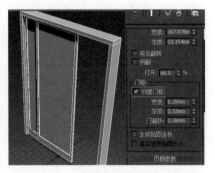

图8-51

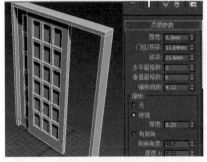

图8-52

图8-53

补充提示

3ds max 2018中所能创建的门窗样式已经很丰富了，如果能根据设计要求来调节参数，就能创造出更多样式，能满足绝大多数效果图的制作要求。

8.4.2 窗的创建

1）新建场景，在创建面板中，打开下拉菜单选择"窗"，对象类型中提供了6种窗户的创建（图8-54）。

2）遮篷式窗。创建一个遮篷式窗（图8-55）。进入修改面板，分别改变窗框的参数（图8-56）。玻璃的厚度可以调节窗户玻璃的厚度。给予窗格一定宽度，将"窗格数"设置为2，根还可以据需要设置开窗角度，将窗户打开（图8-57）。

3）平开窗。参数与遮篷式窗的参数基本一样，这是调节参数后的效果（图8-58）。

图8-54

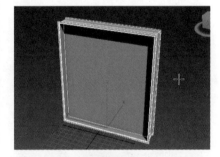

图8-55

图8-56

图8-57

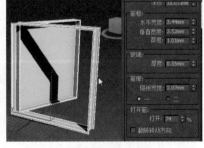

图8-58

4）固定窗。参数与上述其他窗的参数基本相同，只是固定窗不能开关，调节参数后可见效果不同（图8-59）。

5）旋开窗。参数与上述其他窗的参数基本相同，只是旋开窗多了"轴"选项，调节参数后可见效果不同（图8-60）。

6）伸出式窗。参数与上述其他窗的参数基本相同，调节参数后可见效果不同（图8-61）。

7）推拉窗。参数与上述其他窗的参数基本相同，调节参数后可见效果不同（图8-62）。

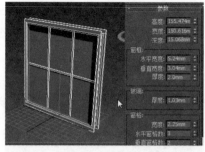

图8-59

图8-60

图8-61

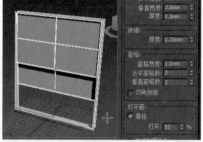

图8-62

8.4.3 楼梯的创建

1）新建场景，在创建面板中，打开下拉菜单选择"楼梯"，对象类型中提供了4种楼梯样式（图8-63）。

2）直线楼梯。在透视口中创建直线楼梯，可以设置相关参数（图8-64）。进入修改面板，在"参数"卷展栏中的"类型"选项下有3种形式可以选择，默认为"开放式"，可以根据需要分别选择其他两种形式。在"生成几何体"选项中，可以根据需要勾选部分选项（图8-65）。"布局"选项能调节楼梯整体的长度与宽度。"梯级"选项主要控制楼梯的总高、每级台阶高与台阶数（图8-66）。"栏杆"卷展栏中的"参数"选项能调节栏杆的位置、高度、形状、大小（图8-67）。

3）L形楼梯。L形楼梯的参数与上述楼梯基本相同，调节参数后可见效果不同（图8-68）。

图8-63

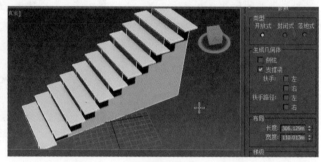

图8-64

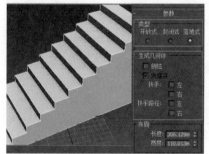

图8-65

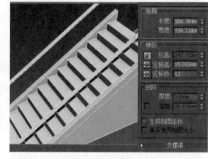

图8-66

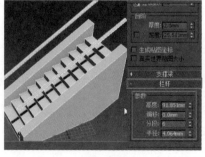

图8-67

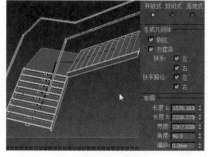

图8-68

4）U形楼梯。U形楼梯的参数与上述楼梯基本相同，调节参数后可见效果不同（图8-69）。

5）螺旋楼梯。螺旋楼梯的参数与上述楼梯基本相同，只是多了1根中柱，调节参数后可见效果不同（图8-70）。

图8-69

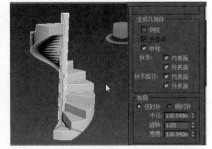

图8-70

8.5　制作窗户

1）进入顶视口，打开"捕捉"工具，单击鼠标右键取消勾选"捕捉到冻结对象"（图8-71）。

2）选择顶部造型，单击鼠标右键，选择"隐藏选定对象"（图8-72）。

3）使用"捕捉"工具创建平开窗，使其与窗框完全吻合（图8-73）。

4）设置窗的参数，让其达到预期效果（图8-74）。

5）选中窗户，单击鼠标右键选择"转换为：→转换为可编辑的多

边形"（图8-75）。

6）展开"可编辑多边形"卷展栏，选择"元素"层级，选中两边的玻璃部分，将其"分离"，并命名为"窗户玻璃"（图8-76）。

图8-71

图8-72

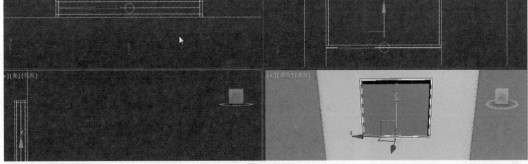

图8-73

图8-74

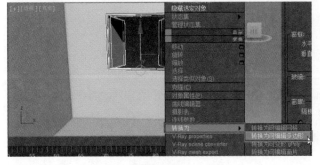

图8-75

图8-76

8.6　创建摄像机与外景

8.6.1　创建摄像机

1）在创建面板中选择"标准"摄像机，在顶视口中创建一个"目标"摄像机（图8-77）。

2）单击鼠标右键结束创建，单击摄像机中间的线，在前视口中将摄像机向上移动（图8-78）。

3）单击摄像机，并进入修改面板，切换到透视口按〈C〉键将透视口切换为摄像机视口，将摄像机的镜头选择"20mm"（图8-79）。

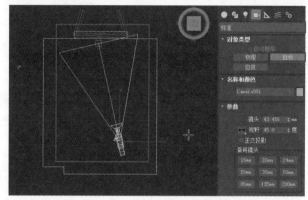

图8-77

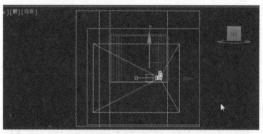

图8-78

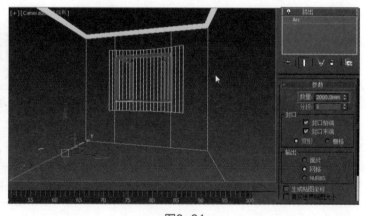

图8-79

8.6.2　创建外景

1）进入创建面板，选择创建"弧"，在顶视口进行创建（图8-80）。

2）进入修改面板，为其添加"挤出"修改器，挤出"数量"为2000.0mm，并按"F3"键在摄像机视口中将其移动到窗口位置（图8-81）

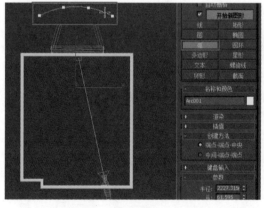

图8-80

图8-81

补充提示

如果经常制作家居装修效果图，则可以将房间墙体、门窗、摄像机等元素制作完毕后单独保存下来，待日后直接打开，根据新的设计要求稍许修改即可继续使用。例如，墙体空间尺寸可设置为4200mm×3600mm，高度设置为2800mm，在任何一面墙上开设窗户，尺度为1800mm×1800mm，窗台高度为900mm，在窗户的对立墙面上开设门，尺寸为800mm×2000mm，同时制作门窗框、扇、玻璃，甚至可以给模型赋予固定的材质球。最后，设置一台摄像机，从任何角度观看房间均可，高度设为800～1200mm。当这些一切都准备就绪后，就可以根据新的设计要求进行修改了，制作家具装修效果图的速度就特别快。

8.7 合并场景模型

合并能大幅度提高模型创建效率，前提时要预先收集大量模型。

1）打开左上角的主菜单，单击"导入→合并"（图8-82）。

2）在本书配套资料"模型\第8章\导入模型"中，先选择"窗帘"模型文件进行合并（图8-83）。

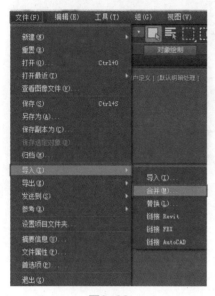

图8-82

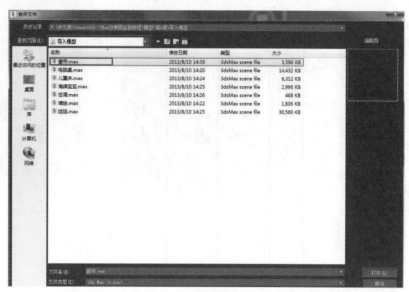

图8-83

3）选择"全部"，并取消勾选"灯光"与"摄像机"，单击"确定"按钮（图8-84）。

4）由于此模型比较完美，不用调节大小与位置，所以合并下一模型时，可以按上述步骤将"电脑桌"模型合并进来（图8-85）。

5）选择全部，同样也取消勾选"灯光"与"摄像机"，单击"确定"按钮，这时会弹出"重复材质名称"对话框，勾选"应用于所有重复情况"，并选择"自动重命名合并材质"（图8-86）。

6）依次合并剩下的模型，将所有模型放好位置，即可看到导入后的效果（图8-87）。

补充提示

合并至空间场景中的模型应当预先单独打开检查，删除不必要的构件，尽量不用网格复杂的模型，务必确保合并模型后，计算机能正常运行。

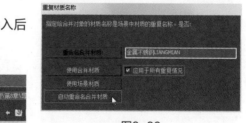

图8-86

图8-84

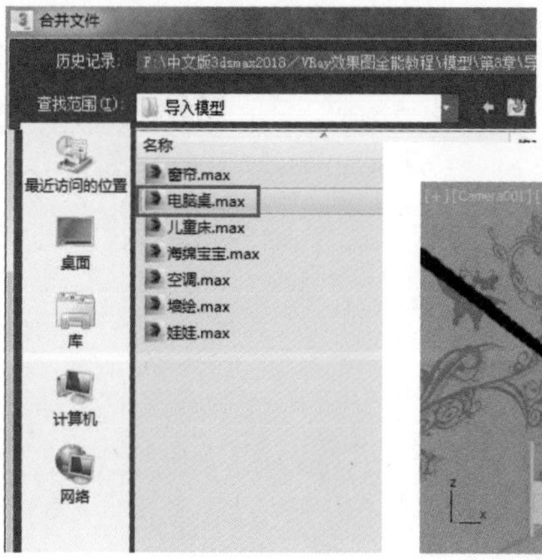

图8-85

图8-87

7）为了渲染出更好的效果，本场景使用了
V-Ray材质与Vray灯光，为场景赋予Vray材质后
的视口效果（图8-88）。

这是使用Vray渲染器渲染后的效果（图8-
89），本书将从下一章开始将讲解V-Ray材质、
V-Ray灯光与V-Ray渲染器。

图8-89

图8-88

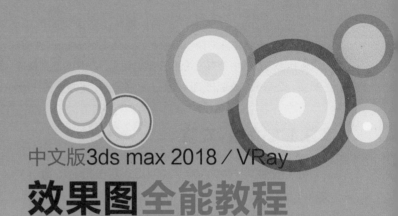

中文版3ds max 2018／VRay

效果图全能教程

提高篇·材质灯光

第9章　VRay介绍

操作难度☆☆☆★★

本章简介

在3ds max 2018中，V-Ray是在装修效果图渲染必不可少的插件，本章主要介绍的版本为V-Ray Adv 2.40.03，它由专业渲染引擎公司Chaos Software开发完成，是拥有光线跟踪与全局照明技术的渲染器，用来代替 3ds max 2018中原有的线性扫描渲染器。V-Ray能更快捷、更交互、更可靠地满足行业需求，能将场景渲染得非常 真实，是目前制作装修效果图的主流渲染器。本章主要介绍V-Ray的安装方法与界面操作。

9.1　VRay安装

1）安装V-Ray Adv 2.40.03，双击打开安装 文件（图9-1）。

2）在弹出的对话框中单击"是"按钮，进入安 装界面后单击"继续"按钮（图9-2）。

3）勾选"我同意'许可协议'中的条款"，单 击"我同意"按钮（图9-3）。

4）如果计算机中现有的3ds max 2018软件安 装在默认的"C盘"文件夹中，如果没有就 在下面磁盘中找到3ds max 2018的安装位 置（图9-4）。

5）勾选"创建功能切换器桌面快捷方式"可以 给V-Ray添加一个功能切换器，增强其功能（图 9-5）。

6）确认安装目标位置无误后，单击"安装" 按钮（图9-6）。

7）在安装进度条完成之后，单击"完成"按钮 （图9-7）。

图9-1

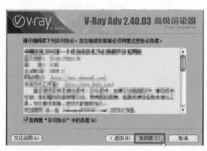

图9-2

图9-3　　　　图9-4

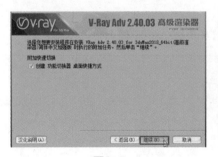

图9-5

图9-6

图9-7

8）打开3ds max 2018，在菜单栏中选择"渲染→渲染设置"（图9-8）。

9）进入"渲染设置"面板，将右边的滑块滑到最底层，展开"指定渲染器"卷展栏，单击"产品级"后面的"选择渲染器"按钮（图9-9）。

10）在"选择渲染器"窗口中会看到新增了两个V-Ray渲染器，任意选择其中一个即可，这里选择"V-Ray Adv 2.40.03"（图9-10）。

11）选择完毕之后，单击"保存为默认设置"，这样下次再使用V-Ray渲染器时，就不用重复选择了（图9-11）。

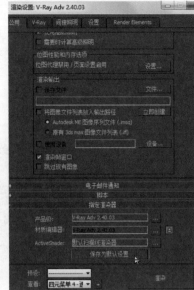

图9-8

图9-9

图9-10

图9-11

9.2　VRay界面介绍

9.2.1　VRay主界面

在渲染设置中单击V-Ray，打开了V-Ray渲染器的"渲染设置"面板，里面总共有9项。

1）第1项是"授权"卷展栏，用于显示该软件注册认证信息。

2）第2项是"关于V-Ray"，用于显示介绍该渲染器的界面（图9-12）。

3）第3项是"帧缓冲区"，勾选"启用内置帧缓冲区"，单击"渲染"按钮就可以使用"V-Ray帧缓冲"功能（图9-13）。

4）第4项是"全局开关"卷展栏，可以控制整个模型场景的灯光、材质、渲染等重要选项的卷展

图9-12

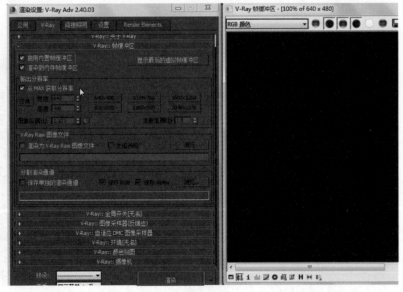

图9-13

栏（图9-14）。

5）第5项是"图像采样器"卷展栏，是控制图像的细腻程度与抗锯齿的卷展栏，不过图像越细腻、抗锯齿越好，渲染时间就越长（图9-15）。

6）第6项是"自适应DMC图像采样器"卷展栏，这一项主要是控制细分值，一般不更改（图9-16）。

7）第7项是"环境"卷展栏，是设置场景周围环境的卷展栏，或是"全局照明环境（天光）覆盖"，或是"反射/折射环境覆盖"（图9-17）。

8）第8项是"颜色贴图"卷展栏，是控制整体的亮度与对比度的卷展栏（图9-18）。

9）第9项是"摄像机"卷展栏，是给V-Ray摄像机添加特效的卷展栏（图9-19）。

图9-14

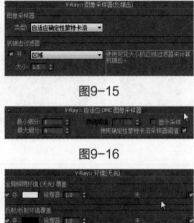

图9-15

图9-16

图9-17

图9-18

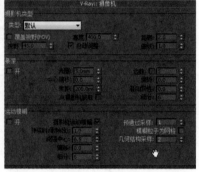

图9-19

9.2.2 VRay间接照明

1）"间接照明"卷展栏，是控制场景中光线进行光能传递全过程的重要卷展栏，可以让场景达到真实的渲染效果（图9-20）。

2）"发光图"卷展栏，其中内容较多，是控制渲染图像细腻程度的重要卷展栏（图9-21）。

3）"BF强算全局光"卷展栏，是控制场景整体光的细分与反射次数的卷展栏（图9-22）。

4）"灯光缓存"卷展栏，将二次反弹设置为"灯光缓存"时就会出现该卷展栏，该卷展栏能为场景灯光增加灯光缓冲区，让场景灯光可以保存并调节（图9-23）。

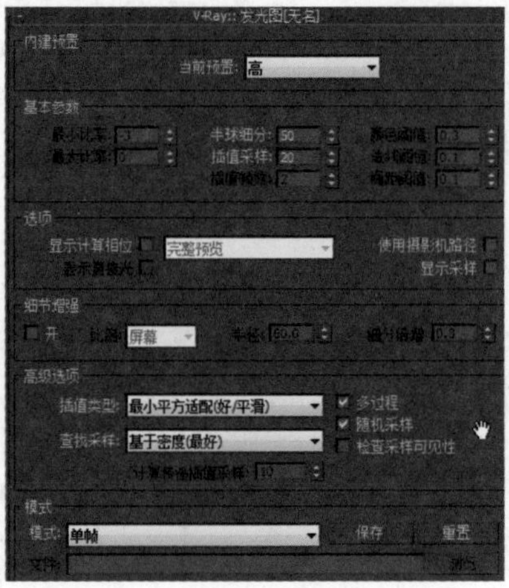

图9-22

图9-20

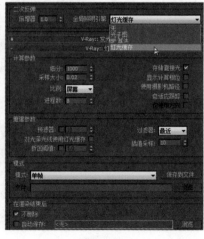

图9-21

图9-23

5）"焦散"卷展栏，包括能让透明或半透明物体在强光照射下产生焦散效果的各种选项（图9-24）。

9.2.3　V-Ray设置

1）"DMC采样器"卷展栏，包括控制整个场景的图像细分值的选项（图9-25）。

2）"默认置换"卷展栏，包括调节图像的细分与清晰程度的选项（图9-26）。

3）"系统"卷展栏，包括设置各个渲染面板及细微渲染变化的选项（图9-27）。

图9-24

图9-25

图9-27

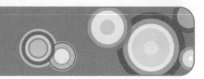

第10章　VRay常用材质

操作难度☆ ★ ★ ★ ★

本章简介

　　V-Ray的材质种类很多，在模型场景中，几乎所有材质都可以通过它进行调节，在调节V-Ray材质时，可以输入固定参数来模拟生活中真实的材料质地。本章不仅介绍V-Ray材质的使用方法，还给出具体参数供参考。除了在操作中需掌握V-Ray材质的设置方法，还要建立属于操作者自己的材质库，这样就能随时调用熟悉的材质，从而大幅提高效果图的制作效率。

10.1　VRay材质介绍

　　1）打开"材质编辑器"，新建第1个材质，在"Slate材质编辑器"中的"材质"卷展栏中找到"V-Ray"并展开，选择"VRayMtl"（图10-1）。

　　2）创建场景，将材质赋予球体模型，在参数面板中，第1项为"漫反射"，单击颜色框会弹出"颜色"对话框，可以设置并改变物体的漫反射颜色，点击后面的小按钮可以继续为其添加贴图（图10-2）。

　　3）粗糙度，能调节物体表面的粗糙程度，值越高物体表面就越粗糙，最大为1，点击后面小按钮可以继续添加贴图。

图10-1

粗糙度的值越大，对场景中光线的反射就越低，场景就越暗（图10-3）。

图10-2

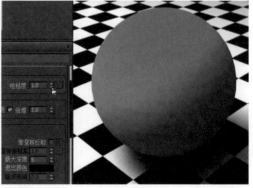

图10-3

4）"自发光"选项，这是V-RayAdv2.40.03的新增功能，可以直接为材质添加自发光性质，单击的后面的小按钮可以为其添加贴图（图10-4）。

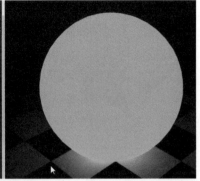

图10-4

5）"反射"选项，可以控制模型材质的反射效果，为其选择颜色，当颜色为黑白时，调节参数只会影响其反射程度，当颜色为彩色时，不仅会影响反射程度，还会影响物体表面颜色。修改颜色可以选择补色，两者的共同点是越接近白色反射越强烈，越接近黑色反射越弱，单击"反射"后面的小按钮可以为其添加贴图（图10-5）。

6）"高光光泽度"可以调节物体的高光大小，单击后面的小按钮可以为其添加贴图，单击后面的"L"按钮可以取消贴图锁定，调节数值就可改变其高光大小，默认值为1，值越小高光就越大，物体表面就越模糊，为0.5时的效果（图10-6）。

图10-5

7）"菲涅尔反射"是模拟表面比较光滑，且拥有固有色的物体表面反射，单击后面的"L"按钮可以取消贴图锁定（图10-7）。

8）"反射光泽度"能决定物体表面的光滑程度，这个值越低物体表面就越粗糙，当这个值降低时相应的下面的细分值也就要提高，点击后面小按钮可以为其添加贴图，这是将"反射光泽度"设置为0.9，将"细分"设置为12的渲染效果（图10-8）。

图10-6

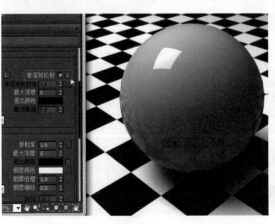

图10-7

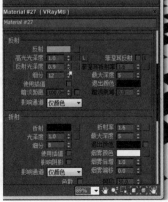

图10-8

9）"折射"选项，可以让物体产生透明的效果，可做出玻璃或水的效果，将折射调整为灰白色的效果（图10-9）。也可以为"折射"选择颜色，还可以添加贴图。折射率，此项为固定的物理属性，玻璃的折射率约为1.6，水的折射率约为1.33，可以添加贴图。

图10-9

10）"光泽度"会使透明物体内部形成浑浊的效果，变得不那么通透，可产生磨砂玻璃效果，可以添加贴图。这是将"光泽度"设置为0.7，"细分"设置为15的效果（图10-10）。

11）"烟雾颜色"能为透明物体添加颜色，不过这个值相当敏感，必须将所选的颜色调整到接近白色的颜色位置，不然物体会变成黑色，若颜色太深，可以添加贴图。还可以调节下面的"烟雾倍增"，将倍增值降低。这是将上述"漫反射"颜色设置为黑色，将"反射"颜色设置为白色，这是给予一定烟雾颜色并调整参数后的渲染效果（图10-11）。

图10-10

12）"影响阴影"勾选后，物体的阴影就会形成半透明的阴影效果（图10-12）。

13）展开"贴图"卷展栏，里面有各种性质的贴图，添加不同的贴图会产生不同的效果，最常用的是"漫反射"与"凹凸"贴图（图10-13）。

14）更多参数设置表现比较细微，或用于角色动画，或用于特定效果。而在效果图制作中一般保持默认，这里就不再详细介绍了。

图10-11

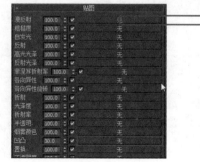

图10-12

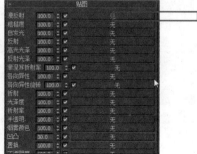

图10-13

10.2 VRay常用材质

10.2.1 高光木材与亚光木材

1）打开本书配套资料中的"模型\第10章\场景01.max"，打开"材质编辑器"，再展开"材质"卷展栏，在"V-Ray"子卷展栏中双击"VRayMtl"材质（图10-14）。

2）在"视图1"窗口中双击材质就会出现该材质的参数面板，将其取名为"高光木材"，单击"漫反射"颜色后小按钮，打开浏览器，双击选择一张木材贴图，然后将其赋予地面，并单击"视口中显示明暗处理材质"按钮（图10-15）。

3）为地面添加"UVW贴图"修改器，在"参数"卷展栏中，将"贴图"选项设置为"平面"，将"长度"与"宽度"均设置为100.0mm。回到"材质编辑器"中，单击"反射"后的颜色框，将红、绿、蓝均设置为40，并将"高光光泽度"设置为0.8（图10-16）。

4）将材质赋予其他3个物体。这是经过场景渲染后呈现的效果（图10-17）。

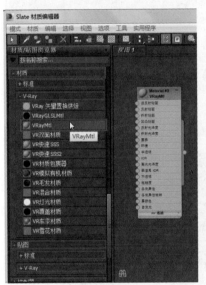

图10-14

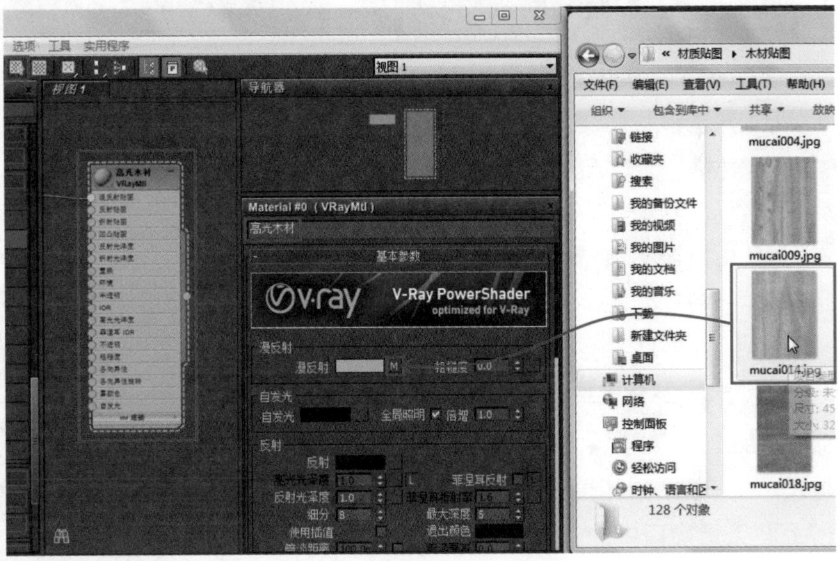

图10-15

图10-16

图10-17

5）在"材质贴图浏览器"中展开"场景材质"卷展栏，将"高光木材"的材质球拖到下面的材质球上，在弹出的对话框中选择"副本"（图10-18）。

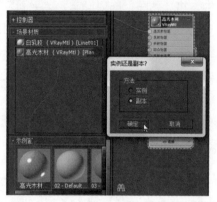

图10-18

图10-19

6）双击该材质球，在参数面板中将其命名为"亚光木材"，将"反射光泽度"设置为0.8，"细分"设置为12（图10-19）。

7）将其赋予地面与球体。这是渲染后的效果（图10-20）。

10.2.2 高光不锈钢与亚光不锈钢

1）展开"材质"卷展栏，双击"VRayMtl"材质，在"视图1"窗口中选择前面制作的材质，单击上面工具窗口中的"删除选定对象"按钮（图10-21）。

2）在"视图1"窗口中双击材质就会出现该材质的参数面板，取名为"高光不锈钢"，将"漫反射"颜色设置为黑色，将"反射"颜色设置为白色（图10-22）。

3）将该材质赋予茶壶，则为渲染后的效果（图10-23）。

4）将高光不锈钢材质球拖到一个新的材质球上，选择"副本"，在参数面板中将

图10-20

图10-21

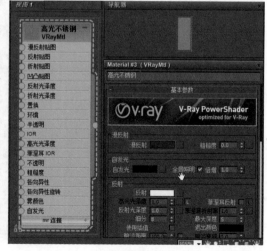

图10-22

其命名为"亚光不锈钢",将其"反射"颜色设置
为210,"反射光泽度"设置为0.8,"细分"设置
为12(图10-24)。

5)将其赋予圆环后的渲染效果(图10-25)。

10.2.3 陶瓷

1)展开"材质"卷展栏,双击"VRayMtl"
材质,在"视图1"窗口中双击"材质"就会出现该
材质的参数面板,取名为"白陶瓷",将"漫反
射"颜色设置为白色,然后将"反射"颜色设置为
白色,勾选"菲涅尔反射"(图10-26)。

2)将材质赋予茶壶。这是渲染后的效果(图
10-27)。

图10-23

图10-24

图10-25

图10-26

图10-27

补充提示

　　石材、陶瓷等光亮的材质不宜在效果图中出现太多，否则会显得图面效果很单薄，如果要表现厨房、卫生间、大堂，可以适当降低"高光光泽度"与"反射光泽度"的参数数值。

　　并不要求效果图中所有的材质都与本书中所标注的材质参数相同，应当根据实际情况来取舍。

图10-28

10.2.4　亚光石材与青石板

　　1）展开"材质"卷展栏，双击"VRayMtl"材质，在"视图1"窗口中双击"材质"，就会出现该材质的参数面板，取名为"亚光石材"，并将一张石材贴图拖入到"漫反射"贴图位置，将"反射"颜色全部设置为101，"高光光泽度"设置为0.5，"反射光泽度"设置为0.8（图10-28）。

　　2）将材质赋予地面并进行渲染（图10-29）。

　　3）将"亚光石材"材质拖到一个新的材质球上，选择"副本"，在"视图1"中选择该材质，将其与"漫反射贴图""凹凸贴图"相连接，在"贴图"卷展栏中将"凹凸"值设置为100.0（图10-30）。

　　4）这是渲染后的效果（图10-31）。

图10-29

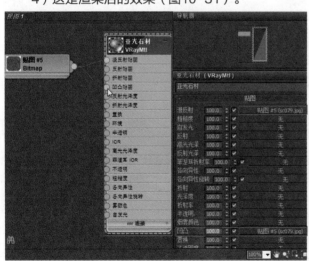

图10-30

图10-31

图10-32

10.2.5 大理石与地板砖

1) 展开"材质"卷展栏,双击"VRayMtl"材质,在"视图1"窗口中双击"材质",就会在右侧出现该材质的参数面板,单击"基本参数"的"漫反射"颜色后的小按钮,打开浏览器,双击选择一张石材贴图(图10-32)。

2) 将"反射"颜色设置为白色,勾选"菲涅尔反射",并将"高光光泽度"设置为0.8,"反射光泽度"设置为0.98(图10-33)。

3) 将材质赋予球体。这是渲染后效果(图10-34)。

4) 展开"材质"卷展栏,双击"VRayMtl"材质,在"视图1"窗口中双击"材质",就会在右侧出现该材质的参数面板,将其取名为"地板砖",单击"漫反射"颜色后的小按钮,在弹出的菜单中点击选择"贴图"中的"平铺",将这个材质赋予地面,并单击"视口中显示明暗处理材质"按钮(图10-35)。

图10-33

图10-34

图10-35

5）进入"平铺"设置面板，在"标准控制"卷展栏中将"预设类型"选择为"堆栈砌合"，展开下面的"高级控制"卷展栏，单击"纹理"后的"None"按钮，选择"位图"（图10-36）。

6）在弹出的窗口中选择一张石材贴图，单击"打开"按钮（图10-37）。

7）将"水平数"与"垂直数"都设置为1，再将砖缝的"水平间距"与"垂直间距"都设置为0.1（图10-38）。

图10-36

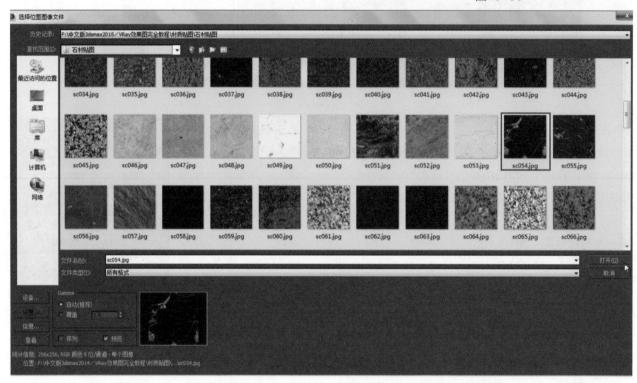

图10-37

8）在"视图1"面板中双击"地板砖"材质，进入参数面板，将"反射颜色"设置为白色，勾选"菲涅尔反射"，并将"高光光泽度"设置为0.8，"反射光泽度"设置为0.98（图10-39）。

9）这是渲染后的场景效果（图10-40）。

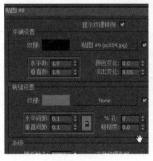

图10-38

图10-39

图10-40

10.2.6 木地板

1）展开"材质"卷展栏，双击"VRayMtl"材质，在"视图1"窗口中双击"材质"，就会出现该材质的参数面板，取名为"木地板"，在"漫反射"贴图小按钮上单击选择"贴图"，在贴图中选择"平铺"，将材质赋予地面，并单击"视口中显

示明暗处理材质"按钮（图10-41）。

2）在"视图1"中双击"平铺贴图"窗口，在参数面板中将标准控制中的"预设类型"选择为"连续砌合"，进入下面的"高级控制"，单击"纹理"后面的"None"按钮，选择"位图"（图10-42）。

图10-41

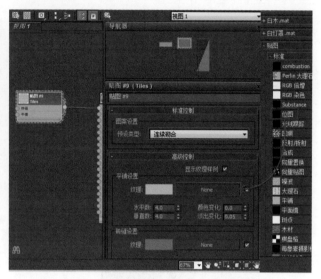

图10-42

3）选择一张木材贴图，并将"水平数"设置为1，"垂直数"设置为8.0，将"砖缝设置"纹理颜色设置为深红色，砖缝的"水平间距"与"垂直间距"均设置为0.2（图10-43）。

4）双击"视图1"中的木地板面板，将"反射颜色"设置为70，"反射光泽度"设置为0.9，"细分"值设置为13（图10-44）。

5）进入"贴图"卷展栏，将"漫反射"的贴图拖到"凹凸"的贴图位置，并

选择"复制"（图10-45）。

6）单击"复制"进入凹凸贴图，将"平铺设置"中的贴图清除，将"纹理"颜色设置为白色，将"砖缝纹理"的"纹理"颜色设置为黑色（图10-46）。

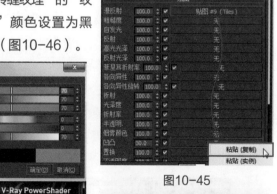

图10-45

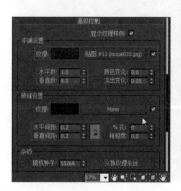

图10-43

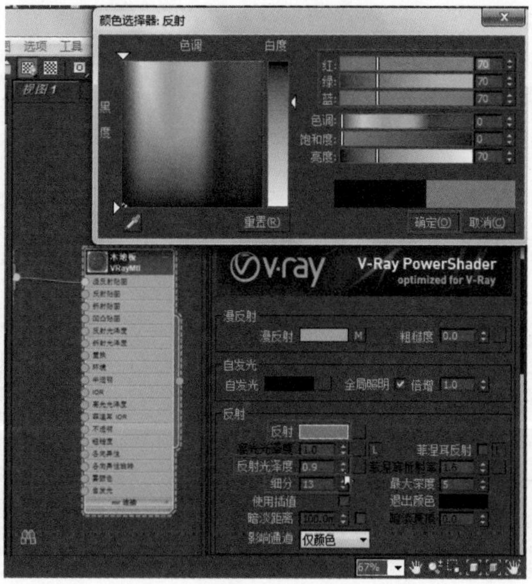

图10-44

图10-46

7）渲染场景。这是渲染后的场景效果（图10-47）。

10.2.7　玻璃与磨砂玻璃

1）展开"材质"卷展栏，双击"VRayMtl"材质，在"视图1"窗口中双击"材质"，就会出现该材质的参数面板，取名为"玻璃"，调整材质参数，将"漫反射"颜色设置为黑色，将"反射"颜色设置为白色，勾选"菲涅尔反射"，将"折射"颜色也设置为白色，勾选"影响阴影"（图10-48）。

图10-48

2）将材质赋予球体。这是渲染后的场景效果（图10-49）。

3）展开"场景材质"卷展栏，将"玻璃"材质向下拖动到一个新材质球上，选择"副本"（图10-50）。

4）双击该材质球，再双击"视图1"中弹出的新的"玻璃"材质，在参数面板中改名为"磨砂玻璃"，将"反射光泽度"设置为0.7，"折射光泽度"也设置为0.7（图10-51）。

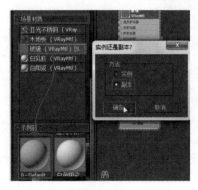

图10-50

图10-47

图10-49

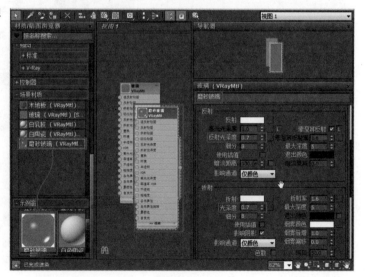

图10-51

5）将其赋予圆环。这是渲染后的场景效果（图10-52）。

10.2.8　工艺玻璃与彩绘玻璃

1）展开"材质"卷展栏，双击"VRayMtl"材质，在"视图1"窗口中双击"材质"，就会出现该材质的参数面板，取名为"工艺玻璃"，调整材质参数，将"漫反射"颜色设置为白色，将"反射"颜色设置为白色，勾选"菲涅尔反射"，将"折射"颜色也设置为白色，并在"折射贴图"位置拖入一张纹理丰富的黑白图片，勾选"影响阴影"（图10-53）。

2）将材质赋予球体。这是渲染后的场景效果（图10-54）。

3）展开"材质"卷展栏，双击"VRayMtl"材质，在"视图1"窗口中双击"材质"，就会出现该材质的参数面板，取名为"彩绘玻璃"，在"漫反射贴图"位置拖入一张色彩丰富的图片（图10-55）。具体选用哪一张图片并没有明确要求，可以尝试不同贴图带来的不同效果。

图10-52

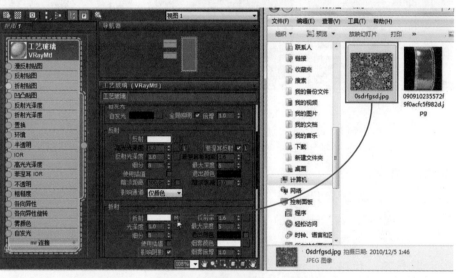

图10-53

图10-54

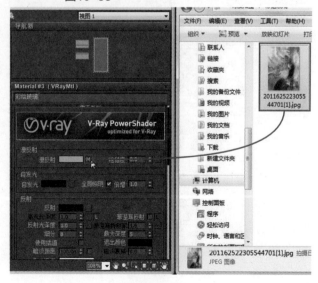

图10-55

4）将"反射"颜色设置为白色，勾选"菲涅尔反射"，将"折射"颜色也设置为白色，并在"折射贴图"位置拖入另一张内容相同的黑白图片，将"光泽度"设置为0.9，并勾选"影响阴影"（图10-56）。

5）展开"贴图"卷展栏，将"折射贴图"复制到"凹凸"贴图的位置，并将"凹凸"值设置为80（图10-57）。

6）将材质赋予圆环。这是渲染场景后的效果（图10-58）。

图10-56

图10-57

图10-58

10.2.9　普通布料

1）打开本书配套资料中的"模型\第10章\场景02"，展开"材质"卷展栏，双击"VRayMtl"材质，在"视图1"窗口中双击"材质"，就会出现该材质的参数面板，取名为"布料"，在"漫反射"贴图位置上拖入一张布料贴图（图10-59）。

2）在"视图1"中将"贴图#13"与"漫反射贴图""凹凸贴图"连接起来（图10-60）。

3）将材质赋予抱枕模型，进行渲染。这是渲染后的场景效果（图10-61）。

图10-59

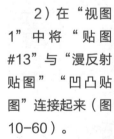

图10-60

图10-61

10.2.10 绒布

1）展开"材质"卷展栏，双击"VRayMtl"
材质，在"视图1"窗口中双击"材质"，就会在右
侧出现该材质的各种参数卷展栏，将该材质属名为
"绒布"，单击"漫反射"贴图，在"标准贴图"

中选择"衰减"（图10-62）。

2）单击贴图进入参数设置面板，将"衰减"卷
展栏中"前：侧"选项的第1个颜色设置为棕红色，
第2个颜色设置为灰红色，具体参数可以根据需要输
入（图10-63）。

图10-62    图10-63

3）选择抱枕，进入修改面板，选择"FFD
（长方体）4×4×4"层级，在这层级上添加1个
"VRay置换模式"修改器（图10-64）。

4）在下面的参数面板中，单击"纹理贴图"

后面的"无"按钮，在"材质/贴图浏览器"中选择
"位图"（图10-65）。

5）在"公用参数"的"纹理贴图"中选择"毛
毯（黑白）.jpg"（图10-66）。

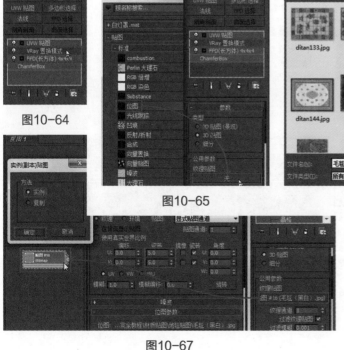

图10-64

图10-65

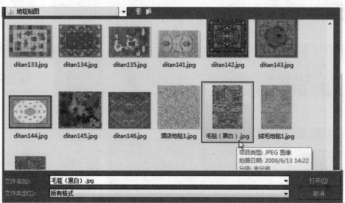

图10-66

6）将"纹理贴图"拖到材质编辑器的"视
图1"面板中，选择"实例"，并双击打开，在
参数面板中将"瓷砖"的"U""V"值均设置
为5（图10-67）。

图10-67

7）在修改面板的参数设置中，将"公用参数"的"数量"设置为1.5mm（图10-68）。

8）此绒布材质赋予抱枕后进行渲染。这是渲染后的效果（图10-69）。

图10-68

10.2.11 地毯

1）在该场景地面上创建一个平面，并旋转到合适的位置，进入修改面板，为该平面添加"VRay置换模式"修改器（图10-70）。

2）进入之后选择"3D贴图"，并在"纹理贴图"位置拖入上一小节的"毛毯（黑白）．jpg"，将下面的"数量"设置为4（图10-71）。

3）展开"材质"卷展栏，双击"VRayMtl"材质，在"视图1"窗口中双击"材质"就会出现该

图10-69

材质的参数面板，取名为"地毯"，在"漫反射贴图"位置拖入一张地毯的贴图，并单击"视口中显示明暗贴图"按钮（图10-72）。

4）将"纹理贴图"拖到材质编辑器的"视图1"面板中，选择"实例"，并双击"打开"按钮，在"坐标"卷展栏中，将"瓷砖"下的"U""V"值均设置为7（图10-73）。

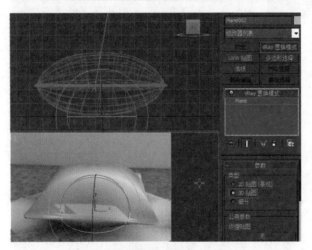

图10-70

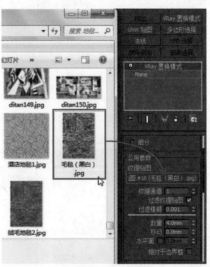

图10-71

图10-72

图10-73

5）将材质赋予地毯进行渲染。这是渲染后的场景效果（图10-74）。

10.2.12　皮革

1）在展开"材质"卷展栏，双击"VRayMtl"材质，在"视图1"窗口中双击"材质"，就会出现该材质的参数面板，取名为"皮革"，在"漫反射"位置拖入一张皮革的贴图，并单击"视口中显示明暗贴图"按钮（图10-75）。

2）将"反射"颜色设置为50左右，"高光光泽度"设置为0.6，"反光光泽度"设置为0.8，"细分"设置为12（图10-76）。

3）进入"贴图"卷展栏，将"漫反射"贴图复制到"凹凸"贴图的位置，并选择"实例"的方

图10-74

图10-75

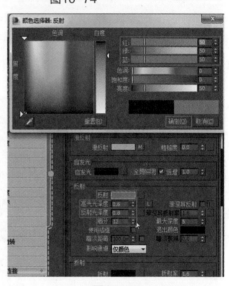

图10-76

式，将"凹凸"值设为80（图10-77）。

4）选择抱枕，在修改面板中选择"VRay置换模式"并单击下面的"从堆栈中移除修改器"按钮（图10-78）。

5）将该材质赋予抱枕进行渲染。这是渲染后的效果（图10-79）。

图10-77

图10-78

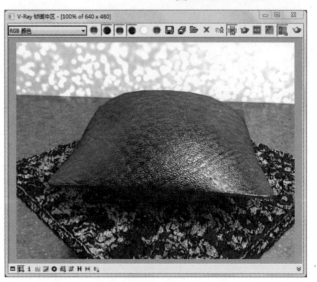

图10-79

补充提示

透明材质的表现重点在于"反射"与"折射"选项中的各种参数。在现实生活中没有完全透明的材质，因此，"反射"颜色不宜选择纯白，应当带有一定灰色，偏色也不宜选用纯度很高的颜色，注意应勾选"菲涅尔反射"。"折射"颜色一般与"反射"颜色相同或接近，注意应勾选"影响阴影"。

透明材质的表现还在于模型，模型应当具有一定厚度，过于单薄的模型则不应设置为完全透明的效果。在效果图中经常出现的透明材质为玻璃、水、薄纱窗帘、塑料包装等材料，应仔细观察这些材料在生活中的差异，将比较结论用于参数设定，这样就能建立起属于自己的材质观念。

图10-80

10.2.13　水

1）打开配套文件中"模型\第10章\场景03"，打开"材质编辑器"，展开"材质"卷展栏，双击"VRayMtl"材质，在"视图1"窗口中双击"材质"，就会出现该材质的参数面板，取名为"水"，将"漫反射"颜色设置为浅蓝色，将"反射"颜色设置为接近白色的灰色，勾选"菲涅尔反射"（图10-80）。

2）将"折射"颜色也设置为接近白色的灰色，并将"折射率"设置为1.33，并勾选"影响阴影"（图10-81）。

图10-81

3）将材质赋予浴缸里面的水进行渲染。这是渲染后的效果（图10-82）。

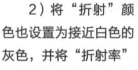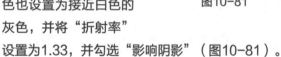

图10-82

10.2.14　纱窗

1）打开配套文件中"模型\第10章\场景04"，打开"材质编辑器"，展开"材质"卷展栏，双击"VRayMtl"材质，在"视图1"窗口中双击"材质"，就会出现该材质的参数面板，取名为"纱窗"，将"漫反射"颜色设置为白色，将"折射"颜色设置为深灰色，其颜色值均设置为30左右，"折射光泽度"设置为0.7（图10-83）。

图10-83

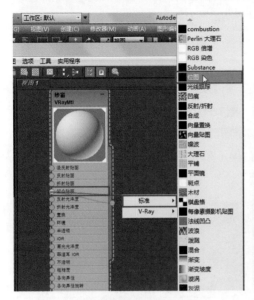

图10-84

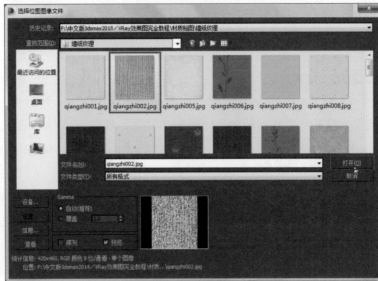

图10-85

2）在"视图1"中将"凹凸贴图"前面的连接点向右连接至空白位置，选择"标准"中的"位图"（图10-84）。

3）在图像选择框中，选择一张粗糙的墙纸纹理，单击"打开"按钮（图10-85）。

4）将材质赋予场景中的纱窗进行渲染。这是渲染场景后的效果（图10-86）。

10.2.15　屏幕

1）打开配套文件中"模型\第10章\场景05"，打开"材质编辑器"，展开"材质"卷展栏，双击"VRayMtl"材质，在"视图1"窗口中双击"材质"，就会出现该材质的参数面板，取名为"屏幕"，将"漫反射"颜色设置为黑色，其颜色值均设置为18左右（图10-87）。

2）继续将"反射"颜色设置为灰色，其颜色值均设置为67左右，将"反射光泽度"设置为0.75，"细分"设置为20（图10-88）。

图10-86

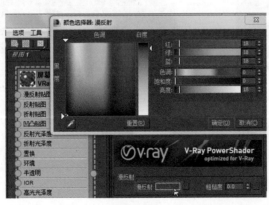

图10-87

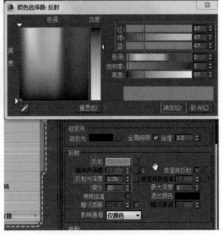

图10-88

3）将材质赋予显示器的屏幕进行渲染。这是渲染场景后的效果（图10-89）。

10.2.16　灯罩

1）打开本书配套资料中的"模型\第10章\场景06"，打开"材质编辑器"，展开"材质"卷展栏，双击"VRayMtl"材质，在"视图1"窗口中双击"材质"，就会出现该材质的参数面板，取名

为"灯罩"，将"漫反射颜色"设置为白色，"反射颜色"设置为灰色，颜色值均设置为27左右，"反射光泽度"设置为0.4（图10-90）。

2）将"折射颜色"设置为灰色，颜色值均设置为81左右（图10-91）。

3）将材质赋予台灯的灯罩进行渲染。这是渲染场景后的效果（图10-92）。

图10-89

图10-90

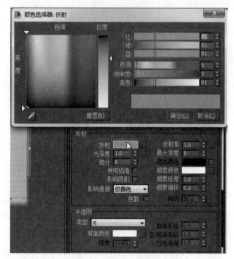

图10-91

图10-92

10.2.17　绿叶

1）打开本书配套资料中的"模型\第10章\场景07"，打开"材质编辑器"，展开"材质"卷展栏，双击"VRayMtl"材质，在"视图1"窗口中双击"材质"就会出现该材质的参数面板，取名为

"绿叶"，在"漫反射贴图"位置拖入一张绿叶的贴图（图10-93）。

2）"反射"颜色设置为灰色，颜色值为25左右，"高光光泽度"设置为0.65，"反射光泽度"设置为0.8，"细分"设置为12（图10-94）。

图10-93

图10-94

3）展开"贴图"卷展栏，在"凹凸贴图"位置拖入该绿叶的黑白贴图（图10-95）。

4）将材质赋予绿叶进行渲染。这是渲染场景后的效果（图10-96）。

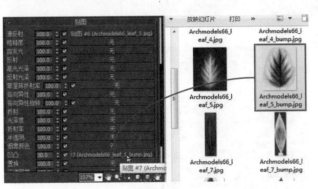

图10-95

图10-96

10.3　VRay特殊材质

本章介绍关于V-Ray的特殊材质与贴图，在上一章已经介绍了V-Ray基本材质的调整与应用，但是在V-Ray材质中还有其他材质也经常用到，所以本章的内容也非常重要。

10.3.1　VR材质包裹器

在渲染场景中，经常会遇到材质颜色溢出的问题，这是就要使用到"VR材质包裹器"。

1）打开本书配套资料中的"模型\第10章\场景08"，更改贴图路径，渲染场景图像（图10-97），仔细观察渲染的效果图，会发现地面的蓝色会大量的反射到场景的墙顶面上，这在现实生活中显然很夸张，所以必须减小这种反射。

图10-97

2）打开"材质编辑器"，选择地面材质，在"视图1"中将材质面板右边的连接点向右连接1个空白位置，在弹出菜单中选择"材质→V-ray→VR材质包裹器"（图10-98）。

3）双击选择进入"VR材质包裹器"的参数面

板，将里面的"生成全局照明"设置为0.3（图10-99）。

4）将"VR材质包裹器"材质赋予地面，再次渲染场景，相对于前一次的场景效果就会好很多了，这就说明"VR材质包裹器"能有效控制材质颜色在渲染时溢出的问题（图10-100）。

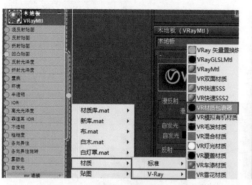

图10-98

图10-99

5）"VR材质包裹器"不仅能够控制物体生成全局照明，还能控制物体"接收全局照明"，选择"白乳胶"材质，在"视图1"中将材质面板右边的连接点向右连接至空白位置，选择"材质"的"V-Ray"中的"VR材质包裹器"进入的"VR材质包裹器"的参数面板，双击选择进入"VR材质包裹器"的参数面板，将里面的"接收全局照明"设置为2（图10-101）。

图10-100

6）将"白乳胶"的"VR材质包裹器"材质赋予墙顶面，再进行渲染。这是渲染后的效果（图10-102）。

10.3.2　VR灯光材质

一般在制作发光材质时会用到一般材质，但是一般灯光却没有真实灯光的效果，依靠虚拟灯光来表现也不真实，本节就介绍"VR灯光材质"模拟"发光材质"的方法，效果会非常真实。

1）打开文件"模型\第10章\场景09"，更改

图10-101

图10-102

贴图路径，打开"材质编辑器"，在展开"材质"

图10-103

图10-104

卷展栏，双击"VR灯光材质"材质，在"视图1"窗口中双击"材质"，就会出现该材质的"参数"卷展栏（图10-103）。

2）在"参数卷"展栏中，在"颜色"后面的"无"长按钮上拖入一张材质贴图作为屏幕材质，并将"颜色"后的值设置为2（图10-104）。

3）选中电视屏幕，将灯光材质赋予屏幕，渲染场景，会看到非常真实的夜晚计算机屏幕的效果（图10-105）。

10.3.3 VR双面材质

VR双面材质可以让物体的正反两面各自表现出不同的材质效果，在书籍模型中应用较多，可以真实的展现书籍的效果。

1）打开文件"模型\第10章\场景10"，打开"材质编辑器"，展开"材质"卷展栏选择"VR双面材质"并双击，在"视图1"中双击该材质，就

图10-105

会出现该材质的"参数"卷展栏（图10-106）。

2）选择"正面材质"后的"无"按钮，将其转换为"VRayMtl"材质（图10-107）。

图10-106

图10-107

图10-108

图10-109

3）单击进入"VRayMtl"材质，在"漫反射"贴图的位置贴入一张图书页面的贴图（图10-108）。

4）在"视图1"中单击"VR双面材质"面板，回到"VR双面材质"的"参数"卷展栏，勾选"背面材质"，将其转为"VRayMtl"材质，在"漫反射"贴图位置贴入另外一张贴图（图10-109）。

5）在"视图1"中单击"VR双面材质"面板，回到"VR双面材质"参数面版，将"半透明"

的颜色设为黑色，并取消勾选"强制单面子材质"（图10-110）。

6）将材质赋予给纸。这是渲染后的效果（图10-111）。

图10-110

图10-111

10.3.4 VR覆盖材质

VR覆盖材质与VR包裹材质很相似，都可以解决颜色溢出的问题，但是VR覆盖材质还可以改变反射与折射的效果。

1）打开本书配套资料中的"模型\第10章\场景04"，打开"材质编辑器"，选择地面材质，在"视图1"中将材质面板右侧的连接点向右连接至任意空白位置，选择"材质→V-Ray→VR覆盖材质"（图10-112）。

2）在弹出的新面板中选择"基本材质"（图

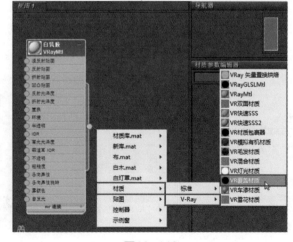

图10-112

10-113）。

3）双击"VR覆盖材质"面板进入"参数"卷展栏，在"参数"卷展栏中"全局照明材质"的长按钮上添加"VRayMtl"材质（图10-114）。

4）单击进入"参数"卷展栏，将"漫反射"颜色设置为浅黄色，具体参数可以根据需要输入（图10-115）。

5）将"VR覆盖材质"赋予墙面，渲染后的墙

面会变成浅黄色（图10-116）。

6）双击"白乳胶"的"VR覆盖材质"面板进入参数面板，在反射材质位置添加新的"VRayMtl"材质（图10-117）。

7）单击进入其参数面板，并将"漫反射"颜色设置为深红色（图10-118）。

8）对场景进行渲染。这是渲染场景后的效果（图10-119）。

图10-113

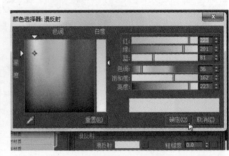

图10-114　　　　　　　图10-115

图10-116

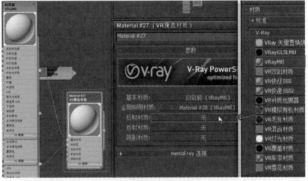

图10-117

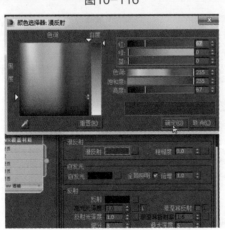

图10-118

图10-119

9）再次进入"材质编辑器"，选择背景的"VR灯光"材质，给其添加"VR覆盖材质"，在"折射材质"位置添加新的"VRayMtl"材质（图10-120）。

10）单击进入其参数面板，将"漫反射"颜色设置为浅蓝色（图10-121）。

11）将该"VR覆盖材质"赋予背景。这是渲染后的效果（图10-122）。

12）如果将玻璃隐藏起来，"VR覆盖材质"的折射材质将会无效。这是隐藏玻璃后的渲染效果（图10-123）。

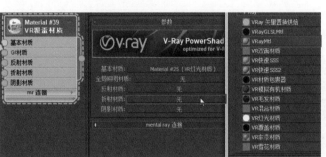
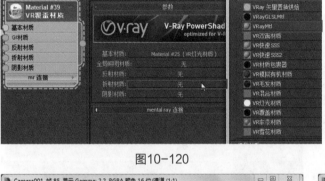

图10-120

图10-121

图10-122

图10-123

10.3.5　VR混合材质

VR混合材质的应用一般不多，只是在偶尔制作特效时才会使用。

1）打开本书配套资料中的"模型\第10章\场景01"，打开"材质编辑器"，给"大理石"材质添加"VR混合材质"（图10-124）。

2）在弹出的选项中选择"基础"材质（图10-125）。

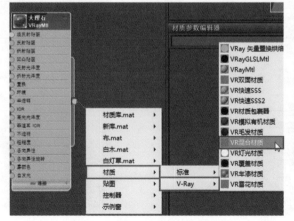

图10-124

图10-125

3）双击"VR混合材质"进入参数面板，在"镀膜材质1"中添加"VRayMtl"材质（图10-126）。

4）单击"材质"进入其参数面板，将"反射"颜色设置为白色，将"反射光泽度"设置为0.9（图10-127）。

5）双击"VR混合材质"回到其参数面板，在"混合数量"中添加一张贴图"斑点"（图10-128）。

6）将"镀膜材质1"与"混合数量1"之间的颜色设置为白色（图10-129）。

7）将该VR混合材质赋予球体。这是渲染后的

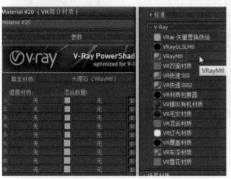

图10-126

图10-127

图10-128

效果（图10-130）。

8）"VR混合材质"可以对一个物体同时赋予两种不同的材质，还可以做出其他特殊效果，由于在装修效果图制作中运用不多，这里就不再一一介绍了。

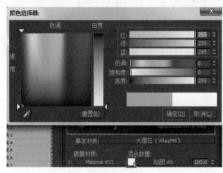

图10-129

图10-130

10.3.6 VR边纹理贴图

VR边纹理贴图可以为场景中的物体在渲染的时候添加线框效果。

1）打开本书配套资料中的"模型\第10章\场景06"，打开材质编辑器，在展开"材质"卷展栏，双击"VRayMtl"材质，在"视图1"窗口中双击材质就会出现该材质的参数面板，取名为"VR边纹理"，在"漫反射贴图"位置添加"VR边纹理"贴图（图10-131）。

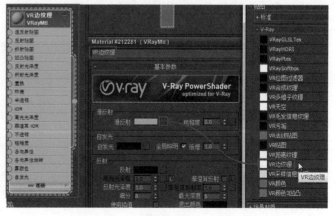

图10-131

2）单击进入"VR边纹理"的参数面板，将"颜色"设置为黑色，"厚度"的像素为0.5（图10-132）。

图10-132

3）将该材质赋予台灯，这是渲染后的效果（图10-133）。

4）进入"VR边纹理"的参数面板，展开"贴图"卷展栏，在"不透明度"贴图位置添加"VR边纹理"贴图（图10-134）。

5）单击进入"VR边纹理参数"卷展栏，将"颜色"设置为白色，"厚度"的像素为0.5（图10-135）。

6）对场景进行渲染。这是渲染场景后的效果（图10-136）。

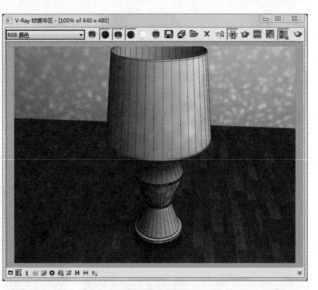

图10-133

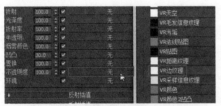

图10-134

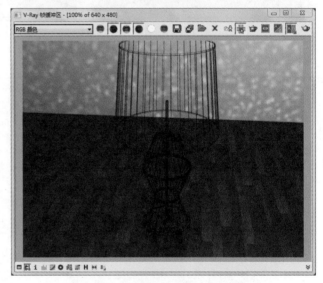

图10-136

图10-135

10.3.7　VR快速3S材质

VR快速3S材质可以模拟肉、玉佩、橡皮泥等透光不透明的材质效果。

1）打开本书配套资料中的"模型\第10章\场景11"，打开材质编辑器，在展开"材质"卷展栏，双击"VR快速SSS"材质，在"视图1"窗口中双击"材质"就会出现该材质的参数面板（图10-137）。

2）修改其中的参数，将"浅层颜色"设置为浅绿色，将"深层半径"设置为10.0mm（图10-138）。

图10-137

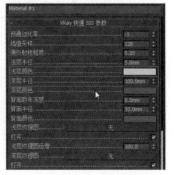

图10-138

3）将材质赋予场景中的圆环。这是渲染后的效果（图10-139）。

10.3.8 VRarHDRI贴图

VRarHDRI贴图既可以作为光源，又可以作为环境贴图，用于小场景背景效果极佳。

1）打开本书配套资料中的"模型\第10章\场景01"，首先删除场景中的所有灯光，选择菜单栏"渲染"菜单下的"环境"（图10-140）。

2）在"环境和效果"对话框中，勾选"使用贴图"，单击"无"按钮，在"材质/贴图浏览器"中选择"VRayHDRI"（图10-141）。

3）打开"材质编辑器"，在"场景材质"卷展栏下找到"贴图#8（VRayHDRI）"贴图，双击打开，在"视图1"中再次双击打开"参数"卷展栏，在"位图"后单击"浏览"按钮（图10-142）。

4）在本书附赠素材的"材质贴图\HDRI贴图"中找到"场景环境.hdr"文件，单击"打开"按钮（图10-143）。

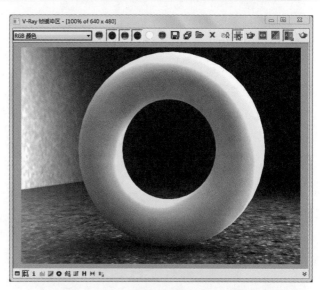

图10-139

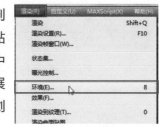

图10-140

图10-141

补充提示

3ds max最初是用于三维空间模拟试验的软件，后来应用到影视动画上，能获得真实摄像机与后期处理难以达到的效果。

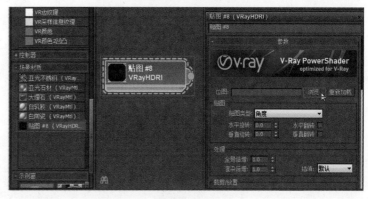

图10-142

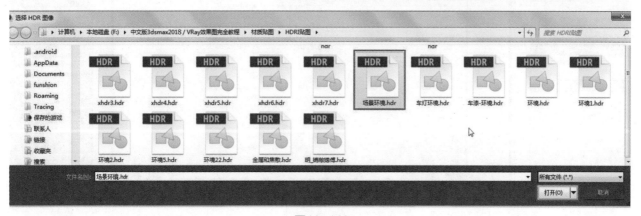

图10-143

5）将"贴图类型"设置为"球形"，将"全局倍增"设置为0.5（图10-144）。

6）对场景进行渲染。这是渲染场景后的效果（图10-145）。

图10-144

图10-145

10.4　VRay材质保存与调用

10.4.1　VRay材质保存

1）打开"材质编辑器"，单击"材质/贴图浏览器"下面的按钮，在"材质/贴图浏览器选项"菜单中选择"新材质库"（图10-146）。

2）在计算机硬盘中选择保存位置，并命名为"材质库"，单击"保存"按钮（图10-147）。

3）任意选择一个"场景材质"，单击鼠标右键，选择"复制到→材质库.mat"，这样就可以将该材质保存在材质库中（图10-148）。

4）将前面学习的材质一一复制到"材质库"中，展开"材质库"卷展栏（图10-149）。

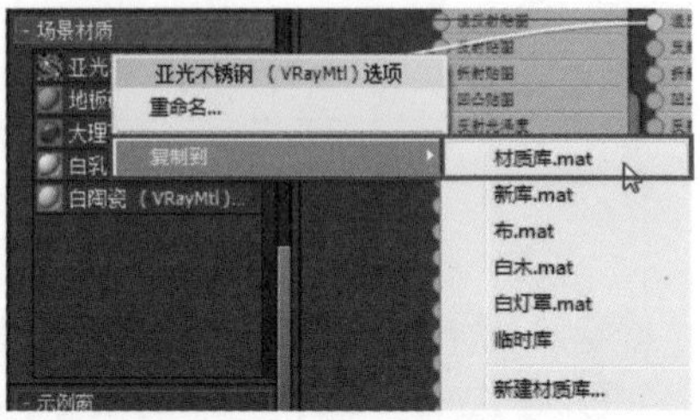

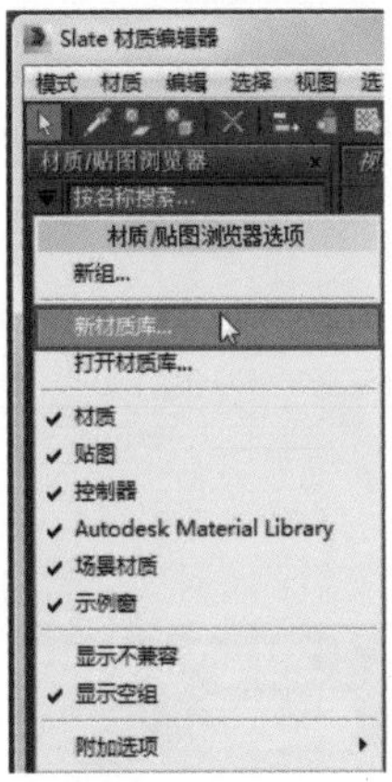

图10-146　　　　　　　　　　　　　图10-147 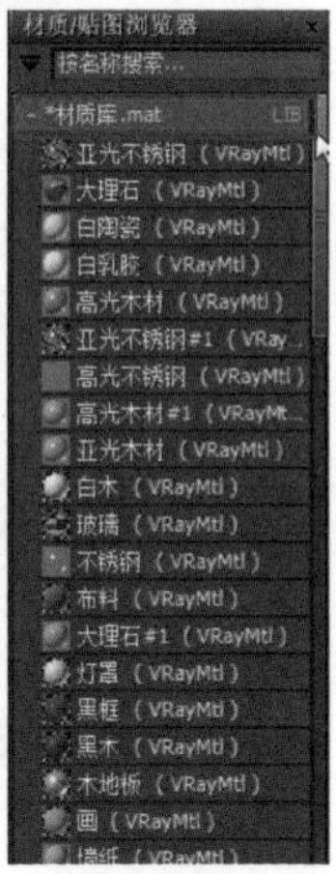　　　　　　　　　　　　　图10-149

图10-148

10.4.2 VRay材质调用

在"材质库"卷展栏下双击鼠标左键选择任意一个材质，该材质就会出现在"视图1"中，可以将该材质直接赋予场景中的指定物体，也可双击鼠标左键，在右侧"参数"卷展栏中可以对其进行继续修改（图10-150）。

图10-150

第11章　VRay灯光

操作难度☆★★★★

本章简介

V-Ray灯光与3ds max 2018中的普通灯光是完全不同的，3ds max 2018中的灯光只能模拟灯光效果，无法提供真实的阴影效果，而V-Ray中的灯光可以提供非常真实的阴影效果，从而使效果图显得特别精致。

11.1　灯光

V-Ray灯光是在场景中使用最多的灯光之一，从室内的照明到装饰性的灯带都离不开V-Ray灯光，本节介绍V-Ray灯光的参数与选项，讲解灯光的创建与使用方法。

1）打开本书配套资料中的"第11章\场景01"，进入创建面板，选择"VR灯光"（图11-1）。

2）在顶视口中创建1个VR灯光（图11-2）。

3）进入参数面板，勾选"常规"中的"开"，这能控制灯光的开关，取消勾选将会关闭灯光，一般应勾选"启用视口着色"，这会改变下次打开的场景，勾选下面的"目标"，能控制灯光的衰减（图11-3）。

4）单击上方的"排除"按钮，可以进入"排除／包含"选项，这里能控制灯光是否对某些物体进行照射（图11-4）。

5）"类型"用于选择灯光形状，不同的形状会照射出不同的效果，有4种不同的类型供选择（图11-5）。

图11-1　　　　　　图11-2

图11-3

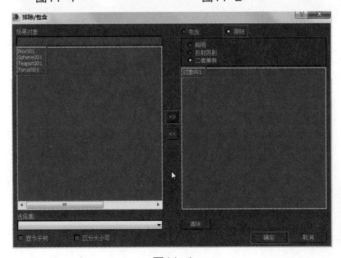

图11-4

图11-5

补充提示

V-Ray灯光属于真实灯光，在生活中能见到的光源都可以采用V-Ray灯光来表现。在有光源的部位设置灯光，在没有光源的部位不设置灯光，看似简单，但是实际上很容易忽视强度微弱的局部光源。例如，夜间的窗外月光投射到室内后，与室内灯光照明相比就显得很微弱，很容易被忽视，缺少这种光源好像无关紧要，但是会让效果图的照明显得较单薄，给人的效果比较机械，无法表现真实的环境氛围。此外，计算机显示器、电视机、手机的屏幕或反光较强的其他材料也是重要的辅助光源，将其也设置灯光是进一步提升效果图质量的关键。

6）这4种不同类型的灯光依次为"平面"（图11-6）、"穹顶"（图11-7）、"球体"（图11-8）、"网格"（图11-9），渲染后的效果各

不相同。

7）"单位"是指灯光的强度单位，展开有5种不同的单位选择，不同的单位应给予不同的数值，

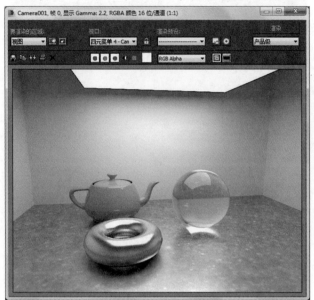

图11-6

图11-7

图11-8

图11-9

一般使用"默认（图像）"即可（图11-10）。

8）"倍增器"是控制灯光亮度的选项，这个数值要从场景大小与灯光大小综合考虑，此场景可以设置为4（图11-11）。

9）"模式"可以选择"颜色"与"温度"两种来调节灯光颜色，现在选择"温度"，将"温度"值设置为4300.0（图11-12）。

10）渲染。这是渲染后的效果（图11-13）。

图11-10

图11-11

图11-12

11）在"大小"选项中，灯光的大小仅为实际长宽的1/2，而且灯光的大小会影响灯光的强度，现在将灯光的"1/2长"设置为700.0mm，"1/2宽"设置为500.0mm。这是渲染后的效果（图11-14）。

12）勾选"投射阴影"后会有阴影，取消勾选则无。这是取消勾选的渲染效果（图11-15）。

13）勾选"双面"后可以使面光源两面都发光。这是勾选后的渲染效果（图11-16）。

14）"不可见"可以使面光源在渲染时可见或可不见。这是勾选后的渲染效果（图11-17），看不到顶部的光源。

15）"忽略灯光法线"，面光源中间会有一圈

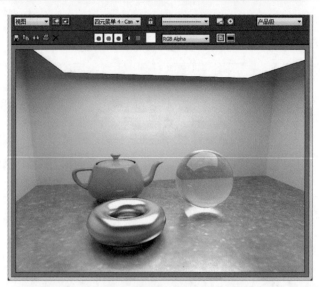

图11-13

图11-14

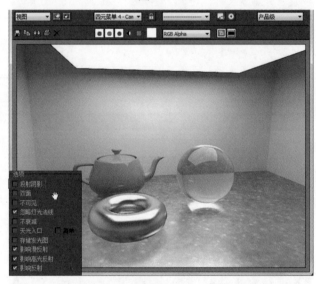

图11-15

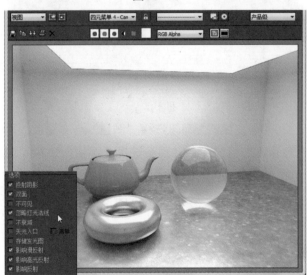

图11-16

图11-17

法线，这会影响灯光效果。这是取消勾选后的渲染效果（图11-18）。

16）"不衰减"能使灯光不产生衰减效果，勾选"不衰减"，灯光会非常强烈。这是勾选后的渲染效果（图11-19）。

17）"天光入口"是场景中有天光或其他光进入的时候，不进行遮挡，用于灯光测试（图11-20）。

18）"储存发光图"可以增加场景光线的亮度。这是勾选后的渲染效果（图11-21）。

19）"影响漫反射"是光线对漫发射材质的影响，取消勾选"影响漫反射"。这是取消勾选后的渲染效果（图11-22）。

图11-18

图11-19

图11-20

图11-21

图11-22

20）取消"影响高光反射"勾选后，场景中的高光发射物体将不会产生该灯光的高光。这是取消"影响高光反射"渲染场景后的效果（图11-23）。

21）取消"影响反射"勾选后，场景中的镜面反射物体将不会反射灯光的影像。这是取消勾选"影响反射"渲染场景后的效果（图11-24）。

22）"采样"选项，其中的"细分"能控制该灯光线的细腻程度，值越高就越细腻，效果就越好。不过值也不宜过大，会影响计算机渲染时间。这是将"细分"值设置为50的渲染效果（图11-25）。

23）"阴影偏移"能让场景中的阴影产生一定的偏移，一般保持不变（图11-26）。

图11-23

图11-24

图11-25

图11-26

图11-27

24）"中止"可以控制灯光的照射范围，让其在一定范围内进行照射。这是"中止"值设为1.0的渲染效果（图11-27）。

> **补充提示**
>
> 在场景空间中设置的灯光越多，效果就越细腻、越真实，如果计算机的性能较好，且场景空间中的模型并不复杂，可以尝试采用2~3个V-Ray灯光来模拟1个光源，即放置在距离较近的位置上，分别设置不同参数，就能达到更真实的照明效果。

11.2 阴影

V-Ray阴影是指在使用光度学文件时的阴影，光度学文件又称为光域网，这种阴影能使灯光产生更加真实的效果。

1）打开本书配套资料中的"模型\第11章\场景02"中场景文件，在创建面板中选择灯光下的"光度学"灯光，选择"自由灯光"，在顶视口中进行创建（图11-28）。

2）在前视口中将其移动好位置，并进入修改面板（图11-29）。

3）在修改面板中将灯光的分布类型改为"光度学Web"，然后单击下面的"选择光度学文件"按钮（图11-30）。

4）进入配套文件中的"光域网"文件夹，选择"TD-202.IES"（图11-31）。

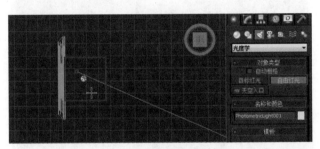

图11-28

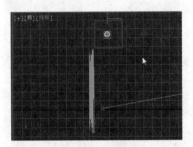

图11-29

图11-30

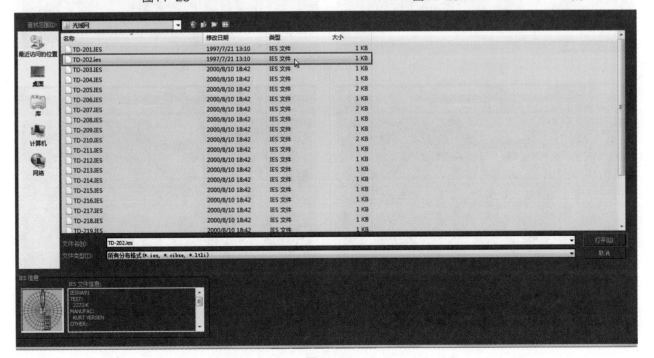

图11-31

5）在前视口中，将灯光向上移动至合适的位置，并在修改面板"阴影"中勾选"启用"，将"阴影类型"设置为"VRay阴影"（图11-32）。

6）将修改面板向下滑动，会出现"VRay阴影参数"卷展栏。"透明阴影"一般此项应保持勾选，此项能控制透明物体或半透明物体的阴影是否显示，由于本场景无透明物体，所以对本场景不受影响。这是保持默认参数下渲染的场景效果（图11-33）。

7）在"偏移"中输入数值会将本场景中的阴影偏移一定距离。这是输入数值10.0的渲染效果（图11-34），仔细观察，可以发现阴影向内收缩了一部分，数值越大效果越明显。

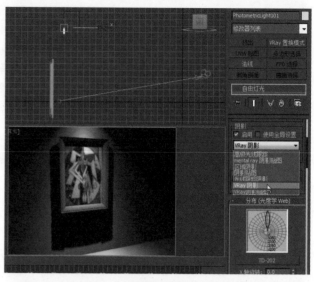

图11-32

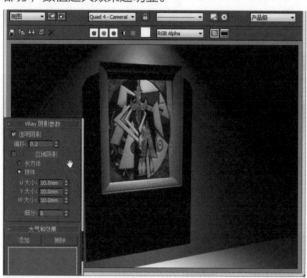

图11-33

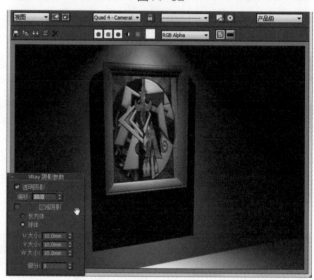

图11-34

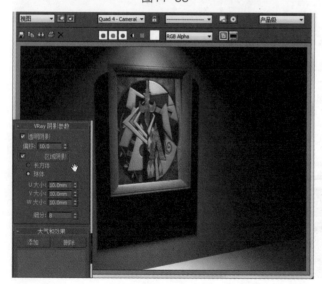

图11-35

图11-36

8）勾选"区域阴影"能将阴影的边缘进行模糊处理，形成朦胧的效果。这是勾选后的渲染效果（图11-35）。

9）"长方体"与"球体"，默认为"球体"类型，当转换为"长方体"类型时，阴影边缘的模糊程度将有所减弱。这是选择"长方体"的渲染效果（图11-36）。

10）"U大小""V大小""W大小"这3个数值能控制阴影边缘的模糊程度，值越大模糊程度越强。这是3个数值均设为50.0mm的渲染效果（图11-37）。

11）"细分"是增加阴影边缘细腻程度的选项，值越大越细腻，效果也越好。这是将"细分"设置为20的渲染效果（图11-38）。

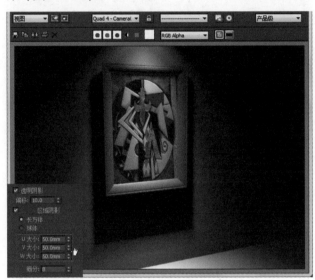

图11-37

图11-38

11.3　阳光

V-Ray阳光是一种较专业的照明光，在场景中可以模拟真实的太阳光的效果。

1）打开本书配套资料中的"模型\第11章\场景03"，在创建面板中选择"VR阳光"（图11-39）。

2）在左视口中创建一个VR阳光，从右上角照射至场景模型（图11-40）。

3）创建完成后会弹出"VRay阳光"对话框，单击"否"按钮（图11-41）。

4）在顶视口中，使用"移动"工具仔细调整灯光的位置（图11-42）。

5）渲染场景，查看效果，此时的场景太阳光显

图11-39

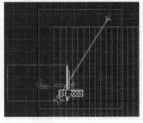

图11-40

图11-41

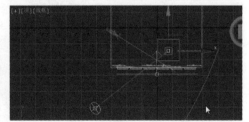

图11-42

补充提示

VR阳光不仅可以模拟白天的强照明效果，还可以模拟出清晨、黄昏、夜晚、阴雨等环境的照明效果，只需将"VRay太阳"卷展栏中的参数进行细致调节即可。

得过于强烈，产生了大量曝光现象。这是由于本场景使用的是普通物理相机，要降低"V-Ray阳光"的"强度倍增"值（图11-43）。

6）进入修改面板，打开"太阳参数"卷展栏，找到"强度倍增"，这个值一般在使用"VR物理摄像机"时设置为1左右，但使用普通相机或不使用相机时这个值就应设置为0.04左右。第1项"启用"，是控制灯光的开关选项，第2~4项的参数与VRay灯光的参数相同，这里就不再重复介绍了。"投射大气阴影"是模拟大气层的选项，勾选后能让光线效果更加逼真。这是默认为勾选的渲染效果（图11-44）。

7）"浊度"是控制空气浑浊的参数，数值越高

图11-43

> **补充提示**
>
> 要表现真实的阳光应注意门窗玻璃与窗帘的阻挡效果，此外还应控制阳光投射在地面上的阴影要有所模糊，不能过于生硬。门窗外环境贴图的亮度也要与阳光强度对应，避免出现风景很亮而阳光很弱的情况。

光线就越昏暗，反之约明亮。这是将"浊度"设置为10.0的渲染效果（图11-45）。

8）"臭氧"是控制臭氧层浓度的参数，值越高其反射光线越冷，值越低光线就越暖。这是将"臭氧"设置为1.0的渲染效果（图11-46）。

9）"大小倍增"能控制灯光的大小，这个值越高阴影就越模糊，反之就越清晰。这是将"大小

图11-44

图11-45

图11-46

倍增"值设置为10的渲染效果（图11-47）。

10）"过滤颜色"能选择灯光颜色，一般选择暖黄色，不过制作特效时可以根据需要选择。这里设置为冷紫色制造出的夜晚灯光效果（图11-48）。

11）"阴影细分"是调节阴影细腻程度的选项，数值越大阴影越细腻，反之越粗糙（图11-49）。

12）"阴影偏移"是控制阴影长短的选项，与上节"V-Ray阴影"功能相同（图11-50）。

13）"光子发射半径"能控制"光子图文件"的细腻程度，对常规场景渲染无效。这是将"光子发射半径"设置为1.0mm的光子图渲染效果（图11-51）。

图11-47

图11-48

图11-49

图11-50

图11-51

14）"天空模型"提供了3个固定场景的模型，前面使用的都是默认效果，里面包括"CIE清晰"与"CIE阴天"两种。这是选择"CIE阴天"的渲染效果（图11-52）。

15）"间接水平照明"能控制灯光对地面与背景贴图强度，将天空模型设置为"CIE清晰"才能设置"间接水平照明"的数值。这是将"间接水平照明"设置为2500.0的渲染效果（图11-53）。

图11-52

图11-53

16）最下方的"排除"按钮能排除"VR太阳"光源对场景中某些物体的照射，单击"排除"按钮（图11-54）。

17）在对话框中将"窗框"排除到右边，单击"确定"按钮（图11-55）。

18）渲染场景后观察效果，则为没有窗框的阴影（图11-56）。

图11-54

> **补充提示**
>
> "排除"阳光的功能很实用，能将窗外某些用于提供反光的模型排除，这样就能避免产生不必要的要阴影，这对于门窗面积很大的场景模型很有必要。

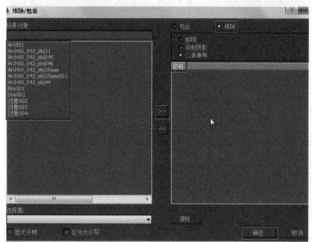

图11-55

图11-56

11.4　天空贴图

1）打开本书配套资料中的"模型\第11章\场景04"，在菜单栏"渲染"中选择"环境"（图11-57）。

2）在弹出的"环境和效果"对话框中单击"环境贴图"下的"无"按钮，添加一张"VR天空"贴图（图11-58）。

3）双击选择"VR天空"后，打开"材质编辑器"，在"场景材质"卷展栏下会出现"VR天空"的贴图材质，双击选择（图11-59）。

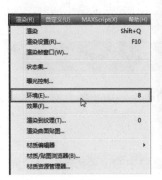

图11-57

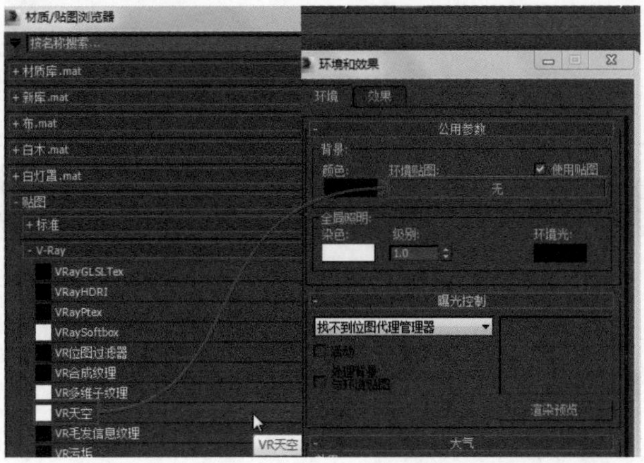

图11-58

图11-59

4）再双击"视图1"中的"VR天空"的贴图材质，进入其参数面板，勾选第1项"指定太阳节点"，就可以调节下面的参数了（图11-60）。

5）"太阳光"，此项是让此贴图与场景中"VR太阳"产生关联的选项，单击后面的"无"按钮，然后单击场景中的"VR太阳"，就可以将两者联系起来，使这两者相互关联（图11-61）。

6）以下参数与上节"VR太阳"的参数相同，调节各项参数会改变环境效果。这是默认状态下的渲染效果（图11-62）。

图11-60

图11-61

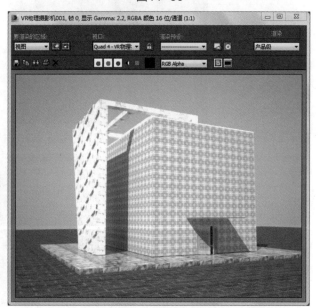

图11-62

第12章　VRay渲染

操作难度☆★★★★

本章简介

在使用V-Ray渲染器渲染场景时，必须调整好各种参数。参数过高会使渲染时间增加，有时甚至会等待长达几个小时，参数过低画面效果又不是很好，所以必须对场景进行具体分析，得出最佳渲染参数。

12.1　渲染面板介绍

12.1.1　帧缓冲区

1）在"帧缓冲区"卷展栏中勾选"启用内置帧缓冲区"可以开启"V-Ray帧缓冲器"（图12-1）。

2）单击"渲染"就会出现"V-Ray帧缓冲器"，上面有很多工具，可以进行通道渲染，或局部渲染，比传统的帧缓冲器使用更方便（图12-2）。

3）勾选"渲染到内存帧缓冲区"就可以在下面的"分割渲染通道"选项中单独保存需要的通道文件（图12-3）。

4）单击"显示最后的虚拟帧缓冲区"按钮，可以在关闭帧缓冲器后，重新显示上次的渲

染图像，其余的设置与传统"帧缓冲区"卷展栏设置一致（图12-4）。

12.1.2　全局开关

1）"全局开关"卷展栏中的设置都是针对全局场景进行的，勾选"全局背面消隐"将会使场景中的所有物体全都背面消隐（图12-5）。

图12-1

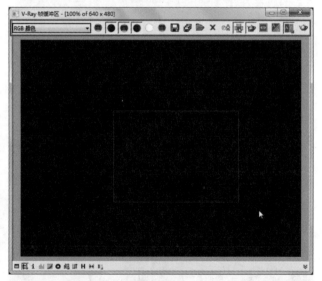

图12-2

图12-3

图12-4

图12-5

2）勾选"覆盖材质"，再单击"无"按钮，就可以在"材质库.mat"中为场景中的所有物体添加同一种材质（图12-6）。

3）勾选"不渲染最终图像"，帧缓冲器将不会显示场景的最终图像，只会显示经过简单计算的模糊图像，但是渲染速度较快（图12-7）。

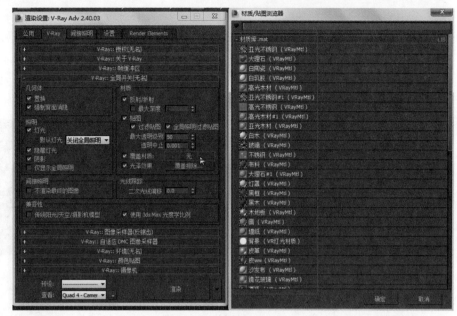

图12-6

图12-7

12.1.3 图像采样器

1）"图像采样器"卷展栏也称为"反锯齿"，在"图像采样器"选项中有3种类型，其中效果最好的是"自适应细分"，但是渲染时间相对较长；最差的是"固定"，但是相对渲染时间较短（图12-8）。

2）抗锯齿过滤器有16种不同的类型，其中最常用的就是"区域"与"Mitchell-Netravali"，

"区域"在渲染的测试阶段使用，"Mitchell-Netravali"在最终渲染时使用（图12-9）。

图12-8

图12-9

12.1.4 间接照明

1）进入"间接照明"卷展栏，勾选"开"可以启用间接照明，可让场景中的光线产生真实的反弹效果，上面的参数一般不改变（图12-10）。

2）在"首次反弹"选项中，全局照明引擎有

4种选择，一般使用"发光图"（图12-11）。

3）在"二次反弹"选项中，"倍增器"的值一般会有所降低或保持1.0不变，通常可以设置为0.95，在"全局照明引擎"中一般使用"灯光缓存"（图12-12）。

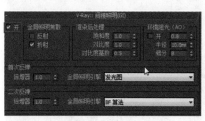

图12-10

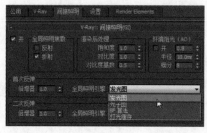

图12-11

图12-12

12.1.5 发光图

1）当前预置有8种选择，对应不同的场景，选择最佳预置可大大节省渲染时间，在场景测试时可选择"自定义"或者"非常低"，在最终渲染时可选择"中"或"高"（图12-13）。

2）勾选"显示计算相位"与"显示直接光"可以使"帧缓冲器"显示渲染计算的各种状态（图12-14）。

3）"模式"有8种，能应对不同的场景需求，当有储存的光子文件时，可选择"从文件"以节约

场景的渲染时间（图12-15）。

4）"在渲染结束后"窗口，勾选"自动保存"，单击"浏览"按钮，选择保存位置后，再渲染场景就可以保存场景的光子文件（图12-16）。

图12-13

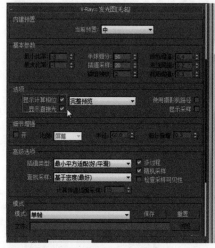

图12-14

图12-15

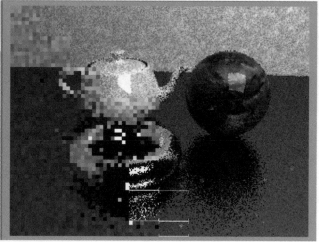

图12-16

12.1.6 灯光缓冲

1）在"计算参数"选项中，"细分"值越高，场景的灯光就会越细腻，默认为1000（图12-17）。

图12-17

图12-18

2）勾选"显示计算相位"可以使"帧缓冲器"显示灯光缓存的渲染计算状态（图12-18）。

3）下面的"模式"与"在渲染结束后"选项内容与"发光图"卷展栏中的操作相同，作用类似（图12-19）。

12.1.7 颜色贴图

1）在"颜色贴图"卷展栏的"类型"选项中

有7种不同的颜色贴图方式，这些能调节场景中光线的明暗对比度，最常用的是"线性倍增"（图12-20）。

2）"暗色倍增"能调节暗部的明暗度，"亮度倍增"能调节亮部的明暗度，"伽马值"能调节场景整体明暗度，根据场景的测试效果调节这3个数值（图12-21）。

图12-19

图12-20

图12-21

12.1.8 系统

1）在"渲染区域分割"选项中可以调节"帧缓存器"中渲染块的大小、形状和方向（图12-22）。

2）在"帧标记"选项中，勾选后可以显示此次渲染的数据，如时间、渲染器等（图12-23）。

3）在"VRay日志"选项中，取消勾选"显示窗口"，可以关闭"VRay消息"窗口（图12-24）。

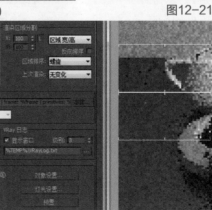

图12-22

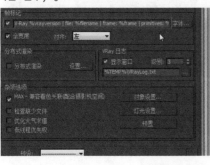

图12-23

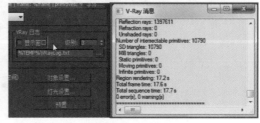

图12-24

12.2 调整测试渲染参数

在场景中经常会大量测试场景，进行不同程度的调整，直到调整到合适的效果，再将场景参数增大，所以测试的参数对于测试速度来说非常重要。

1）打开本书配套资料中的"模型\第12章\餐厅"，找到贴图所在位置，打开"渲染设置"对话框（图12-25）。

2）进入"渲染设置"的"公用参数"卷展栏，

将"输出大小"设置为320×240，并在下面"渲染输出"中取消勾选"保存文件"（图12-26）。

3）进入"V-Ray"设置面板，展开"全局开关"卷展栏，将"默认灯光"设置为关，在下面的"图像采样器"卷展栏中，将"图像采样器类型"设置为"固定"，将"抗锯齿过滤器"设置为"区域"（图12-27）。

图12-25

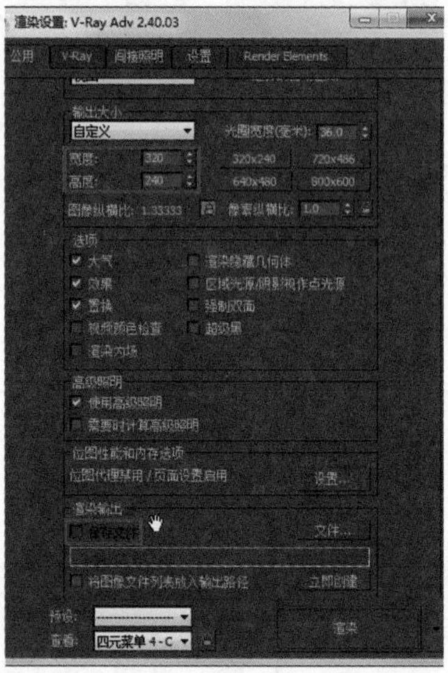

图12-26

图12-27

4）展开"环境"卷展栏，将"全局照明环境（天光）覆盖"中的"开"勾选，将"倍增器"设置为5.0（图12-28）。

5）进入"间接照明"卷展栏，将"间接照明"的"开"勾选，将"首次反弹"设置为"发光图"，"二次反弹"设置为"灯光缓存"，"倍

增"设置为0.95（图12-29）。

6）展开下面的"发光图"卷展栏，将"当前预置"设置为"自定义"，"基本参数"的"最小比率"设置为-6，"最大比率"设置为-5，"半球细分"设置为30，"差值采样"设置为30，然后勾选"显示计算相位"与"显示直接光"（图12-30）。

图12-28

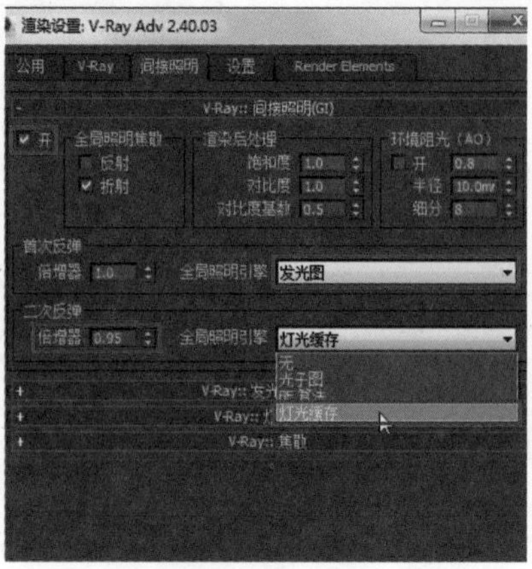

图12-29

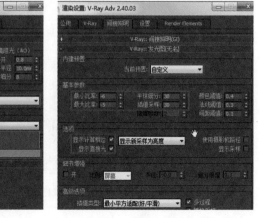

图12-30

7）再将下面的"模式"选项设置为"单帧"，取消勾选"自动保存"（图12-31）。

8）展开下面的"灯光缓存"卷展栏，将"细分"设置为450，勾选"储存直接光"与"显示

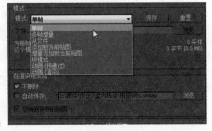

图12-31

计算相位"，将"模式"设置为"单帧"，取消勾选"自动保存"（图12-32）。

9）进入"设置"选项，展开"系统"卷展栏，将"VRay日志"选项中的"显示窗口"取消勾

选（图12-33）。

10）设置完成后渲染场景，等待大约2min左右，就会得到一张效果图（图12-34），查看效果，如果无须修改，就可以设置更大的输出尺寸，进行最终渲染了。

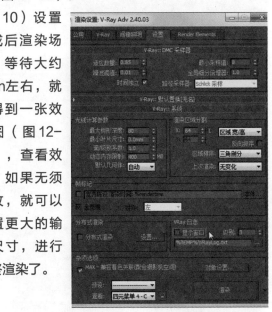

图12-33

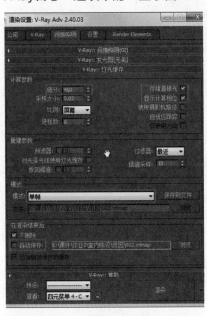

图12-32

图12-34

12.3 设置最终渲染参数

当测试渲染完成后，就可以提高各项渲染参数，将参数都提高到一定程度再进行渲染，就可以得到一张高清效果图了。

1）打开"渲染设置"对话框，进入"公用"选项，先将"图像纵横比"锁定，将"输出大小"中的"宽度"设置为1500，下面的高度就会随着一起变化（图12-35）。

2）向下滑动面板，在下面的"渲染输出"选项中将"保存文件"勾选，单击后面的"文件"选择保存目录，并将下面的"保存类型"设置为"TIF图像文件"或"JPEG文件"，单击"保存"（图12-36）。

图12-35

图12-36

3）进入"V-Ray"选项，展开"图像采样器"卷展栏，将"图像采样器类型"转为"自适应细分"，"抗锯齿过滤器"设置为"Mitchell-Netravali"（图12-37）。

图12-37

图12-38

4）进入"间接照明"选项，展开"发光图"卷展栏，将"当前预置"设置为"中"（图12-38）。

5）单击"渲染"，经过30～40min的渲染，就得到了一张高质量的效果图（图12-39），而且可以使用任何图像处理软件打开并进行处理。

图12-39

12.4　使用光子图渲染

在上节的场景中利用了30min渲染出了一张效果图，本节将使用一个小技巧将效果图的渲染时间大大缩短，并且能保证渲染质量不变。

1）继续使用上节的场景，打开"渲染设置"对话框，进入"公用"选项，将"输出大小"设置为300×225，并取消勾选"保存文件"（图12-40）。

2）进入"V-Ray"选项，展开"全局开关"卷展栏，勾选"间接照明"选项中的"不渲染最终

的图像"（图12-41）。

3）进入"间接照明"选项，将"发光图"卷展栏打开，滑动滑块到最下方，在"在渲染结束后"中勾选"自动保存"与"切换到保存的贴图"，并单击右侧"浏览"按钮，选择一个位置并命名保存（图12-42）。

4）展开"灯光缓存"卷展栏，在"在渲染结束后"选项中，将"自动保存"与"切换到被保存的缓存"勾选，并单击右侧的"浏览"按钮，选择

图12-40

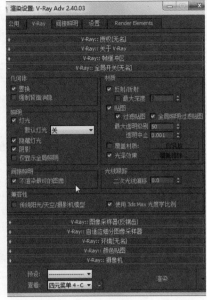
图12-41

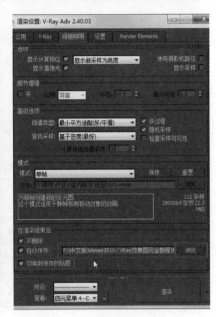
图12-42

一个位置并命名保存（图12-43）。

5）单击"渲染"按钮，经过1min左右渲染，得到了两张光子文件，下面将利用这两张光子文件进行渲染（图12-44）。

6）再次进入"渲染设置"面板，进入"公用"选项，在"输出大小"中将尺度设置为1500×1125，勾选下面的"保存文件"，单击"文件"按钮，选择"取消"，将其重新命名为"田园2"，选择".TIF"或".JPEG"格式保存（图12-45）。

7）展开"V-Ray"选项的"全局开关"卷展栏，将"间接照明"选项中的"不渲染最终图像"取消勾选（图12-46）。

8）确定"间接照明"选项中的"发光图"与"灯光缓存"卷展栏下的"模式"中是否使用的是刚保存的光子图文件（图12-47）。

9）确认无误后，开始进行渲染场景。这次计算机将会跳过计算阶段直接进行渲染，经过渲染后就会得到与之前一样的效果图，但是渲染时间会大幅度缩短（图12-48）。

图12-44

图12-43

图12-45

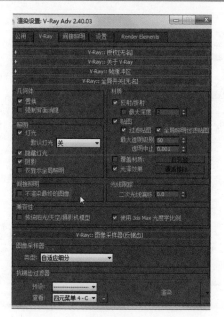

图12-46

图12-47

图12-48

第13章 灯光布置

操作难度★★★★★

本章简介

本章介绍关于V-Ray的灯光布置方法，由于在室内环境中，灯光比较多，而每一种灯光都需要通过合理的方法去布置才能让室内的灯光与亮度变得更加真实，不同的场景大小所需的光源就会大不相同。灯光布置需要一定经验，通过本章节学习，操作者也能迅速积累经验，熟练布置不同场景的灯光。

13.1 室外光布置

在效果图场景中，室外的光线来源于两种，一种是环境光，一种是太阳光。

13.1.1 环境光

1）环境光进入室内主要是通过门与窗进入的，所以首先应该考虑室外的环境光。打开本书配套资料中的场景文件"模型\第12章\餐厅"，找到相关贴图位置，场景中的灯光有3处，1处是客厅阳台的窗户，1处是餐厅的窗户，还有1处是书房的窗户（图13-1）。

2）先创建客厅阳台窗户的环境光，最大化前视口，创建一个"VR灯光"，其形态与窗户等大为佳（图13-2）。

3）进入修改面板，由于该灯光面积较大，基本覆盖了整个墙体面积的80%，所以该灯光的"倍增器"设置为2.0。因为该光线为室外环境光，所以将"颜色"设置为浅蓝色（图13-3）。

4）该灯光为虚拟的室外环境光，在室内是不可见的，因此应当勾选"不可见"，再将"采样"选项中的"细分"值设置为15（图13-4）。

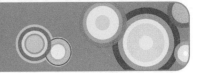

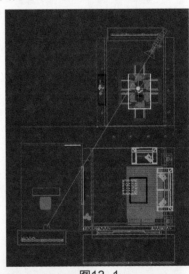

图13-1

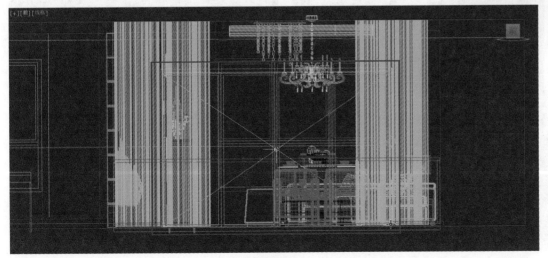

图13-2

图13-3

图13-4

5）按下 Windows徽标
"⊞"键＋"Shift"键切换到
顶视口，将该灯光移动到窗口
位置（图13-5）。

6）创建餐厅窗户的环境
光，最大化前视口，并创建一
个"VR灯光"，其形态与餐厅
窗户等大为佳（图13-6）。

7）进入修改面板，由于该
灯光面积较大，基本覆盖了整
个墙体面积的50%，所以将该
灯光的"倍增器"值设置为
5~7左右。因为该光线为室外
环境光，将"颜色"设置为浅
蓝色（图13-7）。

8）切换到顶视口，将该灯
光移动到窗口位置，并将灯光
在"Y"轴镜像（图13-8）。

9）接着创建卧室室外灯
光，最大化前视口，并创建一
个"VR灯光"，其形态与卧室
窗户等大为佳（图13-9）。

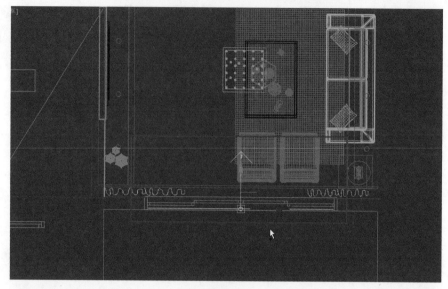

图13-5

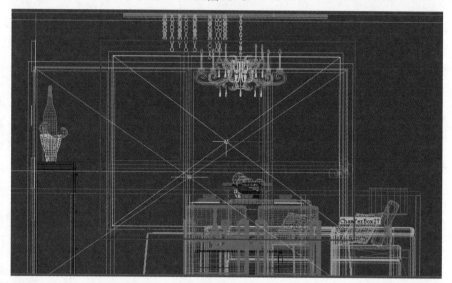

图13-6

图13-7

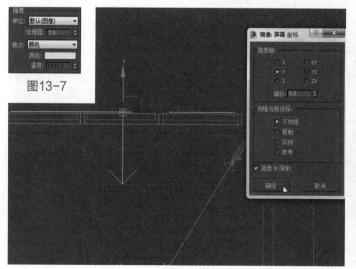

图13-8

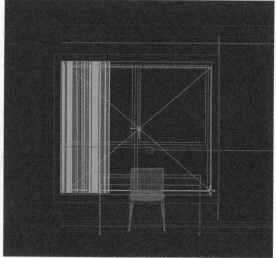

图13-9

10）进入修改面板，由于该灯光面积较大，基本覆盖了整个墙体面积的60%，所以将该灯光的"倍增器"值设置为2~4左右，因为该光线为室外环境光，所以该灯光的"颜色"依旧设置为浅蓝色（图13-10）。

11）切换到顶视口，使用"移动"工具将该灯光仔细移动至窗口位置（图13-11）。

12）回到摄像机视口，将渲染参数调整为测试参数，渲染场景并观察灯光效果（图13-12）。

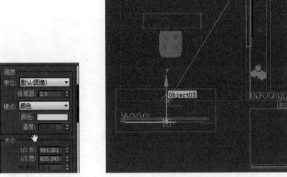
图13-10

图13-11

图13-12

13.1.2 太阳光

1）太阳光也是环境光的重要组成部分，太阳光可以为室内环境增加气氛，也可以提高整个场景的亮度，进入左视口创建一个"VR太阳"（图13-13）。

2）切换到顶视口，使用"移动"工具，仔细调整太阳光的位置，直至符合要求（图13-14）。

3）进入修改面板，将太阳光的"强度倍增"设置为0.04，"过滤颜色"设置为黄色（图13-15）。

4）渲染场景并观察灯光效果（图13-16）。

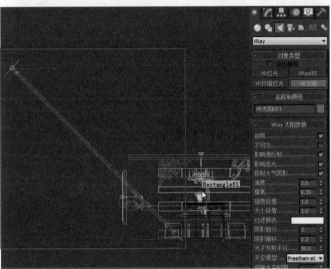
图13-13

图13-14

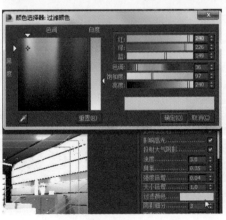
图13-15

图13-16

13.2　室内光布置

在室内灯光中，比较复杂的有筒灯、吊灯、台灯、装饰灯带这几种灯光。

13.2.1　筒灯

1）筒灯的布置对于室内灯光亮度与气氛调节具有非常明显的作用，观察整个场景，场景中的筒灯比较多，共有18个（图13-17）。

2）先从客厅的位置开始布置筒灯，最大化左视口，在创建面板的"光度学"选项中，创建一个"目标灯光"，从上向下创建（图13-18）。

3）在视图区上方的"选择过滤器"中，选择"L-灯光"，选择该灯光，在顶视口中，将该灯光仔细移动至筒灯所在的位置（图13-19）。

4）进入修改面板，勾选"阴影"选项中的"启用"，并在下面选择"VRay阴影"，再在"灯光分布（类型）"选项中选择"光度学Web"，接着点击下面的"选择光度学文件"按钮（图13-20）。

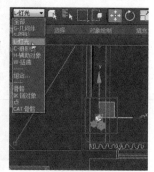

图13-19

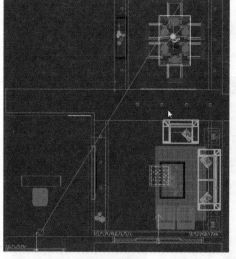

图13-17

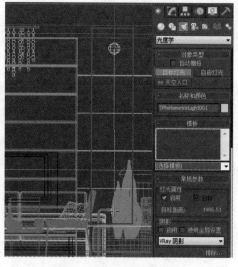

图13-18

图13-20

5）在本书配套资料的"光域网"文件夹中选择一个".IES"光域网文件（图13-21）。

6）在修改面板中，将"强度/颜色/衰减"卷展栏难中，将灯光的"过滤颜色"设置为土黄色，将强度值设为3000.0cd（图13-22）。

7）渲染场景并观察灯光效果（图13-23）。

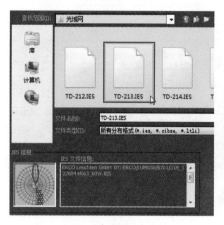

图13-21

图13-22

图13-23

8）选中灯光，按住〈Shift〉键将灯光复制到客厅两边，在"克隆选项"对话框中选择"复制"方式（图13-24）。

9）渲染场景并观察灯光效果（图13-25）。

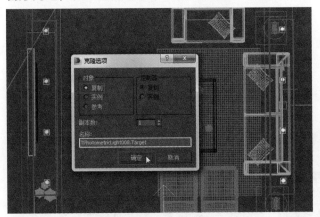

图13-24

图13-25

10）继续将筒灯复制一个中间横梁位置（图13-26）。

11）在左视口中，使用"移动"工具将灯光仔细移动至房间的横梁下方，并不与其他物体重合（图13-27）。

12）在顶视口中将该筒灯复制3个到横梁其他3个位置上（图13-28）。

13）渲染场景并观察灯光效果（图13-29）。

14）在顶视口中，将客厅的灯光复制一个至餐厅的筒灯位置，再将这个灯光复制6个到其他的筒灯位置，将左边3个选择"实例"的克隆方式，右边3个选择"复制"的克隆方式（图13-30）。

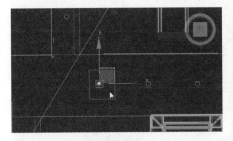

图13-26

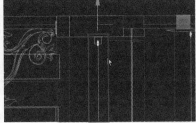

图13-27

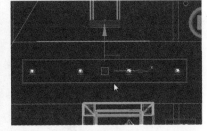

图13-28

图13-29

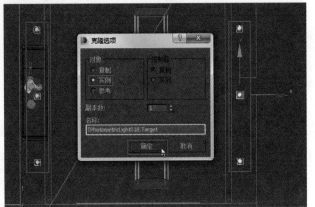

图13-30

补充提示

　　移动灯光时应特别仔细，最终位置不宜与灯具模型重合，不能被模型遮挡，但是要在平面上与模型保持对齐。

15）渲染场景并观察灯光效果（图13-31）。

16）效果图中黑色墙面上的筒灯照射效果并不明显，所以要将这几个筒灯亮度增强。由于这几个灯光是实例复制的，所以只需要修改其中的一个灯

光的亮度"强度"即可。选中餐厅左边其中的一个筒灯，进入修改面板，将该筒灯的"强度"设置为7000.0cd（图13-32）。

17）渲染场景并观察灯光效果（图13-33）。

图13-31　　　　　图13-32　　　　　图13-33

13.2.2　吊灯

1）此场景中有两盏吊灯，1处是客厅的灯，1处是餐厅的灯（图13-34）。

2）先创建客厅吊灯，最大化顶视口，在客厅吊灯处创建一个与吊灯等大的"VR灯光"（图13-35）。

3）在左视口中，将灯光仔细移动至吊灯下方，并不与吊灯重合（图13-36）。

4）进入修改面板，调节灯光参数，将"倍增

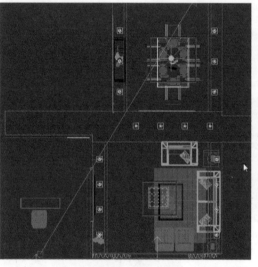

图13-34

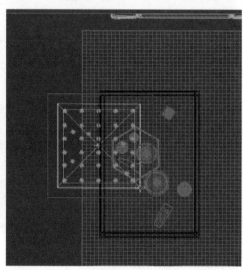

图13-35

器"设置为6.0，将"颜色"设置为浅黄色，并勾选"不可见"（图13-37）。

5）渲染场景并观察灯光效果（图13-38）。

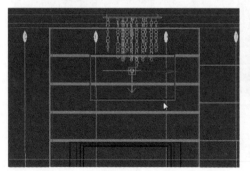

图13-36

图13-37

图13-38

6）在顶视口中创建一个"VR灯光"，将灯光"类型"设置为"球体"，在"大小"选项中将"半径"设置为30.0（图13-39）。

7）在左视口中，将灯光仔细移动至吊灯里面（图13-40）。

8）在顶视口中，将灯光复制几个，选择"实例"的克隆方式（图13-41）。

9）在左视口中，将这些灯光的高度上下移动，形成高低不齐的效果，最大限度地表现出自然的感觉（图13-42）。

10）进入修改面板，调节灯光参数，将"倍增器"设置为20.0，将"颜色"设置为深黄色，并取消勾选"不可见"（图13-43）。

11）渲染场景并观察灯光效果（图13-44）。

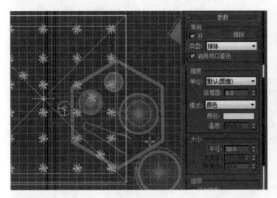

图13-39

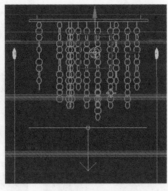

图13-40

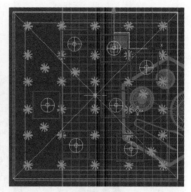

图13-41

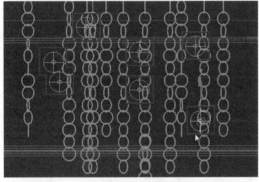

图13-42

图13-43

图13-44

12）创建餐厅吊灯，最大化顶视口，将中间梁上的筒灯复制一个到餐厅吊灯位置，选择"复制"的克隆方式（图13-45）。

13）再将这个吊灯复制2个，选择"实例"的

克隆方式（图13-46）。

14）在左视口中，将3盏筒灯向下移动，具体高度根据环境需要来控制，这样可以让桌面产生聚光效果（图13-47）。

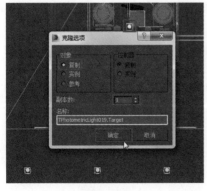

图13-45

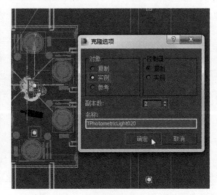

图13-46

图13-47

15）渲染场景并观察灯光效果（图13-48）。

图13-48

13.2.3 台灯

1）最大化顶视口，在台灯所在位置创建一个球形"VR灯光"（图13-49）。

2）切换到左视口，使用"移动"工具将灯光仔细移动至台灯里面（图13-50）。

3）进入修改面板，将灯光的"倍增器"值设置为150.0，"颜色"设置为橙黄色，"半径"设置为50.0（图13-51）。

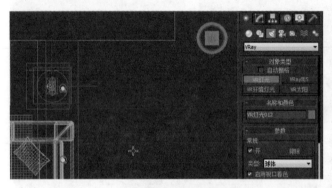

图13-49

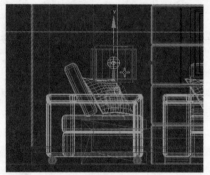

图13-50

图13-51

4）在顶视口中将灯光复制一个至沙发另侧的台灯内，选择"实例"的克隆方式（图13-52）。

5）渲染场景并观察灯光效果（图13-53）。

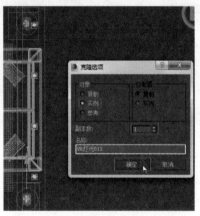

图13-52

图13-53

补充提示

灯具模型的品种很多，要表现出真实的渲染效果，应注意以下几个方面。

1）简化模型构造。很多从网上下载的灯具模型精度很高，模型很精致，但是用到效果图的空间场景中却显得有些多余，放置在远处墙角或吊顶上，不仅无法体现其精致的外观，反而会影响渲染速度，因此要尽量简化灯具模型，甚至可以删除模型的部分构件。

2）灯光要与灯具模型保持对齐。尤其是灯光移动至灯罩内部时，应尽量保持居中，最好采用"对齐"工具。

3）灯具模型内应制作自发光模型。如灯泡或灯管的形态应当从外部依稀可见，才能表现出真实感。

4）善于保存灯具模型与灯光。在制作效果图过程中，发现造型、材质、灯光效果均佳的模型与灯光应当单独保存为".max"格式文件，以后可以随时合并到新的场景空间中去，能提高工作效率。

13.2.4 装饰灯带

本场景的装饰灯有3个，分别是客厅吊顶灯带、餐厅吊顶灯带、餐厅墙面灯带。

1）最大化顶视口，在灯槽位置创建一个与灯槽等长的"VR灯光"（图13-54）。

2）切换到左视口，将灯光仔细移动至灯槽内，并使用"镜像"工具将灯光在"Y"轴镜像（图13-55）。

3）进入修改面板，将灯光的"倍增器"值设置为3.0，"颜色"设置为橙黄色（图13-56）。

4）切换到顶视口，将灯光复制一个到右边灯槽里面，选择"实例"的克隆方式（图13-57）。

5）渲染场景并观察灯光效果（图13-58）。

6）创建餐厅灯带，最大化顶视口，将餐厅的灯带复制至餐厅灯槽内，并在修改面板中适当调节其长度（图13-59）。

7）将灯光复制一个到右边灯槽内，选择"实例"的克隆方式（图13-60）。

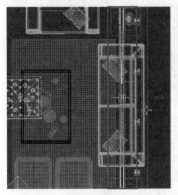
图13-54

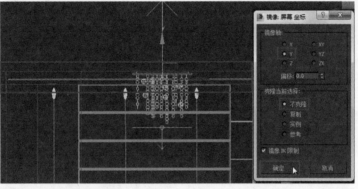
图13-55

图13-56

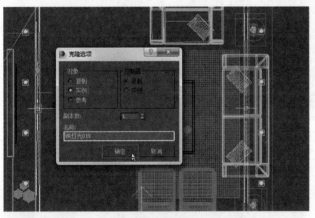
图13-57

图13-58

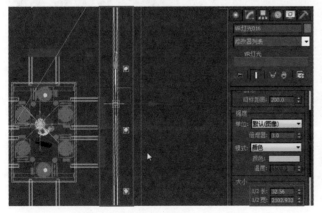
图13-59

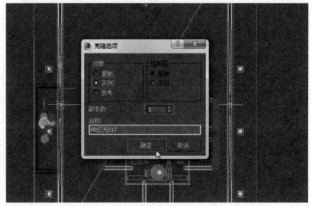
图13-60

8）渲染场景并观察灯光效果（图13-61）。

9）创建餐厅墙面灯带，在左视口中将餐厅右侧的吊顶灯带向下仔细复制至餐厅墙面灯槽位置，选择"复制"的克隆方式（图13-62）。

10）将灯光在"Y"轴镜像，并将灯光的"倍增器"值设置为8.0，勾选"不可见"，取消勾选"影响高光反射"（图13-63）。

11）渲染场景并观察灯光效果（图13-64）。

图13-61

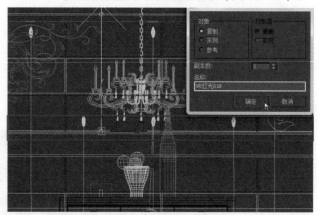

图13-62

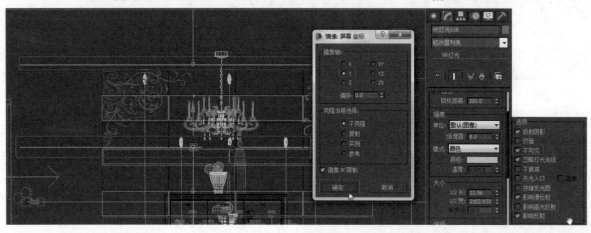

图13-63

12）观察效果无误后，就可以进行最终渲染了（图13-65）。

图13-64

图13-65

中文版3ds max 2018／VRay

效果图全能教程

精华篇 · 实例制作

第14章　厨房效果图

操作难度☆☆★★★

本章简介

　　本章将结合前面所有内容，制作一张现代风格的家居厨房效果图，全程内容包括从建模到最终渲染，操作方法详细、具体，具有一定的代表性，厨房效果图的重点在于明快亮洁的材质与灯光。

14.1　建立基础模型

　　1）新建场景，在主菜单中选择导入，将本书配套资料的"模型\第14章\CAD"中的"布局图.dwg"文件导入进场景中，在"几何体选项"中勾选"焊接附近顶点"，将"焊接阈值"设置为10.0mm，并勾选"封闭闭合样条线"，单击"确定"按钮（图14-1）。

　　2）框选选择所有导入文件，选择菜单栏"组→组"（图14-2）使其成为一个组，并命名为"图纸"，单击"确定"按钮（图14-3）。

　　3）使用"移动"工具将图样向下移动一定的距离，并单击鼠标右键，选择"冻结当前选择"（图14-4）。

　　4）最大化顶视口，打开"2.5维"捕捉，右键打开"栅格和捕捉设置"对话框，勾选"捕捉到冻结对象"（图14-5），创建"线"捕捉墙体内边缘，在门窗部位增加分段点（图14-6）。

图14-1　　　　　图14-2

图14-3

图14-4　　　　　图14-5

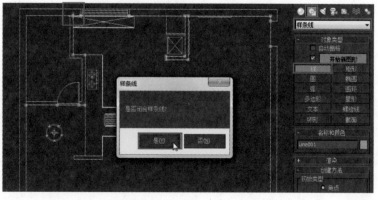

图14-6

5）为线添加"挤出"修改器，将挤出"数量"设置为2900.0mm，并添加"法线"修改器，单击鼠标右键进入"对象属性"对话框，勾选"背面消隐"（图14-7）。

6）单击鼠标右键将模型转为"可编辑多边形"（图14-8），选中该模型，在移动工具上单击鼠标右键，在对话框中将"绝对：世界"坐标中的"Z"轴坐标设置为0（图14-9），进入修改面板选择"边"层级，勾选"忽略背面"，按〈S〉键关闭"捕捉"工具，再按〈F4〉键显示线框（图14-10）。

7）同时选择厨房门的两条边，选择"连接"后的小按钮，将其中间连接一条边，单击"对勾"（图14-11），选中连接的边，在视图区下部中间位置的"Z"轴坐标中输入2100.0mm（图14-12）。

图14-7

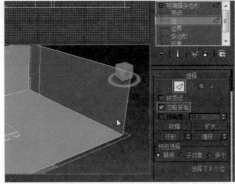

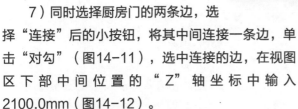

图14-8　　　　　图14-9　　　　　图14-10

补充提示

建立墙体与开设门窗的方法很多，采用"编辑多边形"的方式最精确。

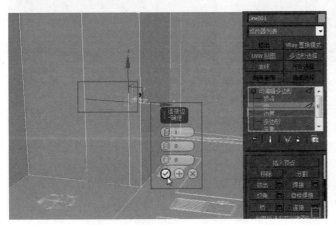

图14-11

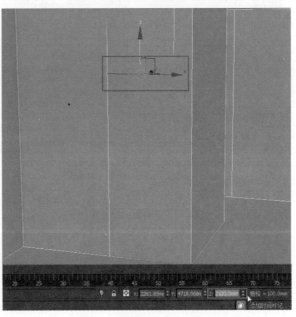

图14-12

8）进入"多边形"层级，勾选"忽略背面"，选中门中的多边形，单击"挤出"后的小按钮，将门的多边形挤出，"挤出"值设置为−120.0mm（图14-13），并按〈Delete〉键将该多边形删除（图14-14）。

9）进入"边"层级，同时选择窗户的两条边，选择"连接"，将其中间连接两条边，选中连接的上面的边，在视口区下部中间位置，在其"Z"轴坐标中输入2400.0mm（图14-15），再选中连接的下面的边，在视口区下部中间位置的"Z"轴坐标中输入820.0mm（图14-16）。

10）进入"多边形"层级，选择窗户的多边

图14-13

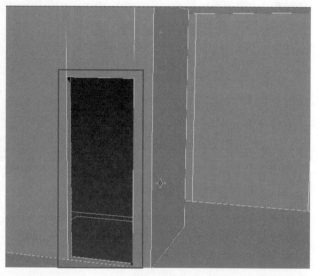

图14-14

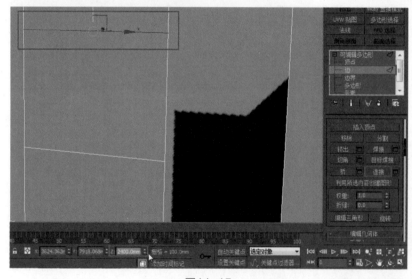

图14-15

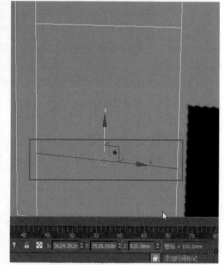

图14-16

形，单击"挤出"后的小按钮，将门的多边形挤出，"挤出"值设置为−240.0mm（图14-17），并按〈Delete〉键将该多边形删除（图14-18）。

11）选择墙体，进入"多边形"层级，选择地面，单击"分离"按钮，并命名为"地面"（图14-19）。

12）选择顶面并单击"分离"按钮，将其命名

为"顶面"（图14-20）。

13）选择储藏间的墙面并单击"分离"按钮，将其命名为"储藏间墙面"（图14-21）。

14）使用"2.5维"捕捉工具，在顶视口中捕捉创建长方体（图14-22）。

15）进入修改面板，将长方体的"高度"设置为2900.0mm（图14-23）。

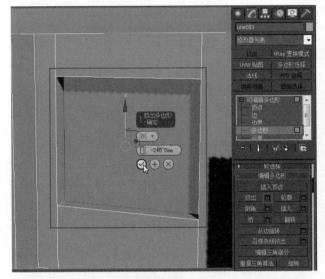

图14-17

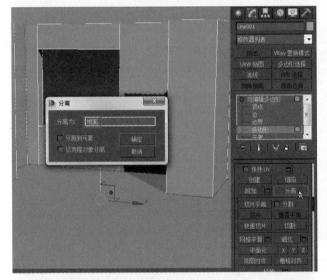

图14-18

图14-19

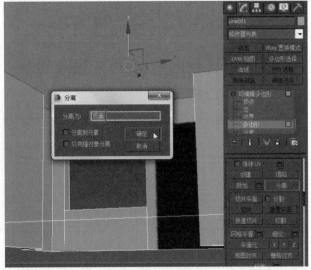

图14-20

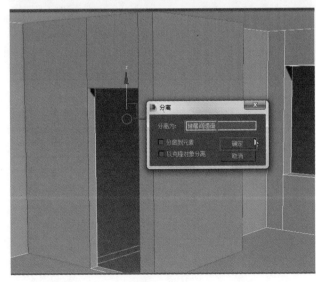

图14-21

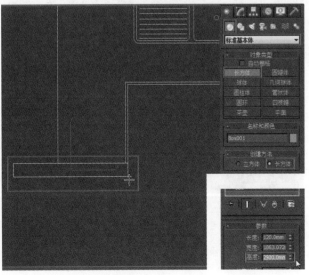

图14-22   图14-23

16）在"移动"工具上单击鼠标右键，弹出"移动变换输入"对话框，将"绝对：世界"坐标中的"Z"轴值设置为0.0mm（图14-24）。

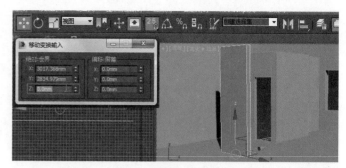

图14-24

补充提示

输入坐标参数要比任意移动模型精确，尽量培养这种编辑模型的习惯。

14.2　赋予初步材质

1）在创建面板中选择"标准"摄像机，在顶视图中创建一个"目标"摄像机（图14-25）。

2）在"选择过滤器"中选择为"C-摄像机"，在前视口中选中摄像机的中线，并将摄像机向上移动（图14-26）。

3）切换到透视图按〈C〉键，将"透视口"转为"摄像机视口"，并在其在视口中选择摄像机，进入修改面板将其"备用镜头"设置为"28mm"（图14-27）。

4）打开主菜单，选择"导入→合并"（图14-28），将本书配套资料的"模型\第14章\导入模型"中的"窗户.max"合并到场景中（图14-29）。

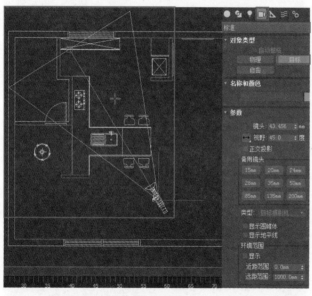

图14-25

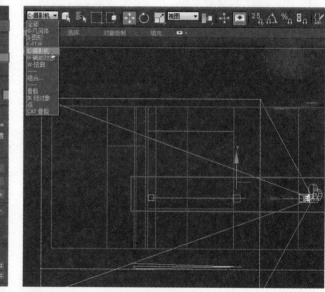

图14-26

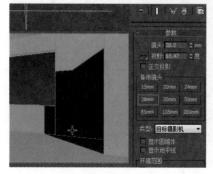

图14-27

图14-28

图14-29

5）在"合并"对话框中选择"全部"，取消勾选"灯光"与"摄像机"（图14-30）。

6）使用"移动"工具将其移动到窗户所在的位置上，并调节其

图14-30

7）使用同样的方法，将"门.max"文件导入到场景中，并调节大小，放在门的位置上（图14-32）。

8）在"选择过滤器"中选择"全部"，选择墙面，打开"材质编辑器"，在展开"材质"卷展栏，双击"VRayMtl"材质，在"视图1"窗口中双击"材质"就会出现该材质的参数

控制点与窗口大小相同，移动时应仔细观察模型在各个视口的位置（图14-31）。

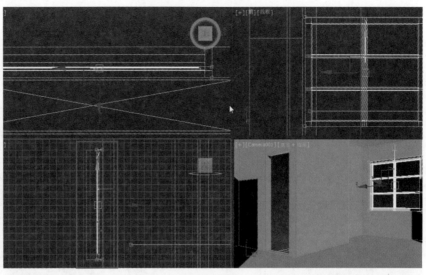

图14-31

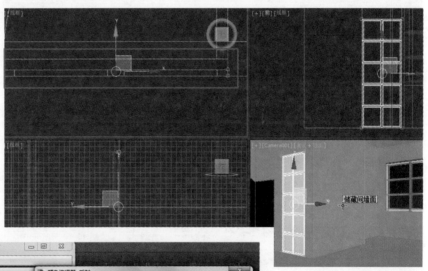

图14-32

面板，取名为"灰色墙面"，将其"漫反射"颜色设置为浅灰色，具体值可自定，"反射"颜色设置为深灰色，各值均设置为12，"高光光泽度"设置为0.58，"反射光泽度"设置为0.68，将该材质赋予墙面（图14-33）。

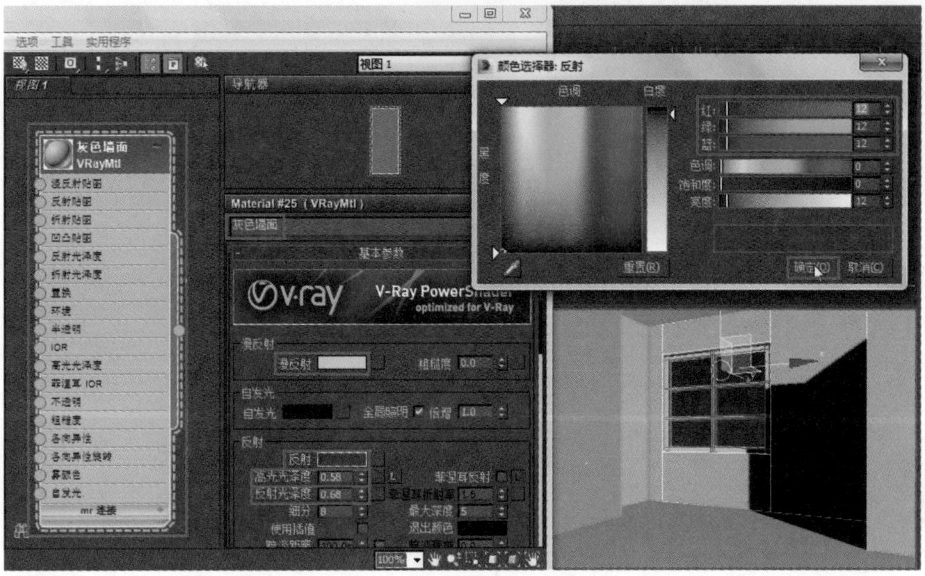

图14-33

9）打开"材质编辑器"，在展开"材质"卷展栏，双击"VRayMtl"材质，在"视图1"窗口中双击"材质"，就会出现该材质的参数面板，取名为"木地板"，在漫反射位置拖入一张木地板的贴图，将"反射"颜色均设置为45左右，"高光光泽度"设置为0.6，"反射光泽度"设置为0.8，"细分"设置为12（图14-34）。

10）关闭"基本参数"卷展栏，进入下面的"贴图"卷展栏，将另外一张黑白的贴图拖到"凹凸"贴图长按钮位置，并将"凹凸"值设置为30.0，并在视图中显示贴图，然后将其赋予地板

图14-34

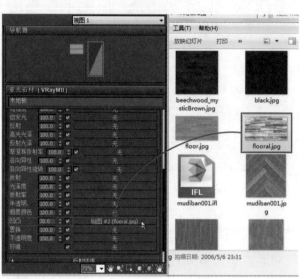

图14-35

（图14-35）。

11）为地板添加"UVW贴图"修改器，选择平面，将其"长度"设置为1950.0mm，"宽度"设置为3000.0mm（图14-36）。

12）打开"材质编辑器"，在展开"材质"卷展栏，双击"VRayMtl"材质，在"视图1"窗口

中双击"材质"就会出现该材质的参数面板，取名为"墙面2"，单击漫反射贴图位置并选择"衰减"（图14-37），单击进入，展开"衰减参数"卷展栏，单击黑色框后面的"无"按钮，选择"位图"（图14-38），选择一张石材的贴图（图14-39），将该石材贴图在"视图1"中连接到凹凸贴图位置，

图14-36　　　　　　　图14-37　　　　　　　图14-38

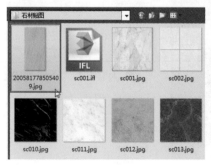

图14-39

图14-40

图14-41

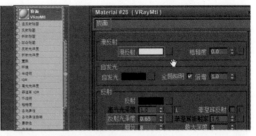

图14-42

并将"凹凸"值设置为800.0mm（图14-40）。

13）将该材质赋予储藏间墙面，进入修改面板，为储藏间墙面添加"UVW贴图"修改器，选择"长方体"类型，并将"长、宽、高"都设置为300.0mm（图14-41）。

14）打开"材质编辑器"，在展开"材质"卷展栏，双击"VRayMtl"材质，在"视图1"窗口中双击"材质"就会出现该材质的参数面板，取名为"顶面"，将"漫反射"颜色设置为浅蓝色，"反射光泽度"设置为0.65，并将材质赋予顶面（图14-42）。

15）完成之后渲染场景能观察材质效果（图14-43）。

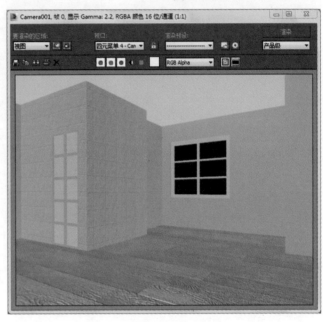

图14-43

14.3 设置灯光与渲染

1）在创建面板创建"灯光"，选择"VR灯光"，打开"捕捉"工具，在前视口捕捉窗户外形创建灯光（图14-44）。

2）关闭"捕捉"，在顶视口使用"移动"工具将灯光移动到窗户外部，并使用"镜像"，在"Y"轴上镜像（图14-45）。

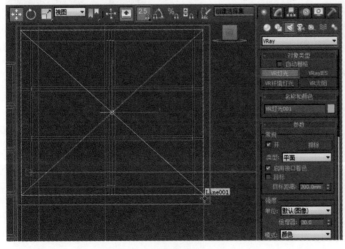

图14-44

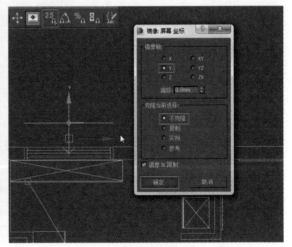

图14-45

3）进入修改面板将灯光的"倍增器"值设置为18.0，"颜色"设置为浅蓝色，勾选"不可见"（图14-46）。

4）打开"渲染设置"面板调整测试参数，在"公用参数"选项中将"输出大小"设置为320×240（图14-47），在"图像采样器"卷展栏中将"类型"设置为"固定"，"抗锯齿过滤器"设置为"区域"（图14-48）。

5）展开下面的"颜色贴图"卷展栏，将"类型"设置为"指数"，"暗色倍增"值设置为

图14-46

图14-47

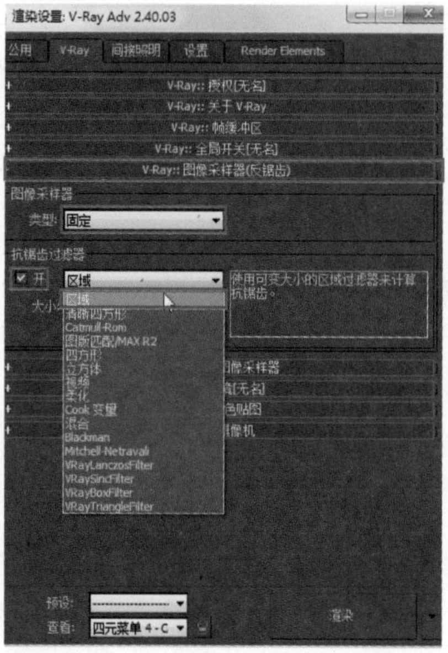

图14-48

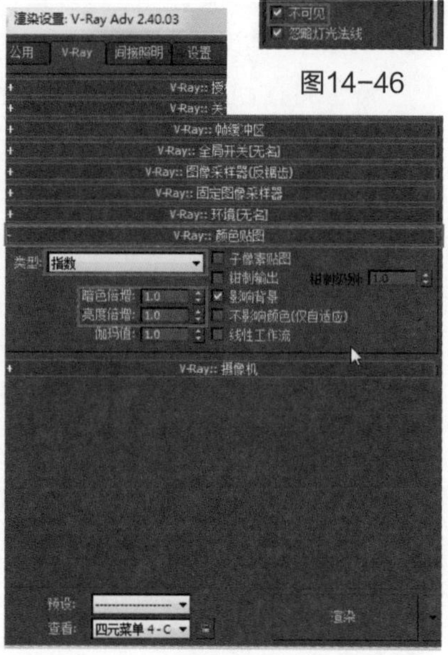

图14-49

1.0，"亮度倍增"设置为1.0（图14-49）。

6）进入"间接照明"卷展栏，将"间接照明"的"开"勾选，展开"发光图"卷展栏，将"当前预置"设置为"非常低"，"半球细分"设置为50，"插值采样"设置为20，勾选"显示计算相位"与"显示直接光"（图14-50）。

7）进入"设置"选项，展开"系统"卷展栏，勾选"帧标记"，删除原有文字的前部分，只保留现在的渲染时间，并取消勾选"显示窗口"（图14-51）。

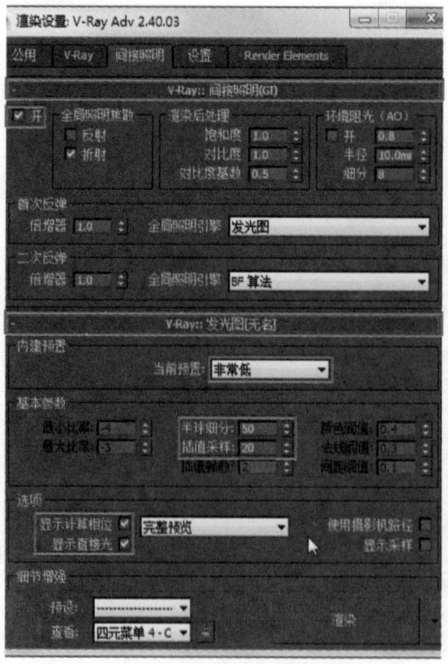

补充提示

设置灯光后不要急于渲染，每次渲染前都要仔细调整模型与贴图，校正上一次渲染中出现的错误。可以将需要更正的问题记录在纸上，逐一解决。无论效果图的复杂程度如何，都应该尽量减少渲染次数，明确渲染目的，盲目渲染只会浪费更多时间。

图14-50

图14-51

8）设置完成之后，渲染场景查看效果，经过几秒钟就能看到窗户附近的灯光已经基本达到要求，但是内部空间有些暗（图14-52）。

图14-52

10）进入修改面板，将"倍增器"设置为5.0，"颜色"设置为土黄色（图14-54）。

11）回到摄像机视口渲染场景，观察亮度基本达到要求（图14-55）。

12）最大化前视口，创建"VR灯光"，在摄像机后部的墙面上创建一个

图14-54　　　　图14-55

图14-57

9）进入顶视口将灯光向内侧复制，选择"复制"的克隆方式，并使用"移动"工具将其移动至窗户上（图14-53）。

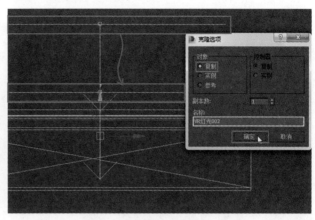

图14-53

"VR灯光"（图14-56）。

13）进入顶视口，将灯光移动到墙体内部，并贴于墙面，并进入修改面板，将"倍增器"值设置为2.0，"颜色"设置为浅蓝色，勾选"不可见"（图14-57）。

14）回到摄像机视口，渲染场景能观察效果（图14-58）。

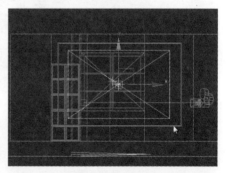

图14-56

图14-58

15）最大化左视口，在门的位置上创建一个比门稍大的"VR灯光"（图14-59）。

16）切换到顶视口，将灯光移动到门的位置，并使用"镜像"工具，在"X"轴镜像（图14-60）。

17）进入修改面板，将"倍增器"设置为

3.0，将"颜色"设置为土黄色（图14-61）。

18）渲染场景并观察效果（图14-62）。

19）最大化顶视口，在中间的餐桌位置创建1个"VR灯光"（图14-63）。

20）切换到前视口，将灯光向上移动到吊灯高度（图14-64）。

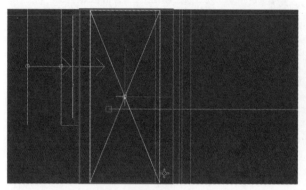

图14-59

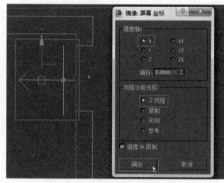

图14-60

图14-61

图14-62

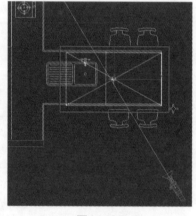

图14-63

图14-64

21）进入修改面板，将"倍增器"设置为3.0，"颜色"设置为浅黄色（图14-65）。

22）渲染场景并观察效果（图14-66）。

23）最大化左视口，在左视图中创建一个VR太阳灯，从窗口射入室内，对于是否添加天空贴图，选择"否"按钮（图14-67）。

图14-65　　　图14-66

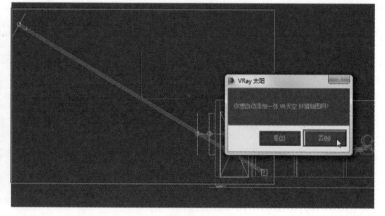

图14-67

24）进入顶视口，进一步调整灯光位置，让灯光从窗口射入，进入修改面板，将"强度倍增"设置为0.04，"过滤颜色"设置为深黄色（图14-68）。

25）回到摄像机视口，渲染测试场景（图14-69）。

26）制作外景，在顶视口的窗户外面创建一条弧，并将其添加"挤出"修改器，挤出"数量"设置为4000.0mm（图14-70）。

27）打开"材质编辑器"，在展开"材质"卷展栏，双击"VR灯光材质"，在"视图1"窗口中双击"材质"，就会出现该材质的参数面板，取名为"外景"，转为"VR灯光材质"，将"颜色"设置为2.0，在颜色后面的"无"长按钮中拖入一张室

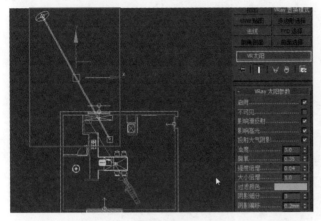

图14-68

图14-69

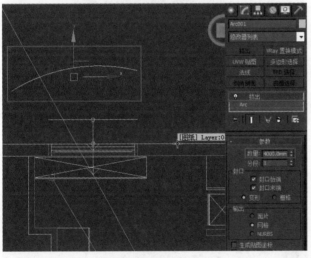

图14-70

图14-71

外风景贴图（图14-71），并将其作为外景平面。

28）给弧面添加"UVW贴图"修改器，"贴图"选项选择"长方体"，"长度"设置为500.0mm，"宽度"为5000.0mm，"高度"为5000.0mm，展开"UVW贴图"卷展栏，选择"Gizmo"，使用"移动"工具在摄像机视口移动，按"F3"键将其移动至刚好覆盖窗口的位置，并添加"法线"修改器（图14-72）。

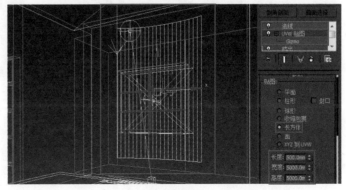

图14-72

29）渲染摄像机视图，观察效果，观察发现外景挡住了照入室内的太阳光（图14-73）。

30）回到外景，选择VR太阳，在修改面板中单击"排除"按钮，打开"排除／包含"对话框，将"Arc001"排除到右侧，单击"确定"按钮（图14-74）。

31）再次渲染摄像机视图，观察效果，发现这时的渲染效果已经趋于正常了（图14-75）。

32）最大化顶视口，在顶视口左边创建1个与该吊灯等大小的球形"VR灯光"（图14-76）。

图14-73

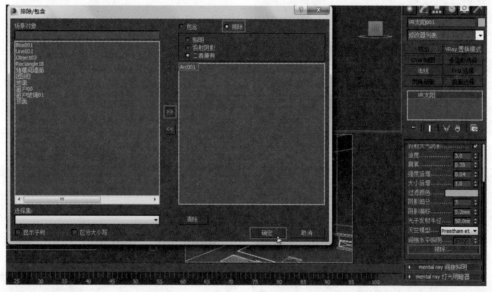

图14-74

图14-75

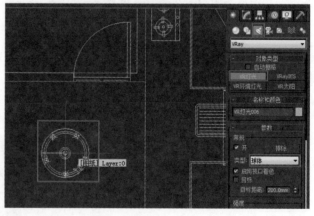

图14-76

补充提示

VR太阳光特别适合开窗面积不大的室内场景，阳光照射到室内地面后能形成窗户光斑，效果丰富，只是要把握好光斑的面积与角度，尽量投射至平整、空白地面上，不宜投射至形体较大的家具上。窗外风景贴图的亮度要与VR太阳光的强度一致。

33）切换到左视口，将灯光向上移动到吊灯的高度位置（图14-77）。

34）进入修改面板，将"倍增器"设置为 12.0，"颜色"设置为蓝色（图14-78）。

35）渲染场景并观察灯光的最终效果（图14-79），接下来可以继续合并其他模型了。

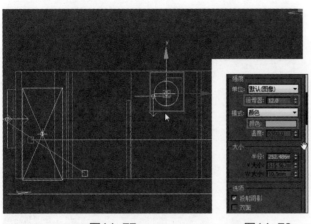

图14-77

图14-78

图14-79

14.4 设置精确材质

1）打开主菜单栏，选择"导入→合并"（图14-80），进入本书配套资料的"模型\第14章\导入模型"，将里面的剩余10个模型全部合并进场景中，由于模型的大小、比例、位置都已经调整好了，可以不用再调整了（图14-81）。

2）选择"橱柜.max"，单击"打开"按钮，在"合并"对话框中选择"全部"，并取消勾选"灯光"与"摄像机"（图14-82）。

图14-80

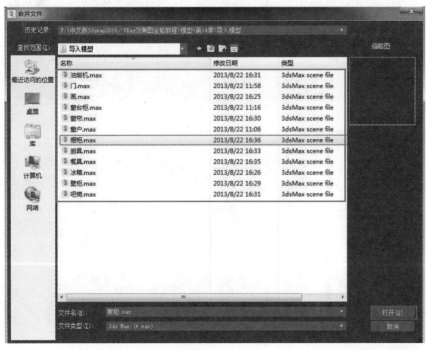

图14-81

图14-82

3）继续合并其他模型，如果遇到重复材质名称的情况，可以勾选"选择应用于所有重复情况"，并选择"自动重命名合并材质"（图14-83）。

4）全部合并完成之后，发现场景中的材质都没有显示贴图，因为计算机没有找到贴图路径，这时就需要为场景中的材质重新添加贴图（图14-84）。

图14-83

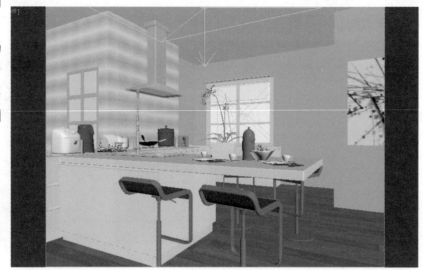

图14-84

5）按〈P〉键进入透视口，打开"材质编辑器"，使用"吸管"工具吸取没有贴图的材质，并在"视图1"中双击该材质贴图，并单击"位图"按钮（图14-85）。

6）按照图片的路径与名称，找到其贴图，找到后单击"打开"按钮，也可添加其他合适的贴图（图14-86）。

7）完成后，继续使用此方法还原其余模型贴图，全部完成后渲染效果（图14-87）。

8）右键单击摄像机视口左上角

图14-85

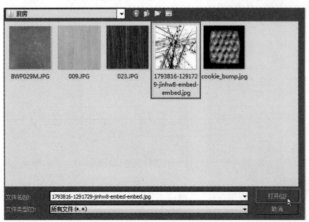

图14-86

图14-87

"Camera"，选择"显示安全框"，并检查场景材质是否都正确（图14-88）。

9）根据个人喜好改变场景材质，打开材质编辑器，展开"场景材质"卷展栏，选择"木地板"材质，进入参数面板，展开"贴图"卷展栏，在"漫反射贴图"位置单击鼠标右键，选择"清除"，将贴图清除（图14-89）。

10）将凹凸贴图也清除，单击"漫反射贴图"按钮，在"材质/贴图浏览器"中选择"平铺"贴图

（图14-90）。

11）单击进入平铺贴图的参数面板，在"标准控制"卷展栏中将"预设类型"设置为"堆栈砌合"，在"高级控制"卷展栏中的"平铺设置"选项的"纹理"按钮位置上拖入一张米色瓷砖贴图，平铺的"水平数"与"垂直数"都设置为1.0，将"砖缝设置"的"纹理"颜色设置为深灰色，"水平间距"与"垂直间距"都设置为0.5（图14-91）。

12）在"视图1"中双击木地板面板，回到

图14-88

图14-89

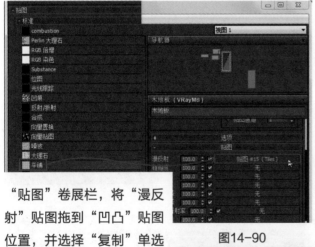

图14-90

"贴图"卷展栏，将"漫反射"贴图拖到"凹凸"贴图位置，并选择"复制"单选按钮，将"凹凸"值设置为50.0（图14-92）。

13）单击贴图进入该贴图的参数面板，将平铺的"纹理贴图"清除，并将"砖缝设置"中的"纹理"颜色设置为纯黑色（图14-93）。

图14-91

图14-92

图14-93

14）在透视口中选择地面，在修改面板中将地面的"UVW贴图"的"长度"与"宽度"都设置为600.0mm（图14-94）。

15）在材质编辑器的"场景材质"卷展栏中选择"外景"材质，并双击其贴图进入贴图的参数面板（图14-95）。

16）单击其"位图"按钮，拖入一张风景的外景，并将"模糊"设置为2.0（图14-96）。

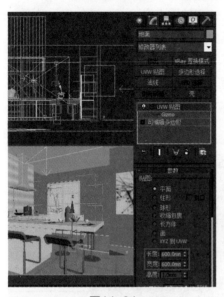

图14-94

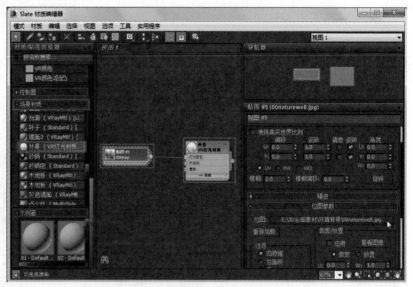

图14-95

图14-96

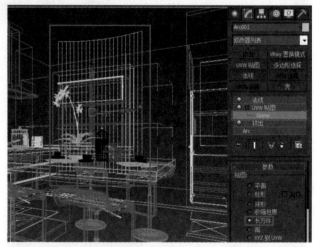

图14-97

17）在摄像机视口中，按〈F3〉键切换到线框模式，在修改面板中，选择"UVW贴图"卷展栏下的"Gizmo"，在"贴图"选项中选择"长方体"，使用"移动"工具仔细调节其位置（图14-97）。

18）完成后，渲染场景观察效果，满意之后就可以进行最终渲染了（图14-98）。

图14-98

14.5 最终渲染

1）按〈F10〉键打开"渲染设置"面板，进入"公用"选项的"公用参数"卷展栏，将"输出大小"中的"宽度"与"高度"设置为400×300，锁定"图像纵横比"（图14-99）。

2）进入"V-Ray"选项，展开"全局开关"卷展栏，将"不渲染最终图像"勾选，再展开"图像采样器"卷展栏，将"图像采样器类型"设置为"自适应细分"，"抗锯齿过滤器"设置为"Mitchell-Netravali"（图14-100）。

3）进入"间接照明"选项，展开"间接照明"卷展栏，将"二次反弹"中的"全局照明引擎"设置为"灯光缓存"，展开"发光图"卷展栏，将"当前预置"设置为"中"，"半球细分"设置为50，"插值采样"设置为30（图14-101）。

图14-99

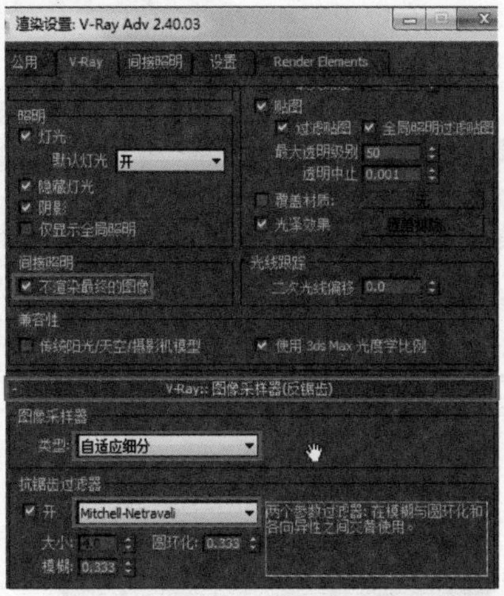

图14-100

图14-101

4）向下拖动，将"自动保存"与"切换到保存的贴图"勾选，并单击后面的"浏览"按钮，将其保存在"模型\第14章\光子图"中，命名为"1"（图14-102）。

5）展开"灯光缓存"卷展栏，将"细分"设置为1200，勾选"显示计算相位""自动保存"与"切换到被保存的缓存"，并单击后面的"浏览"按钮，将其保存在"模型\第14章\光子图"中，命名为"2"（图14-103）。

6）进入"设置"选项，展开"DMC采样器"，将"最小采样值"设置为12，"噪波阈值"设置为0.005（图14-104）。

图14-102

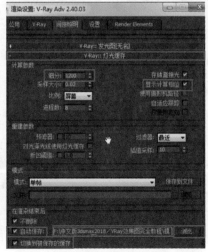
图14-103

图14-104

7）切换到摄像机视图，渲染场景，经过几分钟的渲染，就会得到两张光子图（图14-105）。

8）现在可以渲染最终的图像了，按"F10"键打开"渲染设置"面板，进入"公用"选项，将"输出大小"设置为1600×1200，向下滑动单击"渲染输出"选项中的"文件"按钮，将其保存在"模型\第14章"中，命名为"效果图"（图14-106）。

9）进入"V-ray"选项，将"全局开关"卷展栏中的"不渲染最终的图像"取消勾选，这个是关键，如果不取消勾选，则不会渲染出图像，单击"渲染"按钮（图14-107）。

10）经过30min左右的渲染，就可以得到一张高质量的现代厨房效果图，并且会被保存在预先设置的文件夹内（图14-108）。

11）将模型场景保存，并关闭3ds max 2018，可以使用任何图像处理软件进行修饰，如Photoshop，主要进行明暗、对比度处理，处理后的效果就比较完美了（图14-109）。

图14-105

图14-106

图14-107

图14-108

图14-109

第15章 酒店客房效果图

操作难度☆★★★★

本章简介

　　酒店客房效果图的模型造型简约，多以现代风格为主，色彩搭配也应趋于大众化，重点在于墙体模型创建比较复杂，后期灯光照射到墙面上的形态要求更丰富。

15.1 建立基础模型

　　1）新建场景，在主菜单中选择"导入"（图15-1），将本书配套资料的"模型\第15章\CAD"中的"酒店客房.dwg"文件导入场景中，设置"导入"选项，勾选"焊接附近顶点"，将"焊接阈值"设置为10.0mm，并勾选"封闭闭合样条线"，单击"确定"按钮（图15-2）。

　　2）框选选择所有导入文件，选择菜单栏"组→组"（图15-3）使其成为一个组，并将其命名为"图样"（图15-4）。

　　3）在修改面板中，选择图样"颜色"设置为灰色（图15-5），单击鼠标右

图15-1

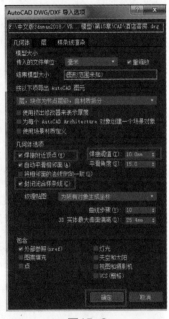

图15-2

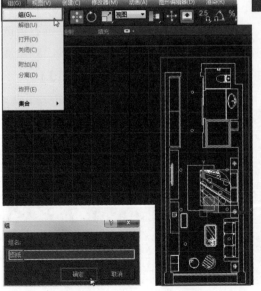

图15-3　　　图15-4

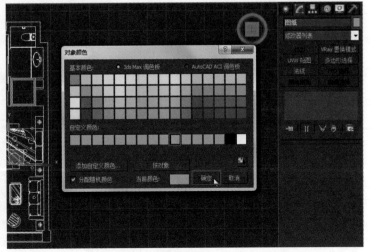

图15-5

键，选择"冻结当前选择"，将图样冻结（图15-6）。

4）最大化顶视口，打开"2.5维"捕捉，右键设置勾选"捕捉到冻结对象"与"启用轴约束"（图15-7），创建"线"捕捉外围墙体内边缘，在门与窗的转角部位增加分段点（图15-8）。

5）继续创建线，捕捉浴室与走道之间的墙体（图15-9）。

6）进入修改面板，单击下面的"附加"按

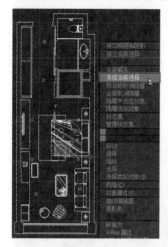

图15-6

图15-7

图15-8

图15-9

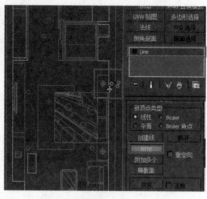

图15-10

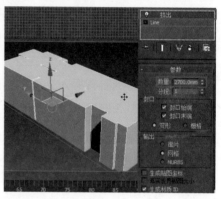

图15-11

钮，选择外墙，将两者附加为一个整体，单击鼠标右键结束操作（图15-10）。

7）为线添加"挤出"修改器，挤出"数量"设置为2700.0mm（图15-11）。

8）并添加"法线"修改器，单击鼠标右键选择"对象属性"（图15-12），在弹出的"对象属性"对话框中勾选"背面消隐"（图15-13）。

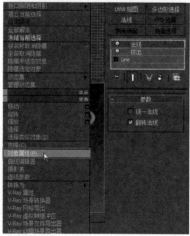

图15-12

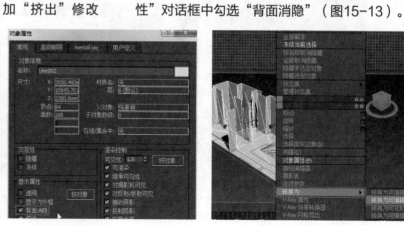

图15-13

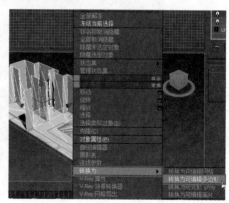

图15-14

9）单击鼠标右键将模型转为"可编辑多边形"（图15-14），进入修改面板选择"边"层级，勾选"忽略背面"，按下〈S〉键关闭"捕捉"工具，再按下〈F4〉键显示线框（图15-15）。

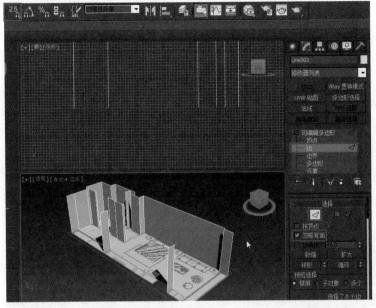

图15-15

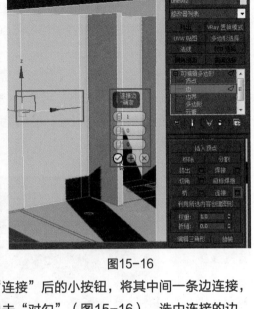

图15-16

10）同时选择客房门的两条边，单击"连接"后的小按钮，将其中间一条边连接，单击"对勾"（图15-16），选中连接的边，在视图区下部中间位置的"Z"轴坐标中输入2400.0mm（图15-17）。

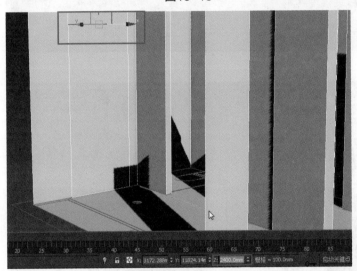

图15-17

11）进入"多边形"层级，勾选"忽略背面"，选中门中的多边形，单击"挤出"后的小按钮，将门的多边形挤出，将"挤出"值设置为 -240.0mm（图15-18），并按〈Delete〉键将该多边形删除（图15-19）。

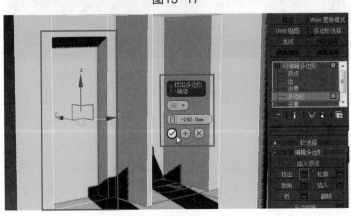

图15-18

图15-19

12）进入"边"层级，同时选择窗户那面墙上顶面的两条短边，选择"连接"，在这两条短边之间连接一条边（图15-20）。

13）进入"顶点"层级，打开"捕捉"工具，在顶视口选择连接边的两个点，并使用"移动"工具，将其捕捉到柱子的内端点上（图15-21）。

14）回到透视口，进入"多边形"层级，梁的多边形，单击"挤出"后的小按钮，将多边形挤出，"挤出"设置为-300.0mm（图15-22）。

15）继续选择窗户的两个多边形，并按〈Delete〉键将该多边形删除（图15-23）。

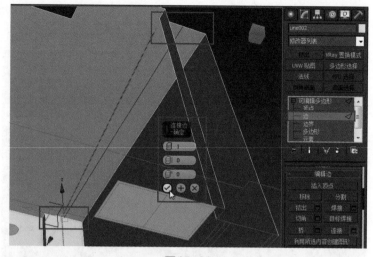

图15-20

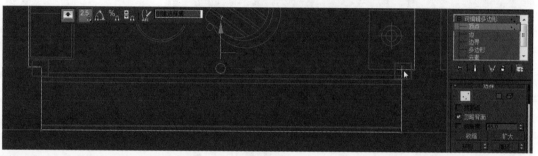

图15-21

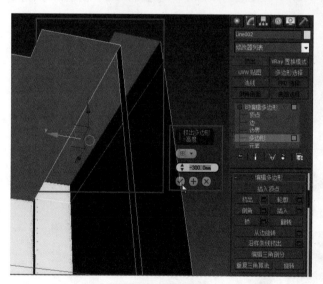

图15-22

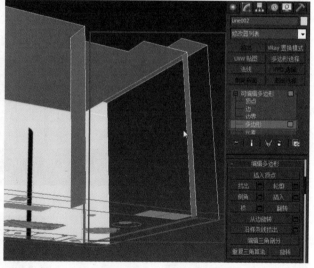

图15-23

16）进入"顶点"层级，选择走道门梁上的两个点，单击"连接"按钮，在两者之间连接一条边（图15-24）。

17）选择浴室梁上的两个顶点，单击"连接"按钮，在两者间也连接一条边（图15-25）。

18）进入"多边形"层级，同时选择浴室与走道顶部的多边形，单击"挤出"后的小按钮，将两个多边形挤出，"挤出"设置为300.0mm（图15-26）。

19）进入"顶点"层级，选择浴室门下面的两个顶点，单击"连接"按钮，在两者间连接一条边（图15-27）。

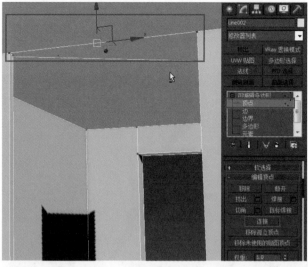

图15-24

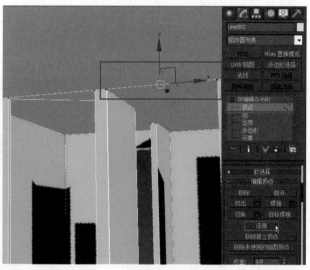

图15-25

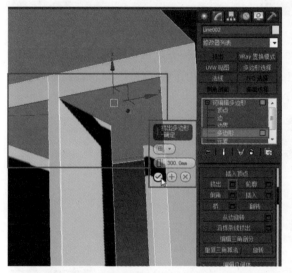

图15-26

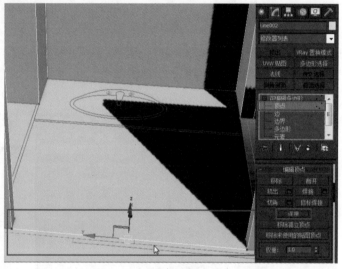

图15-27

20）进入"边"层级，单击"插入顶点"，在浴室玻璃窗下部的墙上插入一个顶点（图15-28）。

21）进入"顶点"层级，进入顶视口，选择该顶点，选择"移动"工具，同时打开"捕捉"工具，按下〈F6〉键约束"Y"轴，让其在"Y"轴上移动，并捕捉到左边的顶点上（图15-29）。

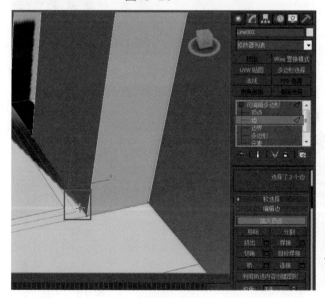

图15-28

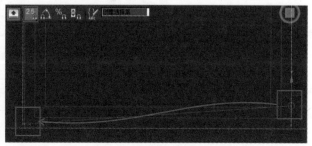

图15-29

22）进入透视口，关闭"捕捉"，同时选择这两个顶点，单击"连接"按钮，在两者间连接一条边（图15-30）。

23）进入"多边形"层级，选择浴室的地面，点击"挤出"后的小按钮，将多边形挤出，"挤出"设置为20.0mm（图15-31）。

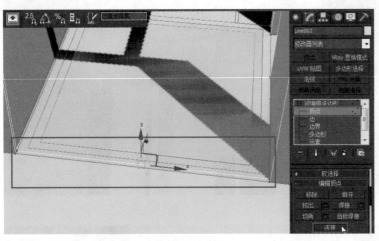

图15-30

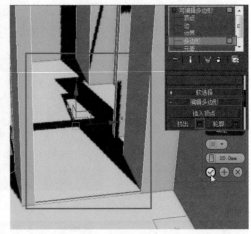

图15-31

24）退回到"可编辑多边形"层级，进入创建面板，在顶视口使用"捕捉"工具创建一个长方体（图15-32）。

25）进入修改面板，将长方体"高度"设置为110.0mm，并在视口下方将其"Z"轴坐标设置为0.0mm（图15-33）。

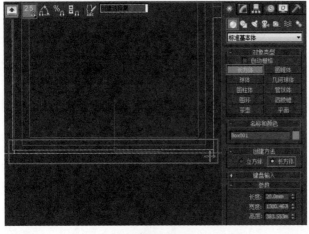

图15-32

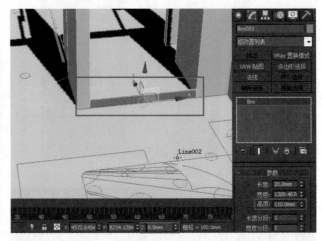

图15-33

26）选择墙体，进入"多边形"层级，选择走道与卧室地面，单击"分离"按钮，并命名为"木地板"（图15-34）。

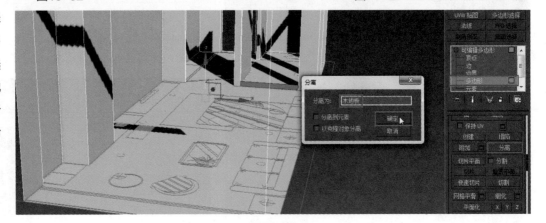

图15-34

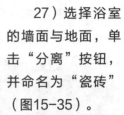

图15-35

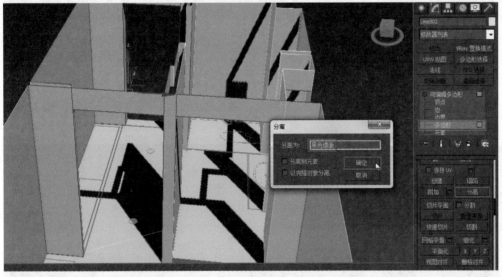

图15-36

27）选择浴室的墙面与地面，单击"分离"按钮，并命名为"瓷砖"（图15-35）。

28）选择浴室与走道的剩余墙面，单击"分离"按钮，并命名为"黑色墙面"（图15-36）。

29）打开"捕捉"工具，在顶视口中捕捉并创建线，逆时针捕捉卧室的左侧内墙（图15-37）。

30）单击鼠标右键结束，继续逆时针捕捉右边内墙（图15-38）。

31）进入修改面板，单击下面的"附加"按钮，将左边的线附加进来，使其成为一个整体（图15-39）。

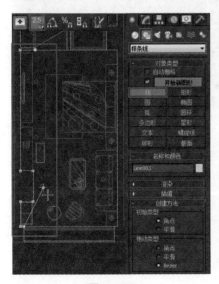

图15-37

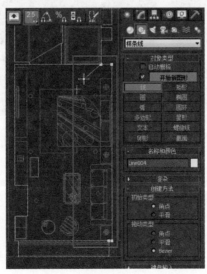

图15-38

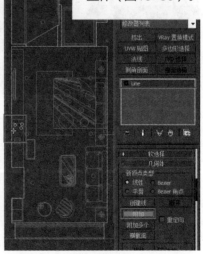

图15-39

32）进入"样条线"层级，框选两边的线，在下面的"轮廓"中输入15.0mm（图15-40）。

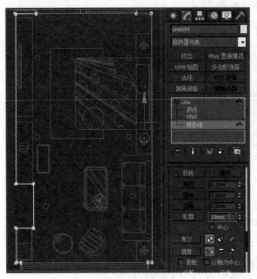

图15-40

33）为其添加"挤出"修改器，挤出值设置为100.0mm（图15-41）。

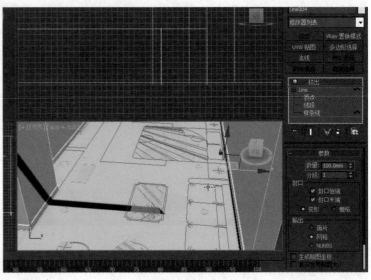

图15-41

34）在顶视口中创建长方体，长方体的"长度"设置为6300.0mm，"宽度"设置为100.0mm，"高度"设置为100.0mm（图15-42）。

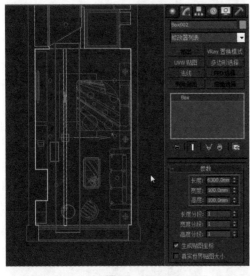

图15-42

35）使用"捕捉"工具，将长方体捕捉到与浴室墙面对其的位置，并将长方体移动至中间位置，并将其"Z"轴坐标设置为2600.0mm（图15-43）。

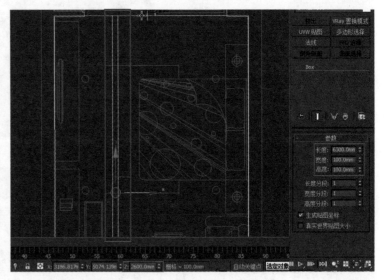

图15-43

补充提示

　　很少有酒店客房的形态、面积是绝对标准的，更多酒店都是经过改造的建筑，客房形态各不相同。制作模型时，不必完全按照某一间房的测量尺寸来定制，应当综合大多数房间的特征来创建。客房的广普特征在于进门后有卫生间与走道，内部开阔空间尽量放置床，剩余空间放置沙发与座椅，电视机应与床对置，而不是沙发或座椅。大多数梳妆台或书桌都靠墙布置，面积较开阔的客房也可以将书桌居中。

　　酒店客房的装饰构件应尽量简洁，吊顶为直线形居多，墙面一般不做凸凹造型，酒店客房的主要效果呈现在家具与软装配饰上，最后合并的模型才是亮点。

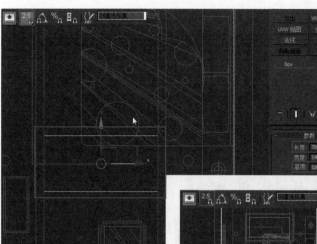

图15-44   图15-45

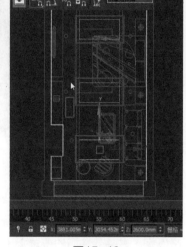

图15-46

36）关闭"捕捉"工具，将长方体向右复制一个，选择"复制"的克隆方式（图15-44）。

37）继续使用捕捉工具创建长方体，捕捉两个长方体之间的宽度创建，"长度"设置为700.0mm，"宽度"设置为捕捉宽度，"高度"设置为100.0mm（图15-45）。

38）关闭"捕捉"工具，将长方体的"Z"轴坐标设置为2600.0mm，将长方体复制2个到其他位置（图15-46）。

15.2 赋予初步材质

1）在创建面板中选择"标准"摄像机，在顶视图中创建一个"目标"摄像机（图15-47）。

2）在"选择过滤器"中选择为"C-摄像机"，在前视口中选中摄像机的中线，并将摄像机向上移动（图15-48）。

3）切换到透视口，按〈C〉键，将"透视口"

图15-47

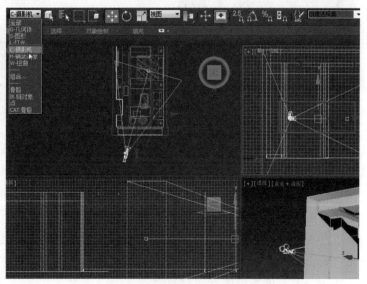

图15-48

转为"摄像机视口",并在其在视口中选择摄像机,进入修改面板将其"备用镜头"设置为"28.0mm"(图15-49)。

4)打开主菜单,选择"导入→合并"(图15-50),将"模型\第15章\导入模型"中的"门.max"合并到场景中(图15-51)。

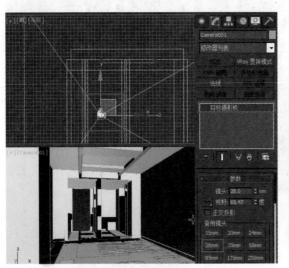

图15-49

图15-50　　　　　　图15-51

5)在"合并"对话框中单击"全部",取消勾选"灯光"与"摄像机"(图15-52)。

6)由于场景中的模型位置已经做好调整了,所以导入进来就在门的位置上(图15-53)。

7)在"选择过滤器"中选择"全部",选择墙面,打开"材质编辑器",在展开"材质"卷展栏,双击"VRayMtl"材质,在"视图1"窗口中双击"材质"就会出现该材质的参数面板,取名

为"白色墙面",将其"漫反射"颜色设置为白色,"反射"颜色设置为深灰色,"颜色"设置为12,"高光光泽度"设置为0.58,"反射光泽度"设置为0.68,赋予材质给卧室墙面(图15-54)。

图15-52

图15-53　　　　　　图15-54

8)打开"材质编辑器",在展开"材质"卷展栏,双击"VRayMtl"材质,在"视图1"窗口中双击该材质,就会出现该材质的参数面板,取名为"木地板",在"漫反射"的贴图位置拖入一张木地板贴图,这张贴图在场景打包文件夹中,在

"反射"的贴图位置选择"衰减"贴图,"高光光泽度"设置为1,"反射光泽度"设置为0.7,"细分"设置为12(图15-55)。

9)单击进入"衰减"贴图面板,将"衰减类型"设置为"Fresnel","折射率"设置为1.8

图15-55

（图15-56）。

10）回到"木地板"基本材质面板，关闭"基本参数"卷展栏，进入下面的"贴图"卷展栏，将另外一张黑白的贴图拖到"凹凸"贴图位置，并将"凹凸"值设置为30.0，并在视图中显示贴图，然

后将其赋予地板（图15-57）。

11）为木地板添加"UVW贴图"修改器，选择平面，将其"长度"设置为600.0mm，"宽度"设置为780.0mm（图15-58）。

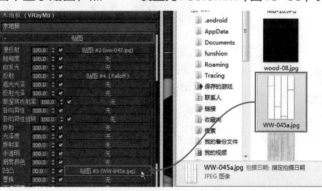

图15-56　　　　　　　图15-57　　　　　　　图15-58

12）打开"材质编辑器"，在展开"材质"卷展栏，双击"VRayMtl"材质，在"视图1"窗口中双击"材质"就会出现该材质的参数面板，取名为"黑色墙面"，在"漫反射"的贴图位置拖入一张场景打包文件夹中的黑色木材贴图，"反射"贴图位置选择"衰减"贴图，"高光光泽度"设置为1.0，"反射光泽度"设置为0.8（图15-59）。

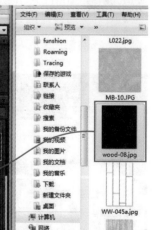

图15-59

13）单击进入"衰减"贴图面板，将衰减的下部"颜色"设置为灰色，"衰减类型"设置为"Fresnel"，"折射率"设置为1.6（图15-60）。

14）将该材质赋予黑色墙面和浴室下面的小长方体，进入修改面板，为黑色墙面添加"UVW贴图"修改器，选择"长方体"类型，并将"长、宽、高"都设置为2000.0mm（图15-61）。

15）同时将该材质也赋予卧室顶部的几个长方体和两边的踢脚板，并为其添加"UVW贴图"修改器，选择"长方体"类型，并将"长、宽、高"也都设置为2000.0mm（图15-62）。

图15-60

图15-61

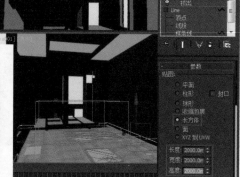

图15-62

16）打开"材质编辑器"，在展开"材质"卷展栏，双击"VRayMtl"材质，在"视图1"窗口中双击"材质"就会出现该材质的参数面板，取名为"瓷砖"，将"漫反射"贴图位置拖入一张瓷砖的贴图，"反射"颜色设置为35，"反射光泽度"设置为0.7，将材质赋予瓷砖物体（图15-63）。

17）选择"瓷砖"，为其添加"UVW贴图"修改器，选择"长方体"类型，并将"长、宽、高"也都设置为600.0mm（图15-64）。

18）完成之后渲染场景能观察材质效果（图15-65）。

图15-63

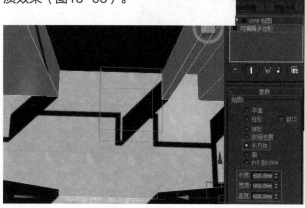

图15-64

图15-65

15.3 设置灯光与渲染

1）在创建面板创建"灯光"，选择"VR灯光"，打开"捕捉"工具，在前视口捕捉窗户外形并创建灯光（图15-66）。

2）关闭"捕捉"，在顶视口使用"移动"工具将灯光移动到窗户外面（图15-67）。

3）进入修改面板将灯光的"倍增器"设置为

0.5，"颜色"设置为浅蓝色，勾选"不可见"（图15-68）。

4）打开"渲染设置"对话框调整测试参数，在"公用参数"卷展栏中将"输出大小"设置为320×240（图15-69），在"图像采样器"中将"类型"设置为"固定"，"抗锯齿过滤器"设置为"区域"（图15-70）。

5）展开下面的"颜色贴图"卷展栏，将"类型"设置为"线性倍增"，"暗色倍增"设置为2.5，"亮度倍增"设置为1.0（图15-71）。

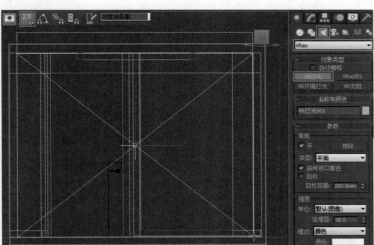

图15-66

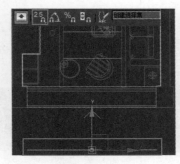

图15-67

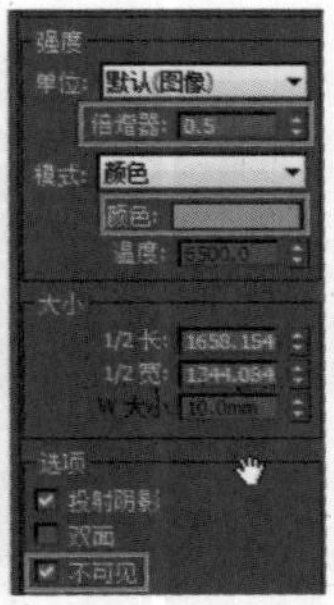

 图15-68

图15-69

6）进入"间接照明"卷展栏，将"间接照明"的"开"勾选，将二次反弹"倍增器"设置为0.85，展开"发光图"卷展栏，将"当前预置"设置为"非常低"，"半球细分"与"插值采样"都设置为30，勾选"显示计算相位"与"显示直接光"（图15-72）。

图15-70

补充提示

虽然该空间是以室内灯光照明为主，但还是要考虑大面积玻璃窗带来的户外光照，白天应考虑阳光，夜间应考虑街景灯光。总之要在玻璃窗上制作灯光，即使看不到光源投射到地面上的光斑，或仅是微弱的光源也应设置，这样才能显得更真实。

图15-71

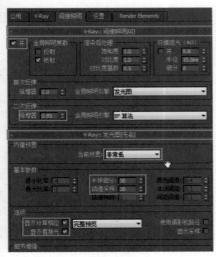

图15-72

7）进入"设置"选项，展开"系统"卷展栏，取消勾选"显示窗口"（图15-73）。

8）设置完成之后，在渲染场景查看效果，经过几秒就能看到窗户附近的灯光已经基本达到要求，但是内部空间有些暗，而且室内木材反光比较严重（图15-74）。

9）选择窗口灯光，进入修改面板，将灯光的"影响反射"取消勾选（图15-75）。

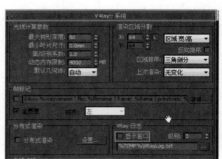

图15-73

图15-74

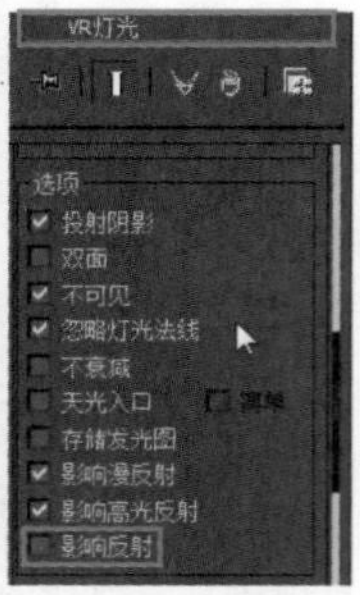

图15-75

10）最大化左视口，在左视图创建一个"VR太阳"，从窗口射入室内，对于是否添加天空贴图，选择"否"按钮（图15-76）。

11）切换到顶视口，将灯光的投射点移动到室内（图15-77）。

12）进入修改面板，将"强度倍增"值设置为0.005，"颜色"设置为浅黄色（图15-78）。

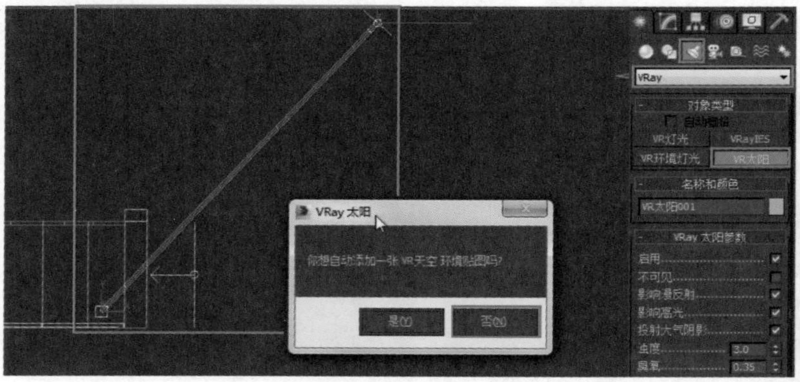

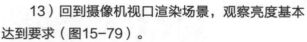

图15-76

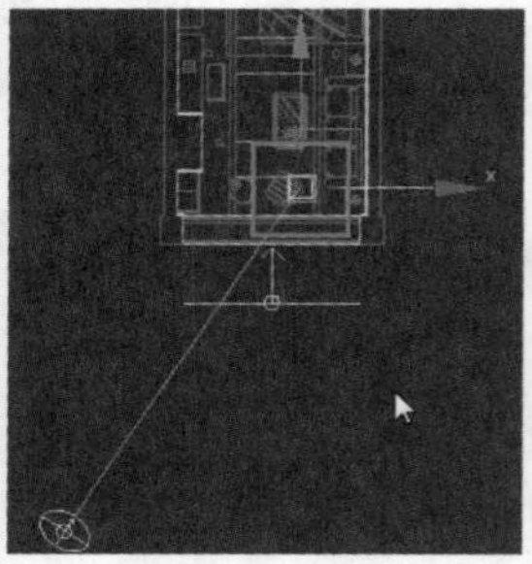

图15-77

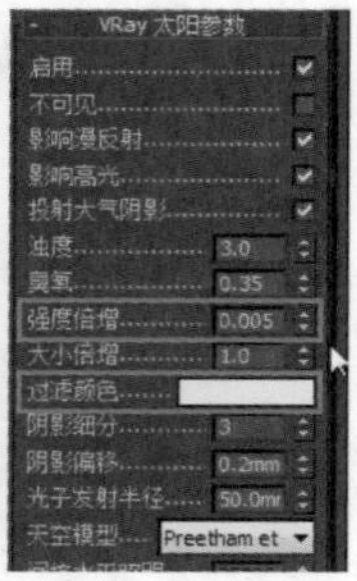

图15-78

13）回到摄像机视口渲染场景，观察亮度基本达到要求（图15-79）。

14）进入前视口，在"光度学"创建一个"目标灯光"（图15-80）。

图15-79

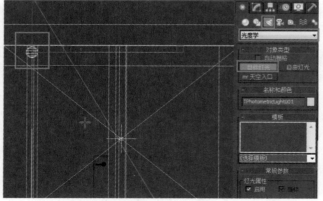

图15-80

15）选择灯光进入修改面板，勾选"启用"，将灯光的"阴影"选项中选择"VRay 阴影"（图15-81）。

16）将"灯光分布（类型）"选择为"光度学Web"，并单击下面的"选择光度学文件"按钮（图15-82），选择本书配套资料中"光域网"文件夹中的"TD-214.IES"（图15-83）。

17）将灯光的"过滤颜色"设置为浅黄色，

图15-81

图15-82

图15-83

"强度"设置为4000.0cd（图15-84）。

18）在顶视口中，将灯光移动至筒灯的位置上，并将投射点移动至墙上（图15-85）。

19）回到摄像机视口，渲染场景能观察效果（图15-86）。

20）进入顶视口，继续将"选择过滤器"设置

图15-84

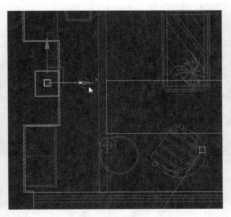

图15-85

图15-86

补充提示

光域网是效果图表现的重要组成部分，是一种关于光源亮度分布的三维表现形式，存储在IES格式文件中。光域网是灯光的一种物理性质，确定光在空气中发散的方式，不同的灯在空气中的发散方式是不一样的，如手电筒会发一个光束，还有一些壁灯，而台灯所发出的光又是另外形状，这种形状不同于常规的光，它是由于灯自身特性不同所呈现出来的。投射到墙面上呈现出不同形状的图案就是光域网造成的。在效果图中，如果给灯光指定一个特殊文件，就可以产生与现实生活相同的发散效果，这个特殊的文件格式即是".IES"，能通过网络轻松下载。因此，光域网就成为了室内灯光设计的专业名词。

为"L-灯光",将筒灯复制几个到场景中其他筒灯位置上,并仔细调节其方向与位置(图15-87)。

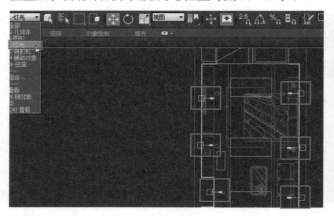

图15-87

22)进入顶视口,单击创建一个"自由灯光"(15-89)。

23)选择灯光进入修改面板,勾选"启用",将灯光的"阴影"设置为"VRay阴影",将"灯光分布(类型)"选择为"光度学Web",并单

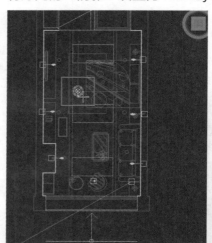

图15-89

图15-90

21)回到摄像机视口,渲染场景能观察效果(图15-88)。

图15-88

击下面的"选择光度学文件"按钮(图15-90),选择配套文件中光域网文件夹中的"TD-214.IES"(同上)。

24)将灯光的"过滤颜色"设置为浅黄色,"强度"设置为8000.0cd(图15-91)。

25)在左视口中,将灯光的高度移动到浴室合适的高度上(图15-92)。

26)进入顶视口,将灯光的移动到墙面位置,并将灯光复制几个到其他位置上(图

图15-91

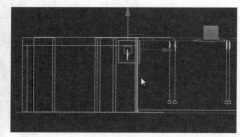

图15-92

15-93)。

27)回到摄像机视口,渲染场景即可观察灯光的照明效果(图15-94)。

28)进入顶视口,将浴室的筒灯复制几个到卧室中,并将屏幕下方的"Z"轴

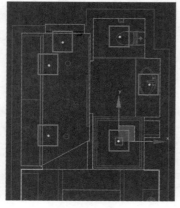

图15-93

图15-94

设置为2600.0mm左右，并不能与场景中的任何物体重合（图15-95）。

29）回到摄像机视口，渲染场景能观察效果（图15-96）。

30）进入顶视口，在顶部吊灯位置上创建一个与吊灯形体大小差不多的"VR灯光"（图15-97）。

31）进入左视口，将灯光仔细移动到合适的位置，并将屏幕下方"Z"轴设置为1900.0mm（图15-98）。

32）进入修改面板，将灯光的"倍增器"设置为5，"颜色"设置为浅黄色，勾选"不可见"（图15-99）。

33）在顶视口中，将VR灯光复制一个到另外的吊灯位置上（图15-100）。

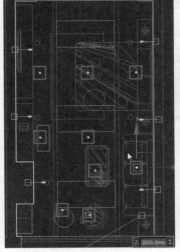

图15-95

图15-96

图15-97

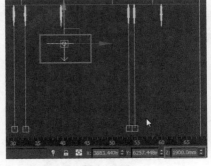

图15-98

图15-99

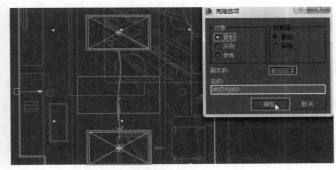

图15-100

34）回到摄像机视口，渲染场景能观察效果（图15-101）。

35）在顶视口中，将VR灯光复制一个到走道位置，选择"复制"的克隆方式（图15-102）。

图15-101

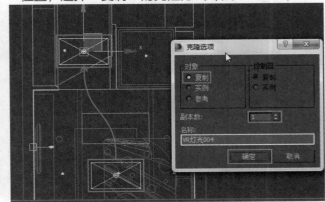

图15-102

36）进入修改面板，将灯光"大小"中的"1/2长、1/2宽"都设置为200.0mm（图15-103）。

37）在顶视口中，将灯光

图15-103

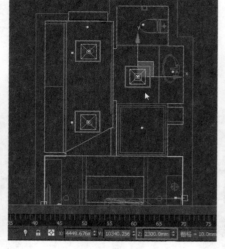

图15-104

的"Z"轴设置为2300.0mm，再将VR灯光复制几个到其他灯光照明位置上（图15-104）。

38）回到摄像机视口，渲染场景并观察效果（图15-105），效果基本达到要求，就可以开始合并模型了。

图15-105

15.4 设置精确材质

1）打开主菜单栏，选择"导入→合并"（图15-106），进入"模型\第15章\导入模型"，将里面的剩余20多个模型全部合并进场景中，由于模型的大小、比例、位置都已经调整好了，可以无需再调整了（图15-107）。

2）选择"床组合.max"，单击"打开"按钮，在合并面板中选择"全部"，并取消勾选"灯光"与"摄像机"（图15-108）。

3）继续合并其他模型，如果遇到重复材质名称

的情况，勾选"选择应用于所有重复情况"，并选择"自动重命名合并材质"（图15-109）。

4）全部合并完成之后，发现场景中的材质都没有显示贴图，因为计算机没有找到贴图路径，这时就需要为场景中的材质重新添加贴图（图15-110）。

5）按下

图15-106

图15-107

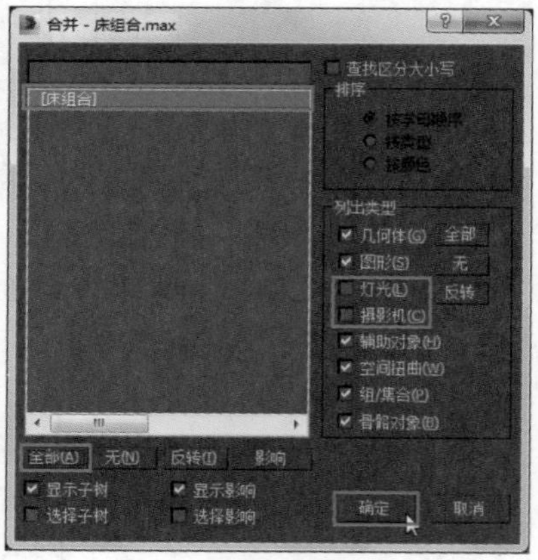

图15-108

图15-109

〈P〉键进入透视口,打开"材质编辑器",使用"吸管"工具吸取没有贴图的材质,并在"视图1"中双击该材质贴图,并单击"位图"按钮(图15-111)。

图15-110

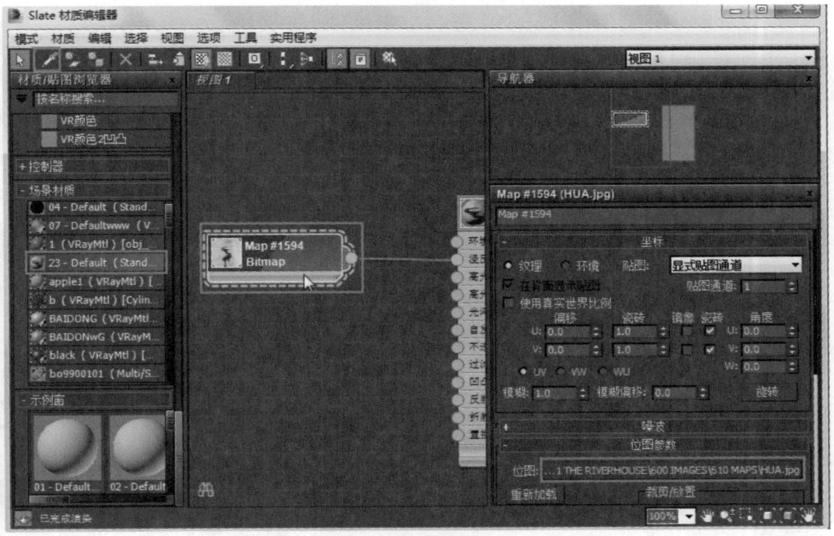

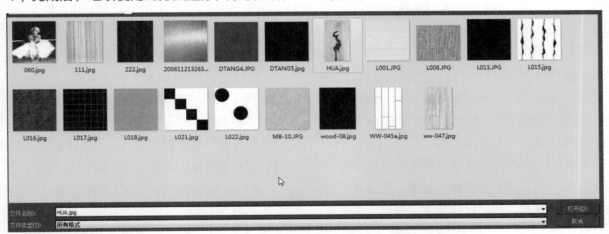

图15-111

6)按照图片的路径与名称,找到其贴图,找到后单击打开,也可以根据需要添加其他合适的贴图(图15-112)。

7)完成后,继续使用此方法还原其余模型贴图,这是全部完成后的渲染效果(图15-113)。

8)右键单击摄像机视口左上角"Camera",选择"显示安全框",并检查场景材质是否都正确(图15-114)。

图15-112

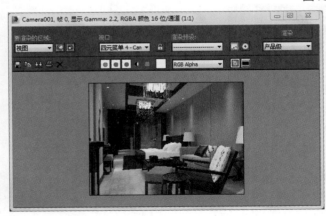

图15-113

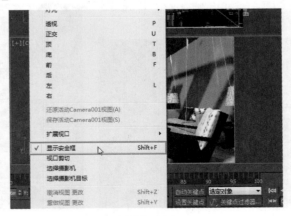

图15-114

9）仔细调整摄像机的位置，让其达到合适的位置（图15-115）。

10）进一步调整灯光，将窗外的灯光"颜色"设置为深蓝色，制造夜晚效果（图15-116）。

11）渲染场景并观察效果（图15-117）。

图15-115

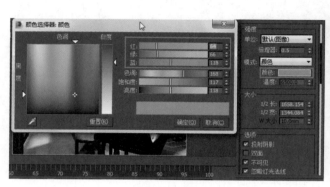

图15-116

图15-117

15.5 最终渲染

1）按"F10"键打开"渲染设置"对话框，进入"公用"选项的"公用参数"卷展栏，将"输出大小"中的"宽度"与"高度"设置为500×375，锁定"图像纵横比"（图15-118）。

2）进入"V-Ray"选项，展开"全局开关"卷展栏，将"不渲染最终图像"勾选，再展开"图像采样器"卷展栏，将"图像采样器类型"设置为"自适应细分"，"抗锯齿过滤器"设置为"Mitchell-Netravali"（图15-119）。

3）进入"间接照明"选项，展开"间接照明"卷展栏，将"二次反弹"中的"全局照明引擎"设置为"灯光缓存"，展开"发光图"卷展栏，将"当前预置"设置为"中"，"半球细分"设置为50，"插值采样"设置为30（图15-120）。

4）向下拖动，将"自动保存"与"切换到保存的贴图"勾选，并单击后面的"浏览"按钮，将其保存在"模型\第15章\光子文件"中，命名为"1"（图15-121）。

5）展开"灯光缓存"卷展栏，

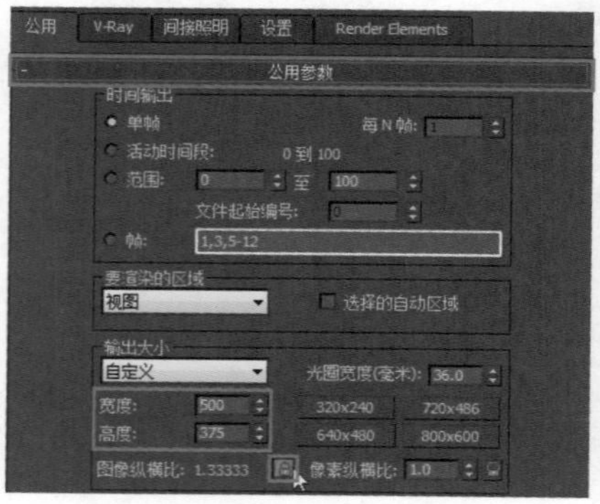

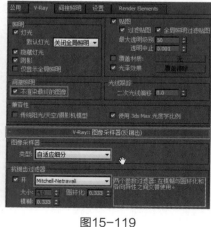

图15-118

图15-119

图15-120

将"细分"设置为1200，勾选"显示计算相位""自动保存"与"切换到被保存的缓存"，并单击后面的"浏览"按钮，将其保存在"模型\第14章\光子文件"中，命名为"2"（图15-122）。

"DMC采样器"卷展栏，将"最小采样值"设置为12，"噪波阈值"设置为0.005（图15-123）。

6）进入"设置"选项，展开

图15-121

图15-122

图15-123

7）切换到摄像机视图，渲染场景，经过几分钟的渲染，就会得到两张光子图（图15-124）。

8）现在可以渲染最终的图像了，按〈F10〉键打开"渲染设置"对话框，进入"公用"选项，将"输出大小"设置为2000×1500，向下滑动单击"渲染输出"的"文件"按钮，将其保存在"模型\第15章"中，命名为"效果图"（图15-125）。

9）进入"V-ray"选项，将"全局开关"卷展栏中的"不渲染最终的图像"取消勾选，这个是关键，如果不取消勾选，则不会渲染出图像（图

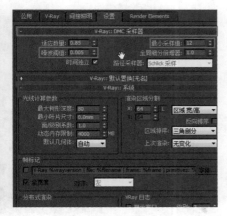

图15-124

15-126）。

10）单击"渲染"按钮，经过30min左右的渲染，就可以得到一张高质量的酒店客房效果图，并且会被保存在预先设置的文件夹内（图15-127）。

11）将模型场景保存，并关闭3ds max 2018，这时可以使用任何图像处理软件修饰，如

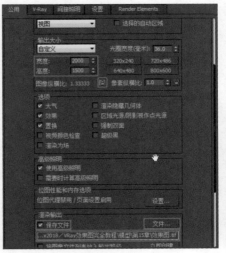

图15-125

图15-126

补充提示

效果图的渲染尺度要根据打印的幅面来确定，打印为A4幅面可以设置为2000×1500，A3幅面可以设置为2800×2100，长宽比例多为4：3。

Photoshop，主要进行明暗、对比度处理，处理后的效果就比较完美了（图15-128）。

图15-127

图15-128

第16章　会议室效果图

操作难度★★★★★

本章简介

　　会议室除了简洁的造型还应具有装饰细节，注重场景模型的整体比例，家具大小应当合适，由于开窗面积较大，应注意光源投射后不能过于刺眼，本章的重点还是在于基础模型的创建。

16.1　建立基础模型

　　1）新建场景，在主菜单中选择"导入→导入"（图16-1），将本书配套资料的"模型\第16章\CAD"中的"会议室.dwg"文件导入场景中，设置"导入选项"，勾选"焊接附近顶点"，将"焊接阈值"设置为10，并勾选"封闭闭合样条

线"，单击"确定"按钮（图16-2）。

　　2）框选所有导入文件，选择菜单栏"组→组"（图16-3）使其成为一个组，并命名为"图纸"（图16-4）。

　　3）在修改面板中，将导入图样的"颜色"设置

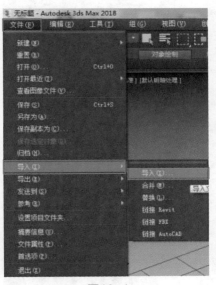

图16-1

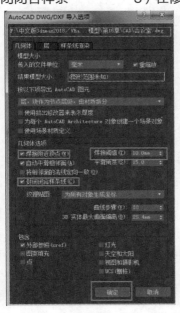

图16-2

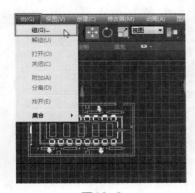

图16-3

图16-4

为灰色（图16-5），在顶视口中单击鼠标右键，选择"冻结当前选择"，可以将图样冻结（图16-6）。

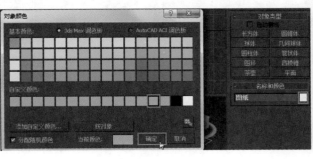

图16-5

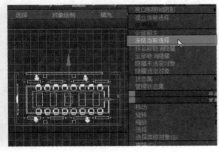

图16-6

4）最大化顶视口，打开"2.5维"捕捉，右键设置勾选"捕捉到冻结对象"与"启用轴约束"（图16-7），创建"线"捕捉外围墙体内边缘，在门与窗的地方增加分段点（图16-8）。

5）为线添加"挤出"修改器，挤出"数量"设置为3400.0mm（图16-9）。

6）并添加"法线"修改器，单击鼠标右键选择"对象属性"（图16-10）。在"对象属性"对

图16-7

图16-8

图16-9

话框中，勾选"背面消隐"（图16-11）。

7）单击鼠标右键将模型转为"可编辑多边形"（图16-12）。

8）进入修改面板选择"边"层级，勾选"忽略背面"，按〈S〉键，关闭"捕捉"工具，再按

图16-10

图16-11

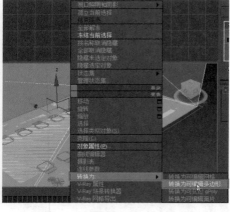

图16-12

〈F4〉键显示线框，同时选择门的两条边，选择"连接"后的小按钮，将其中间一条边连接，单击

"对勾"（图16-13）。

9）选中连接的边，在屏幕区下部中间位置的"Z"轴坐标中输入2100.0mm（图16-14）。

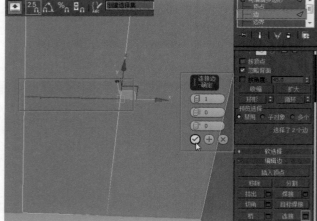

图16-13

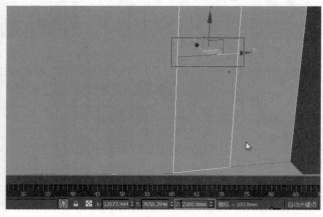

图16-14

10）进入"多边形"层级，勾选"忽略背面"，选中门中的多边形，单击"挤出"后的小按钮，将门的多边形挤出，"挤出"值设置为-240.0mm（图16-15），并按〈Delete〉键将该多边形删除（图16-16）。

11）进入"边"层级，同时选择另一扇门的两条边，重复前面门的操作，这是完成后的效果（图16-17）。

12）进入"边"层级，同时选择窗户墙角的两条边，选择"连接"，将其中间一条边连接（图16-18）。

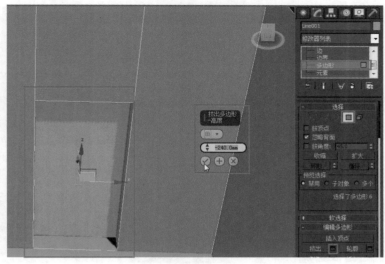

图16-15

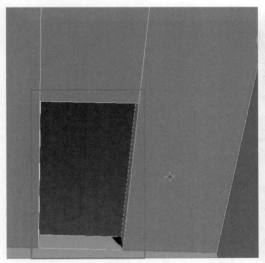

图16-16

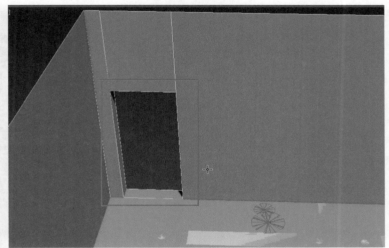

图16-17

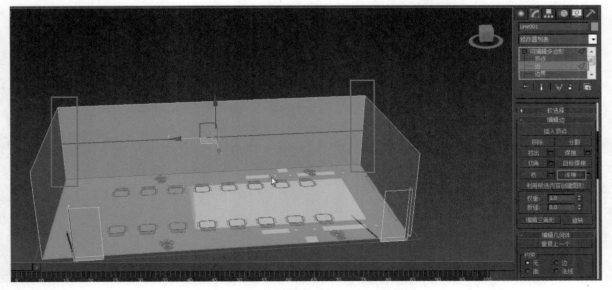

图16-18

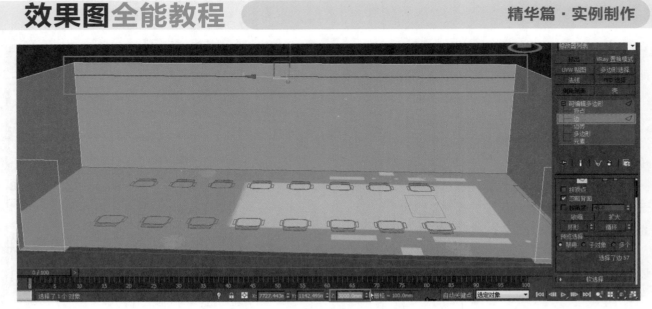

图16-19

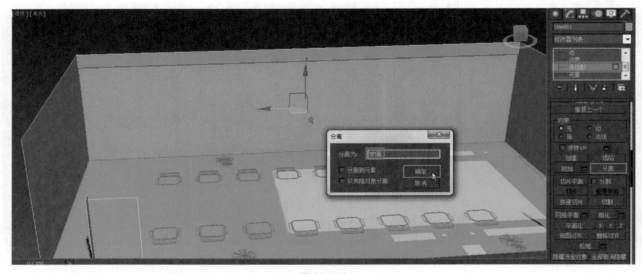

图16-20

13）选中连接的边，在屏幕区下部中间位置的"Z"轴坐标中输入3000.0mm（图16-19）。

14）继续在透视口，进入"多边形"层级，选择窗户的面，单击"分离"，将窗户挤分离，并命名为"玻璃"（图16-20）。

15）退回到"可编辑多边形"层级，选择分离的玻璃，为其添加一个"壳"修改器，将"内部量"设置为30.0mm（图16-21）。

16）进入顶视口，打开"2维"捕捉工具，捕捉图样中的吊顶框创建一个矩形，再捕捉墙体内墙创建一个矩形（图16-22）。

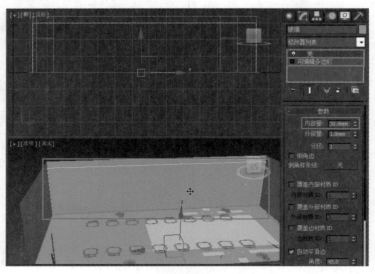

图16-21

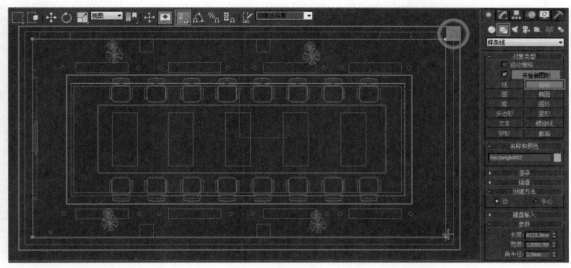

图16-22

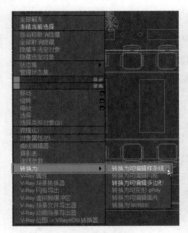

图16-23

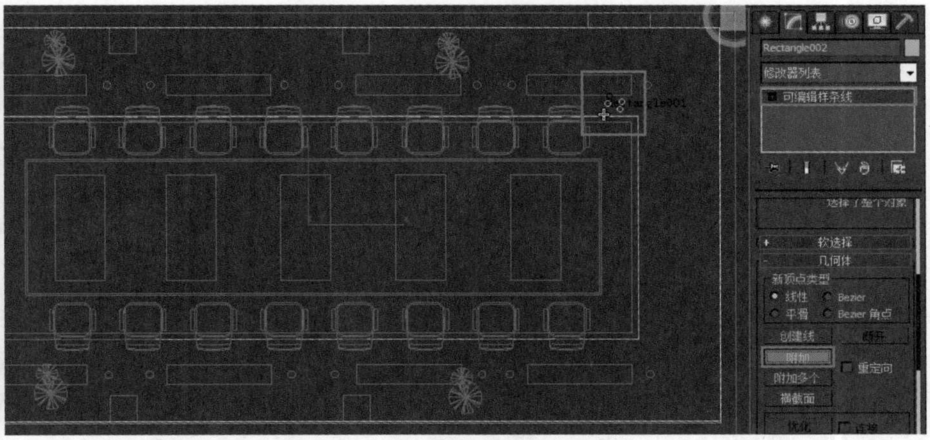

图16-24

17）进入修改面板，在顶视口中单击鼠标右键，在弹出菜单中，选择"转换为→转换为可编辑样条线"（图16-23）。

18）在修改面板中，单击下面的"附加"按钮，再单击内部的矩形，完成后单击鼠标右键结束附加（图16-24）。

19）为其添加一个"挤出"修改器，挤出"数量"设置为100.0mm，并将屏幕下方的"Z"轴设置为3000.0mm（图16-25）。

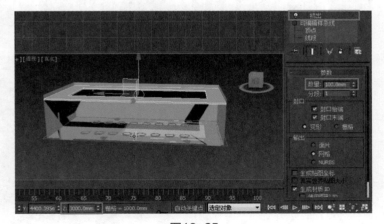

图16-25

补充提示

会议室的吊顶造型虽然简洁，但是应具有层次感，即制作出多层级吊顶，同时要考虑内空高度，会议室吊顶的最低点距离地面应大于等于2600mm。

20）继续进入创建灯槽，在顶视口中创建一个比吊顶稍大的矩形（图16-26）。

21）再捕捉墙体内墙创建一个矩形，进入修改面板，在视口中单击鼠标右键，在弹出菜单中选择"转换为→转换为可编辑样条线"（图16-27）。

22）在修改面板中，单击下面的"附加"按

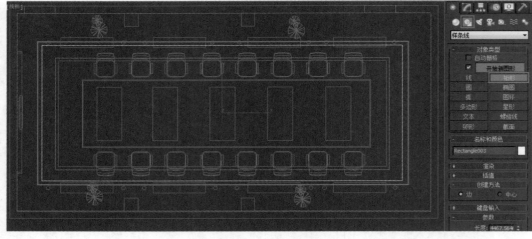

图16-26

钮，再单击灯槽内部的矩形，完成后单击鼠标右键结束附加（图16-28）。

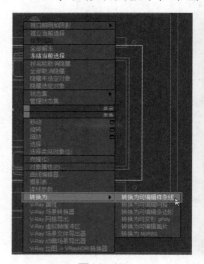

图16-27

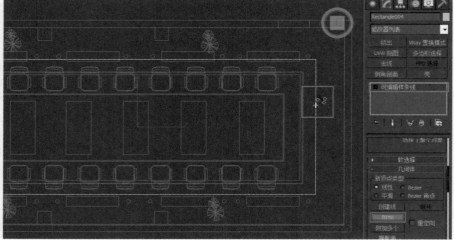

图16-28

23）为其添加一个"挤出"修改器，挤出"数量"设置为150.0mm，并将屏幕下方的"Z"轴设置为3100.0mm（图16-29）。

24）打开"2.5维"捕捉，在顶视口中，捕捉图样中的5个矩形，创建5个矩形（图16-30）。

25）再次打开"2维"捕捉，捕捉墙体内墙创建一个矩形，进入修改面板，在视口中单击鼠标右键，在弹出菜单中选择"转换为→转换为可编辑样条线"（图16-31）。

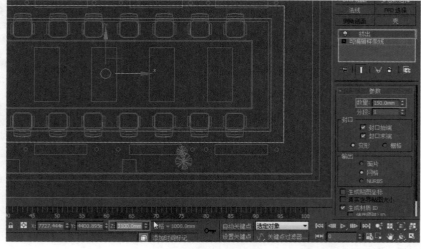

图16-29

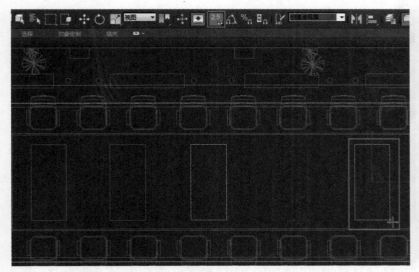

图16-30

图16-31

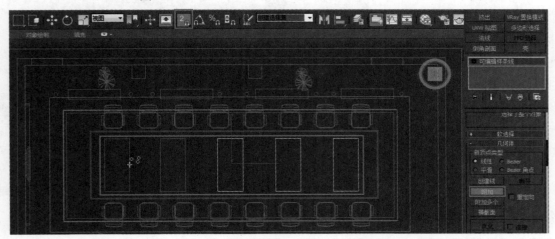

图16-32

26）在修改面板中，单击下面的"附加"按钮，再单击中间的5个矩形，完成后单击鼠标右键结束附加（图16-32）。

27）为其添加一个"挤出"修改器，挤出"数量"设置为50.0mm，并将屏幕下方的"Z"轴设置为3250.0mm（图16-33）。

28）进入顶视口，使用"2.5维"捕捉工具，在电视机的地方创建一个长方体，捕捉电视机的墙面部分（图16-34）。

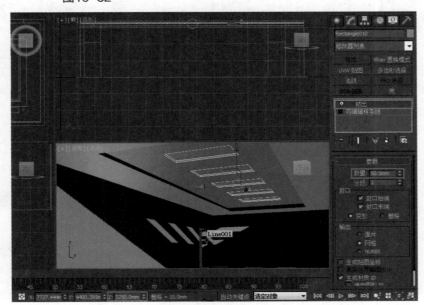

图16-33

29）进入修改面板，将长方体的"高度"设置为3000.0mm（图16-35）。

30）选择长方体，按〈Alt+Q〉键，将长方体独立显示，单击鼠标右键选择"转换为→转换为可编辑样条线"（图16-36）。

31）进入修改面板，进入"边"层级，选择长方体内侧的上下两条边，在其中连接两条边，将"收缩"设置为50，单击"对勾"（图16-37）。

32）继续单击"连接"后面的小按钮，连接一条边，将"滑块"设置为-50，单击"对勾"（图16-38）。

33）进入"多边形"层级，选择中间的多边形，使用"挤出"工具，挤出值设置为-138.0mm，单击"对勾"（图16-39）。

34）继续选择槽左右两边的多边形，使用"插入"工具，将插入值设置为30.0mm（图16-40）。

35）按〈F3〉键，继续使用"挤出"工具，将挤出值设置为-138.0mm，单击"对勾"（图16-41）。

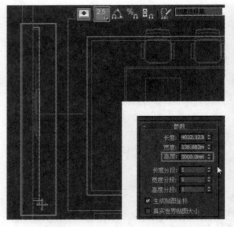

图16-34　　　　图16-35　　　　图16-36

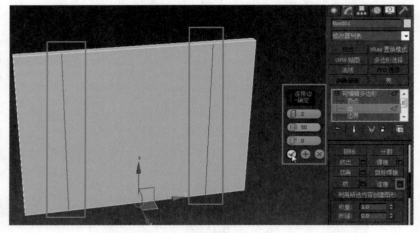

图16-37

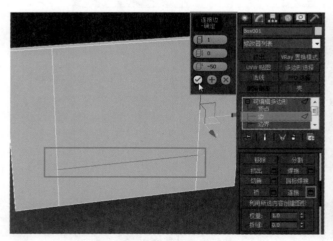

图16-38

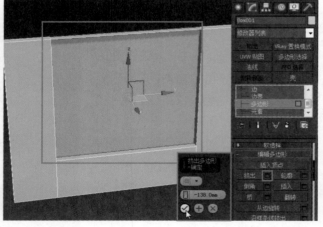

图16-39

36）单击鼠标右键，在弹出菜单中选择"全部取消隐藏"，这样能显示场景中的所有物体（图16-42）。

37）选择墙体的多边物体形，进入"多边形"

层级，选择地面，单击"分离"，并命名为"地板"（图16-43）。

38）选择墙面，单击"分离"，并命名为"墙面"（图16-44）。

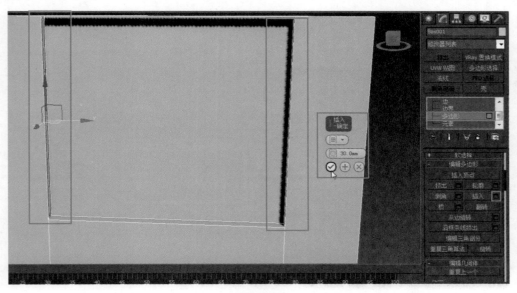

图16-40

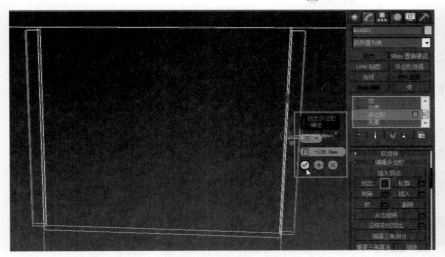

图16-41

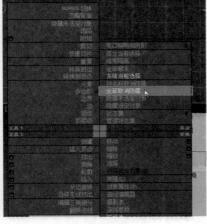

图16-42

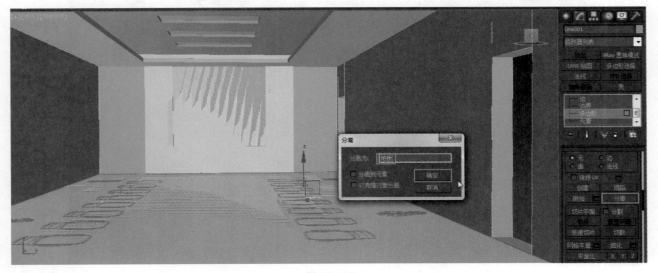

图16-43

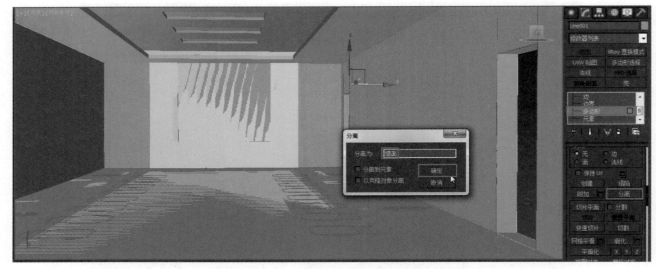

图16-44

16.2 赋予初步材质

1）在创建面板中选择"标准"摄像机，在顶视图中创建一个"目标"摄像机（图16-45）。

2）在"选择过滤器"中选择为"C-摄像机"，在前视口中选中摄像机的中线，并将摄像机向上移动（图16-46）。

3）切换到透视图按〈C〉键，将

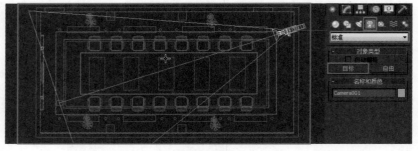

图16-45

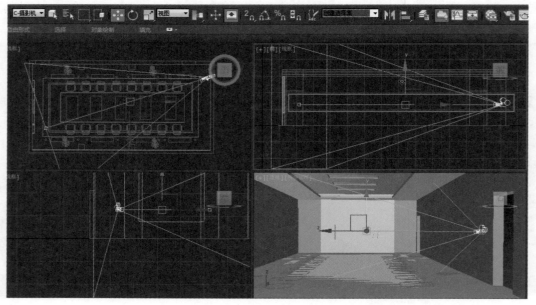

图16-46

"透视口"转为"摄像机视口",并在其视口中选择摄像机,进入修改面板将其"备用镜头"设置为"28mm"(图16-47)。

图16-47

4)在前视口中,将摄像机向"X"轴的正方向移动到墙外面,然后进入修改面板,勾选"手动剪切",将"远距剪切"设置为30000.0mm,"近距剪切"红线应越过墙面(图16-48)。

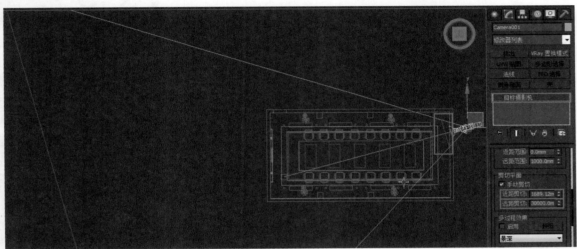

图16-48

5)打开主菜单,选择"导入→合并"(图16-49),将"模型\第16章\导入模型"中的"柱子.max"合并到场景中(图16-50)。

6)在"合并"对话框中单击"全部",取消勾选"灯光"与"摄像机"(图16-51)。

7)由于场景中的模型位置已经做好调整了,所以导入"柱子.max"后柱子就在应有的位置上(图16-52)。

8)继续导入模型,将本书的配套资料"模型\第16章\导入模型"中的"窗框.max"合并到场景中(图16-53)。

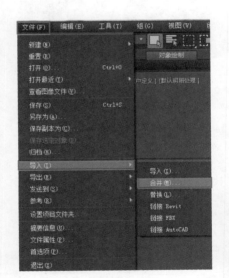

图16-49

图16-50

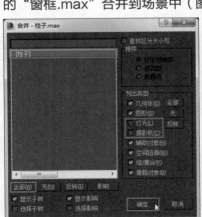

图16-51

图16-52

图16-53

补充提示

　　选择材质颜色时不必过于计较颜色的参数值，只要根据现实生活中的真实色彩选择即可，如果认为该颜色属于常用色，可以将该色彩的"红""绿""蓝"3个参数都设置为同一数字，虽然可选的颜色数量受到了限制，但是仍有256种颜色可选，不影响效果图的表现，而且更好记忆。

图16-54

　　9）在"合并"对话框中单击"全部"，取消勾选"灯光"与"摄像机"（图16-54）。

　　10）在"选择过滤器"中选择"全部"，选择墙面，打开"材质编辑器"，在展开"材质"卷展栏，双击"VRayMtl"材质，在"视图1"窗口中双击"材质"就会出现该材质的参数面板，取名为"白色墙面"，将其"漫反射"颜色设置为白色，"反射"颜色设置为深灰色，"颜色"设置为12，"高光光泽度"设置为0.58，"反射光泽度"设置为0.68，赋予材质给吊顶与电视背景墙（图16-55）。

　　11）打开"材质编辑器"，在展开"材质"卷展栏，双击"VRayMtl"材质，在"视图1"窗口中双击"材质"就会出现该材质的参数面板，取名为"木地板"，在漫反射位置拖入一张场景打包文件夹中的木地板的贴图，"反射"贴图位置选择"衰减"贴图，"高光光泽度"设置为1.0，"反射光泽度"设置为0.7，"细分"设置为12（图16-56）。

图16-55

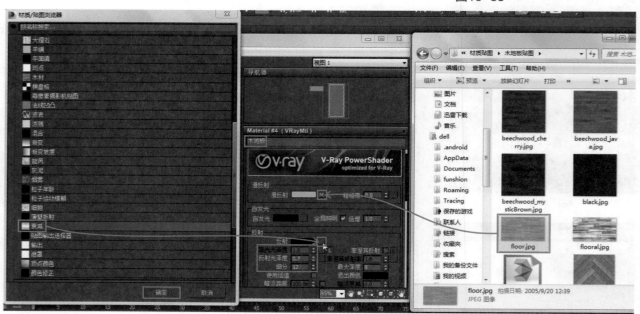

图16-56

图16-57

图16-58

12）回到"木地板"基本材质面板，关闭"基本参数"卷展栏，进入下面的"贴图"卷展栏，将另外一张黑白的贴图拖到"凹凸"贴图位置，并将"凹凸"值设置为30.0，并在视图中显示贴图，然后将其赋予地板（图16-57）。

13）为木地板添加"UVW贴图"修改器，选择"平面"，将其"长度"设置为2000.0mm，"宽度"设置为3000.0mm（图16-58）。

14）打开"材质编辑器"，在展开"材质"卷展栏，双击"VRayMtl"材质，在"视图1"窗口中双击"材质"，就会出现该材质的参数面板，取名为"黑色墙面"，将其"漫反射"颜色设置为黑色，将该材质赋予给黑色墙面（图16-59）。

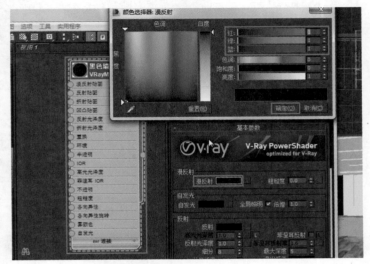

图16-59

15）打开"材质编辑器"，在展开"材质"卷展栏，双击"VRayMtl"材质，在"视图1"窗口中双击"材质"就会出现该材质的参数面板，取名为"玻璃"，将其"漫反射"颜色设置为深灰色，"反射"设置为白色，勾选"菲涅尔反射"，"折射"也设置为白色，并勾选"影响阴影"，将材质赋予窗户的玻璃（图16-60）。

图16-60

补充提示

反射与折射是材质编辑器中的重要参数选项，一般用于不锈钢、铝合金、玻璃、光滑砖石等材料表现质感，但是一旦使用就会造成渲染速度降低，因此要严格控制，不能随意设置。

图16-61

16）打开"材质编辑器"，在展开"场景材质"卷展栏，双击"mu liao"材质，在"视图1"窗口中双击"材质"的漫反射贴图就会出现该贴图的参数面板，在"位图"位置拖入一张木材的贴图（图16-61）。

17）进入显示面板，在"隐藏"卷展栏中，勾选"隐藏冻结对象"（图16-62）。

18）完成之后渲染场景能观察材质效果（图16-63）。

图16-62

图16-63

16.3 设置灯光与渲染

1）在创建面板创建"灯光"，选择"VR灯光"，打开"捕捉"工具，在前视口捕捉窗户外形创建灯光（图16-64）。

2）关闭"捕捉"，在顶视口使用"移动"

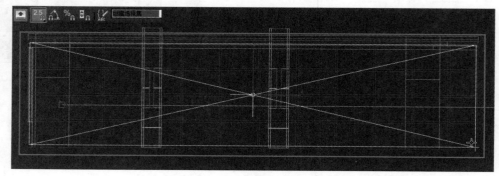

图16-64

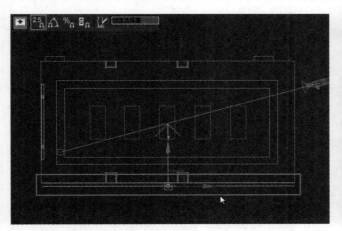

图16-65

图16-67

工具将灯光移动到窗户外面（图16-65）。

3）进入修改面板将灯光的"倍增器"设置为2.0，"颜色"设置为浅蓝色，勾选"不可见"，取消勾选"影响高光反射"与"影响反射"（图16-66）。

4）打开"渲染设置"面板调整测试参数，在"公用"选项中将"输出大小"设置为320×240（图16-67），在"图像采样器"中将"类型"设置为"固定"，"抗锯齿过滤器"设置为"区域"（图16-68）。

5）展开下面的"颜色贴图"，"类型"设置为"指数"，"暗色倍增"设置为1.3，"亮度倍增"设置为1.0（图16-69）。

6）进入"间接照明"选项，将"间接照明"的"开"勾选，将首次反弹"倍增器"设置为1.2，二次

图16-66

反弹"倍增器"设置为0.85，展开"发光图"卷展栏，将"当前预置"设置为"非常低"，"半球细分"与"插值采样"都设置为30，勾选"显示计算相位"与"显示直接光"（图16-70）。

图16-68

7）进入"设置"选项，展开"系统"卷展栏，取消勾选"显示窗口"（图16-71）。

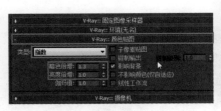

图16-69

图16-70

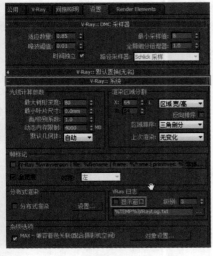

图16-71

补充提示

"渲染设置"对话框中的参数非常复杂，初学者一定按本书参数设置，不宜自由变更，各种参数的数值不宜过大或过小，否则会影响渲染速度或渲染质量。灯光的各项参数也可以与"渲染设置"同步进行，避免在后期最终渲染时遗忘细节。

8）设置完成之后，渲染场景查看效果，经过几秒，就能看到窗户附近的灯光已经基本达到要求，但是内部空间有些暗（图16-72）。

图16-72

9）最大化左视口，在左视口中创建一个VR太阳灯，从窗口射入室内，对于是否添加天空贴图，选择"否"按钮（图16-73）。

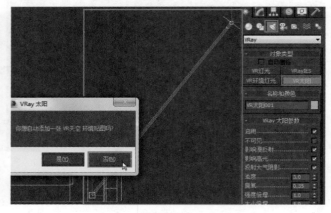

图16-73

10）切换到顶视口，将灯光的投射点移动到室内（图16-74）。

11）进入修改面板，将"强度倍增"设置为0.03，"颜色"设置为浅黄色（图16-75）。

12）回到摄像机视口渲染场景，观察亮度基本达到要求（图16-76）。

13）进入前视口，创建VR灯光，打开"捕捉"工具，捕捉吊顶上的灯光模型（图16-77）。

14）选择灯光进入修改面板，将"倍增器"设置为5，"颜色"设置为浅黄色，取消勾选"不可见"，勾选"影响高光反射"与"影响反射"（图16-78）。

15）在前视口中，将灯光向上移动到贴于方形灯槽的位置中（图16-79）。

图16-76

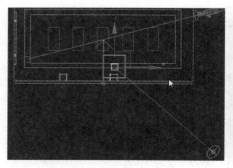

图16-74　　　　　　图16-75

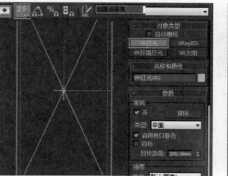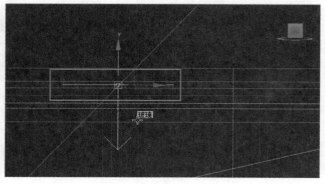

图16-77　　　　　　图16-78　　　　　　图16-79

16）在顶视口中，使用捕捉将复制4个到其他4个位置上，全部选择"实例"的克隆方式（图16-80）。

17）回到摄像机视口，渲染场景，观察效果（图16-81）。

18）进入顶视口，单击创建光度学"自由灯光"（图16-82）。

19）选择灯光进入修改面板，勾选"启用"，将灯光的阴影设置为VRay阴影，将灯光分布（类型）选择为光度学Web，并单击下面的"选择光度学文件"按钮（图16-83）。

20）选择本书配套资料中光域网文件夹中的"TD-214.IES"（图16-84）。

21）将灯光的"过滤颜色"设置为浅黄色，强

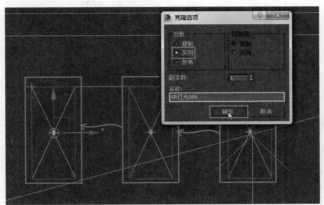

图16-80

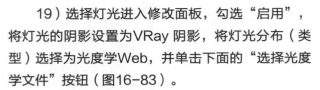

图16-81

图16-82

图16-83

图16-84

度值设置为12000.0cd（图16-85）。

22）在左视口中，将灯光的高度移动到吊顶的下方并不与吊顶重合（图16-86）。

23）在显示面板中，将"隐藏冻结对象"取消勾选，进入顶视口，将灯光的移动到筒灯位置，并将灯光复制几个到其他筒灯位置上（图16-87）。

图16-85　　图16-86

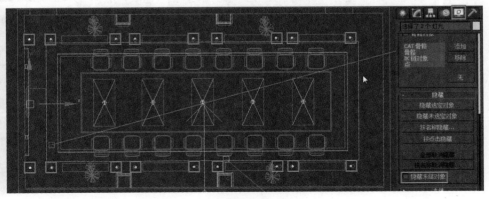

图16-87

24）在显示面板中，将"隐藏冻结对象"勾选，回到摄像机视口，渲染场景，即可观察效果（图16-88）。

25）进入顶视口，在灯带的灯槽中创建一个VR灯光（图16-89）。

26）切换到左视口，将VR灯光移动到灯槽里面，并将灯光镜像，在"Y"轴镜像（图16-90）。

27）进入修改面板，将灯光的"倍增器"设置为3，将灯光的"颜色"设置为橙黄色（图16-91）。

图16-88

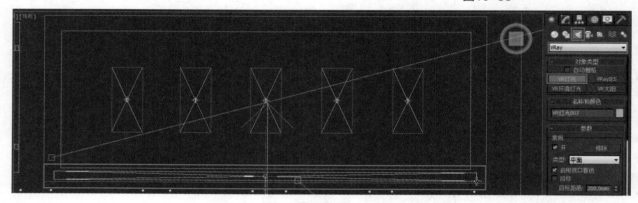

图16-89

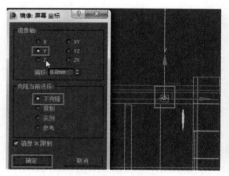

图16-90

图16-91

28）在顶视口中，将灯光复制一个到上面的灯槽中，选择"实例"的克隆方式（图16-92）。

29）再将灯光复制一个到左边的灯槽位置，选择"复制"的克隆方式，使用"旋转"工具将其旋转90度，再次进入修改面板，缩小灯光的长度值（图16-93）。

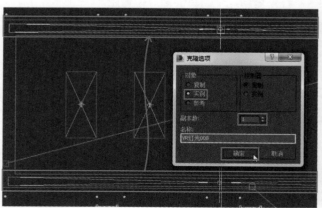

图16-92

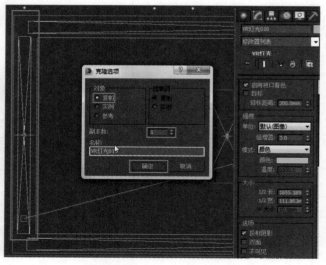

图16-93

30）将灯光复制一个到右边，选择"实例"的克隆方式（图16-94）。

31）回到摄像机视口，渲染场景，观察效果（图16-95）。

32）进入前视口，在电视背景墙灯槽中创建一个VR灯光（图16-96）。

33）进入左视口，将灯光仔细移动至灯槽里面，并将灯光向左复制一个到左侧灯槽中，选择"实例"的克隆方式（图16-97）。

34）使用"镜像"工具，选择"Z"轴镜像，进入修改面板，将灯光的"倍增器"设置为5.0（图16-98）。

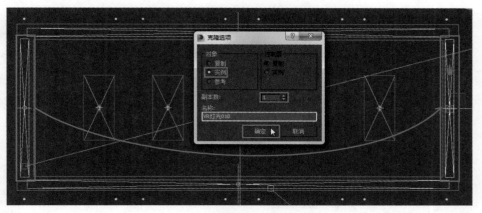

图16-94

图16-95

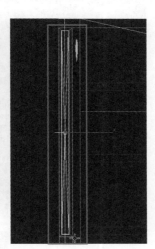

图16-96

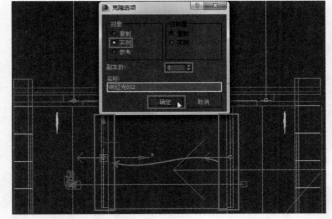

图16-97

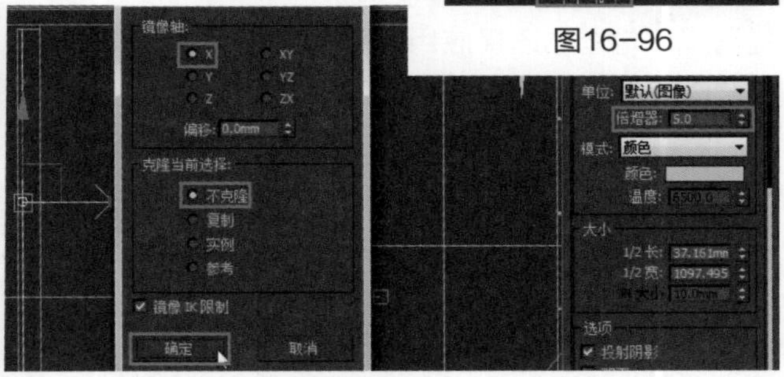

图16-98

35）回到摄像机视口，渲染场景能观察效果（图16-99）。

图16-99

16.4　设置精确材质

1）打开主菜单栏，选择"导入→合并"（图16-100），进入本书配套资料的"模型\第16章\导入模型"中，将里面剩余7个模型全部合并进场景中，由于模型的大小、比例、位置都已经调整好了，可以不用再调整了（图16-101）。

2）选择"会议桌.max"，单击"打开"按钮，在合并面板中选择"全部"，并取消勾选"灯光"与"摄像机"（图16-102）。

图16-100

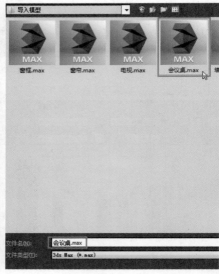

图16-101

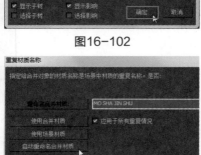

图16-102

3）继续合并其他模型，如果遇到重复材质名称的情况，勾选"选择应用于所有重复情况"，并选择"自动重命名合并材质"（图16-103）。

4）全部合并完成之后，发现场景中的材质都没有显示贴图，因为计算机没有找到贴图路径，这时就需要为场景中的材质重新添加贴图（图16-104）。

5）按下〈P〉键进入透视口，打开"材质编辑器"，使用"吸管"工具吸取没有贴图的材质，并在"视图1"中双击该材质贴图，并单击"位图"按钮（图16-105）。

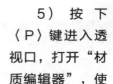

图16-103

图16-104

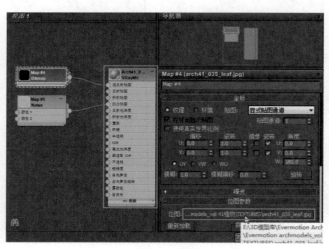

图16-105

6）按照图片的路径与名称，在归档的压缩文件夹中找到其贴图，找到后单击"打开"按钮，也可自己添加其他合适贴图（图16-106）。

7）完成后，继续使用此方法还原其余模型贴

图，全部完成视口效果（图16-107）。

8）右键单击摄像机视图左上角"Camera"，选择"显示安全框"，并检查场景材质是否都正确（图16-108）。

图16-106

图16-107

图16-108

9）选择顶部中间的吊顶模型，打开材质编辑器，吸取墙面木材的材质，将其赋予该吊顶模型

（图16-109）。

10）进入修改面板，给该吊顶物体添加"UVW贴图"修改器，选择"长方体"贴图，将"长、宽、高"都设置为5000.0mm（图16-110）。

11）渲染场景并观察效果（图16-111）。

图16-109

图16-110

图16-111

16.5 最终渲染

1）按〈F10〉键打开"渲染设置"对话框，进入"公用"选项中的"公用参数"卷展栏，将"输出大小"中的"宽度与高度"设置为500×375，锁定"图像纵横比"（图16-112）。

2）进入"V-Ray"选项，展开"全局开关"卷展栏，将"不渲染最终图像"勾选，再展开"图像采样器"卷展栏，将"图像采样器类型"设置为"自适应细分"，"抗锯齿过滤器"设置为"Mitchell-Netravali"（图16-113）。

3）进入"间接照明"选项，展开"间接照明"卷展栏，将"二次反弹"中的"全局照明引擎"设置为"灯光缓存"，展开"发光图"卷展栏，将"当前预置"设置为"中"，"半球细分"设置为50，"插值采样"设置为30（图16-114）。

4）向下拖动，将"自动保存"与"切换到保存的贴图"勾选，并单击后面的"浏览"按钮，将其保存在"模型\第16章\光子文件"中，命名为"1"（图16-115）。

5）展开"灯光缓存"卷展栏，将"细分"设置为1200，勾选"显示计算相位""自动保存"与"切换到被保存的缓存"，并单击后面的"浏览"按钮，将其保存在"模型\第16章\光子文件"中，命名为"2"（图16-116）。

6）切换到摄像机视图，渲染场景，经过几分

图16-112

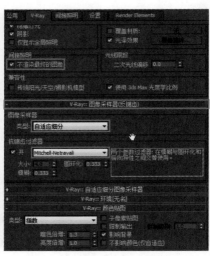

图16-113

图16-114

钟的渲染，就会得到两张光子图（图16-117）。

7）现在可以渲染最终的图像了，按〈F10〉键打开"渲染设置"对话框，进入"公用"选项中的"公用参数"卷展栏，将"输出大小"设置为2000×1500，向下滑动单击"渲染输出"的"文件"按钮，将其保存在"模型\第16章"中，命名为"效果图"（图16-118）。

8）进入"V-ray"选项，将

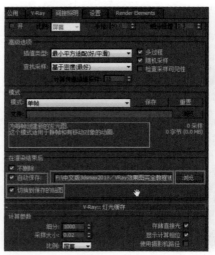

图16-115

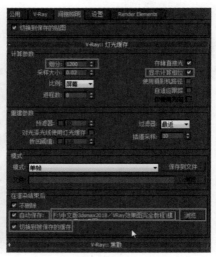

图16-116

"全局开关"卷展栏中的"不渲染最终的图像"取消勾选，这个是关键，如果不取消勾选则不会渲染出图像（图16-119）。

9）单击"渲染"按钮，经过30min左右的渲染，就可以得到一张高质量的会议室效果图，并且会被保存在预先设置的文件夹内（图16-120）。

10）再为场景渲染出一张通道图，先将场景保存，再展开菜单栏，选择"MAXScript→运行脚本"（图16-121）。

11）打开本书配套资料中的"脚本文件→材质通道转换.mse"（图16-122）。

图16-117

图16-118

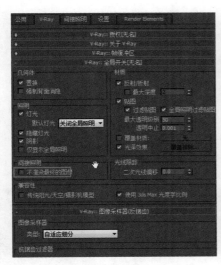

图16-119

图16-120

图16-121

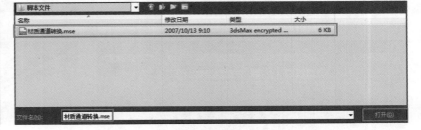

图16-122

补充提示

多维材质通道转换工具是一种用于多维材质通道转换的小插件，需要另外安装，但是安装方法特别简单，这里就不再介绍。它能快速转化二维场景，是3ds max后期修饰的重要工具，经常要用于抠图。这类小插件品种很多，主要用于区分接近色块的边缘界限，能方便抠图，找到所需要的色彩区域。"莫莫多维材质通道转换工具"是目前最常用的多维材质通道转换插件，简单实用，支持3dsmax所有版本32位与64位系统，支持V-Ray所有版本渲染器及所有渲染器。它具备处理进度条、场景自动备份、场景自动删除灯光、超大场景分步优化处理等功能。

12）在弹出的对话框中，单击中间的按钮，开始材质通道转换（图16-123）。

图16-123

13）选择"玻璃"，按"Delete键"删除（图16-124）。

图16-124

14）将"选择过滤器"选择为"L-灯光"，最大化顶视口，框选所有灯光，按〈Delete〉键删除所有灯光（图16-125）。

15）打开渲染设置面板，在公用面板中，取消勾选"保存文件"（图16-126）。

16）在间接照明面板中，取消勾选"开"（图16-127）。

17）单击"渲染"，就会得到一张通道图，单

击"保存"按钮，将图片与效果图保存在同一目录中（图16-128）。

18）将模型场景保存，并关闭3ds max 2018，这时可以使用任何图像处理软件进行修饰，如Photoshop，主要进行明暗、对比度处理并添加背景，处理之后的效果就比较完美了（图16-129）。

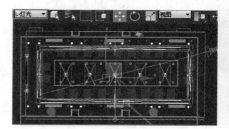

图16-125

图16-126

图16-127

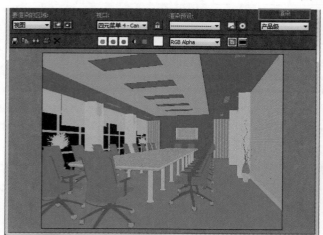

图16-128

图16-129

第17章 大堂效果图

操作难度★★★★★

本章简介

　　大堂效果图应用特别广泛，宾馆酒店、商业中心、企业机关都有这类空间，制作效果图要表现出开阔的视觉感受，同时不能显得过于空旷，应当用丰富的贴图与灯光来填充空间。

17.1 建立基础模型

　　1）新建场景，在主菜单中选择"导入→导入"（图17-1），将本书配套资料的"模型\第17章\CAD"中的"大堂.dwg"文件导入场景中，设置"导入选项"，勾选"焊接附近顶点"，将"焊接阈值"设置为10，并勾选"封闭闭合样条线"，单击"确定"按钮（图17-2）。

　　2）框选选择所有导入文件，选择菜单栏"组→组"（图17-3）使其成为一个组，并命名为"图纸"（图17-4）。

　　3）在修改面板中，选择图样"颜色"设置为灰色（图17-5），在透视口中单击鼠标右键，选择"冻结当前选择"，将图样冻结（图17-6）。

图17-1

图17-2

图17-3

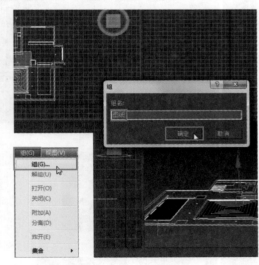

图17-4

图17-5

图17-6

4）最大化顶视口，打开"2.5维"捕捉，右键设置勾选"捕捉到冻结对象"与"启用轴约束"（图17-7），创建"线"捕捉外围墙体内边缘，在门与窗的地方增加分段点（图17-8）。

5）为线添加"挤出"

修改器，挤出"数量"设置为3800.0mm（图17-9）。

6）并添加"法线"修改器，单击鼠标右键选择"对象属性"（图17-10）。在"对象属性"对

图17-7

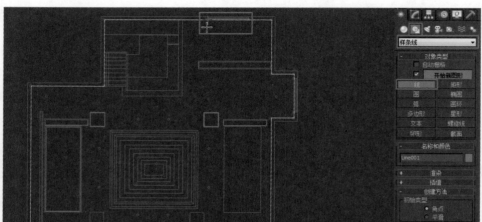

图17-8

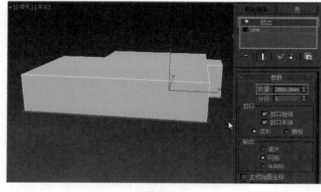

图17-9

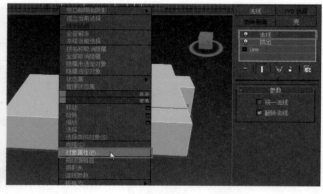

图17-10

话框中，勾选"背面消隐"（图17-11）。

7）单击鼠标右键，选择"转换为→转换为可编辑多边形"，将模型转为"可编辑多边形"（图17-12）。

8）进入顶视口，创建"矩形"，先捕捉休息区、中央区、前台区的吊顶外框（图17-13）。

图17-11　　　　图17-12

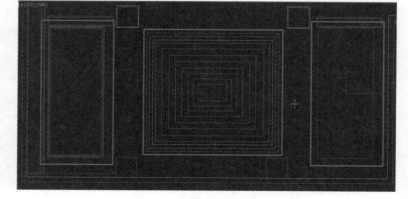

图17-13

9）将捕捉切换到"2维"捕捉（图17-14），继续创建"线"，捕捉内墙，这次不需要捕捉窗户部分（图17-15）。

图17-14

10）进入修改面板，单击"附加"按钮，然后选择顶视口中创建的3个矩形，单击鼠标右键结束附加（图17-16）。

11）为其添加"挤出"修改器，挤出"数量"设置为200.0mm，并使用"移动"工具，在屏幕下方将"Z"轴坐标设置为3200.0mm（图17-17）。

12）最大化顶视口，制作休息区吊顶，创建"线"，捕捉休息区内层吊顶矩形（图17-18）。

13）进入修改面板，展开"Line"选择"样条线"层级，在下面的"轮廓"按钮后输入-50mm

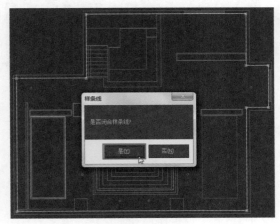

图17-15

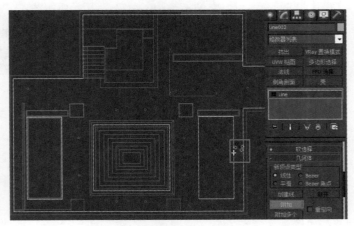

图17-16

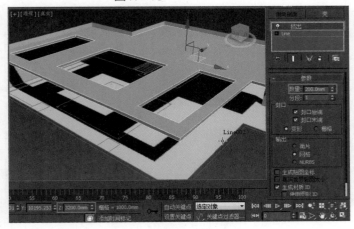

图17-17

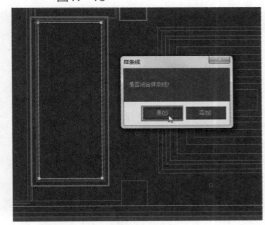

图17-18

（图17-19）。

14）为其添加"挤出"修改器，挤出"数量"设置为300.0mm，并使用"移动"工具，在屏幕下方将"Z"轴坐标设置为3200.0mm（图17-20）。

15）最大化顶视口，继续创建"线"，按住〈Shift〉键创建一个比之前的吊顶稍大的矩形（图17-21）。

图17-19

图17-20

16）进入修改面板，展开"Line"选择"样条线"层级，在下面"轮廓"按钮后输入–50mm（图17–22）。

17）为其添加"挤出"修改器，挤出"数量"设置为400.0mm，并使用"移动"工具，在屏幕下方的世界坐标中，将"Z"轴的坐标设置为3400.0mm（图17–23）。

18）制作中央区的吊顶，打开"2维"捕捉工具，在顶视口中，捕捉吊顶的外形创建内外2个"矩形"（图17–24）。

19）单击鼠标右键，将其中一个矩形转为"可

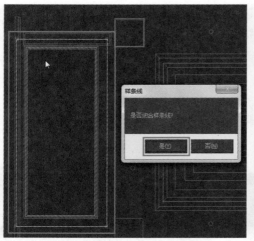

图17–21

图17–22

编辑样条线"（图17–25）。

20）进入修改面板，展开"Line"选择"样条线"层级，单击"附加"按钮，然后选择屏幕区中创建的另一个的矩形（图17–26）。

21）为其添加"挤出"修改器，挤出"数量"设置为200.0mm，并使用移动工具，在屏幕下方的

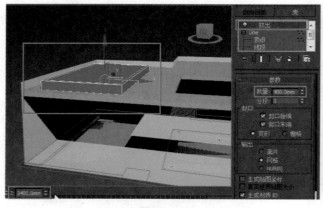

图17–23

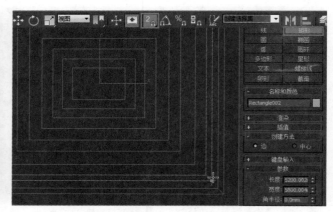

图17–24

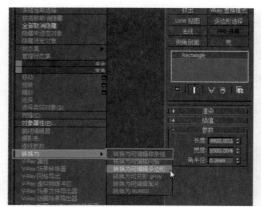

图17–25

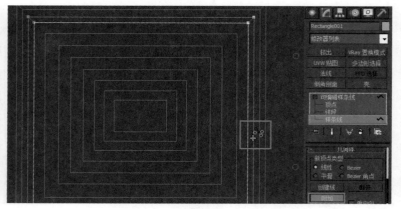

图17–26

世界坐标中，将"Z"轴的坐标设置为3180.0mm（图17-27）。

22）在顶视口中，捕捉吊顶的最外面的矩形创建内外2个"矩形"（图17-28）。

23）单击鼠标右键，将其中一个矩形转为"可编辑样条线"（图17-29）。

24）进入修改面板，单击"附加"按钮，然后

选择顶视口中创建的另一个的矩形（图17-30）。

25）为其添加"挤出"修改器，挤出"数量"设置为400.0mm，并使用"移动"工具，在屏幕下方将"Z"轴的坐标设置为3400.0mm（图17-31）。

26）在顶视口中，捕捉接待台的外形创建"线"（图17-32）。

27）使用"缩放"工具，按住〈Shift〉键将其

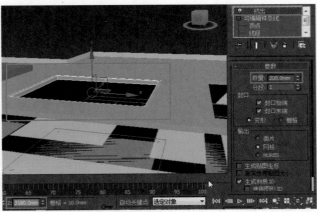

图17-27

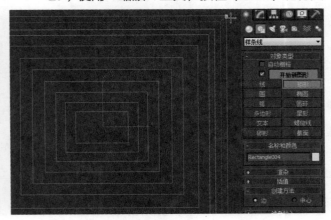

图17-28

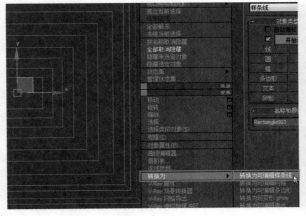

图17-29

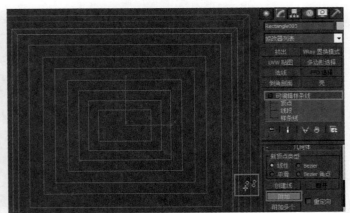

图17-30

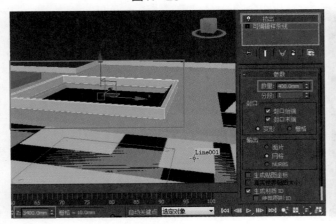

图17-31

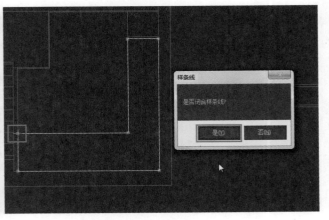

图17-32

缩放复制一个稍小的图形（图17-33）。

28）选择小图形，为其添加"挤出"修改器，挤出"数量"设置为100.0mm（图17-34）。

29）选择大图形，也为其添加"挤出"修改器，挤出"数量"设置为900.0mm，并将其"Z"轴的坐标设置为100.0mm（图17-35）。

30）在顶视口中，继续捕捉接待台台面的外形

创建"线"（图17-36）。

31）为其添加"挤出"修改器，挤出"数量"设置为50.0mm，并使用"移动"工具，在屏幕下方坐标中，将"Z"轴的坐标设置为1000.0mm（图17-37）。

32）继续进入顶视口，创建接待台的墙面（图17-38）。

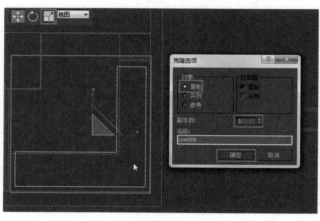

图17-33

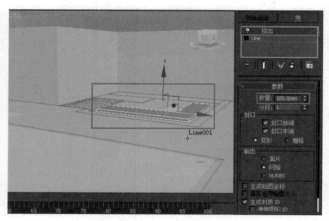

图17-34

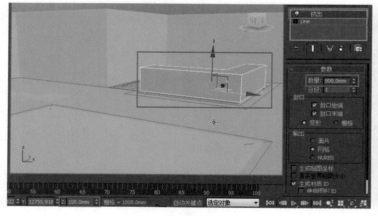

图17-35

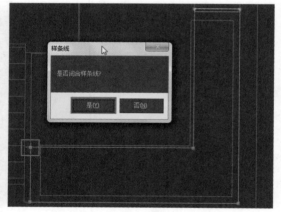

图17-36

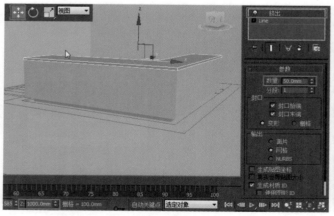

图17-37

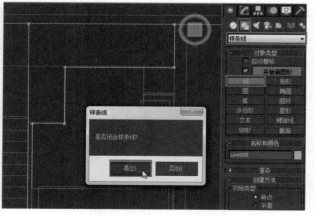

图17-38

33）进入修改面板，为其添加"挤出"修改器，挤出"数量"设置为3200.0mm（图17-39）。

34）继续创建柜台的顶面，在顶视口中，捕捉顶部墙体创建"线"（图17-40）。

35）为其添加"挤出"修改器，挤出"数量"设置为1000.0mm，并使用"移动"工具，在屏幕区下方的世界坐标中，将"Z"轴的坐标设置为2200.0mm（图17-41）。

36）选择墙体的多边物体形，进入"多边形"层级，选择地面，单击"分离"，并命名为"地面"（图17-42）。

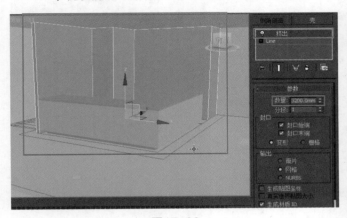

图17-39

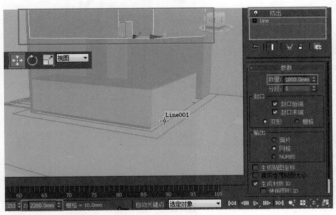

图17-41

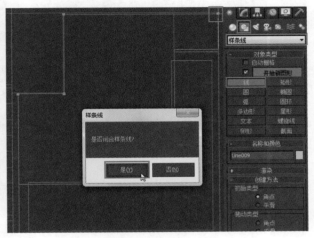

图17-40

图17-42

17.2　赋予初步材质

1）在创建面板中选择"标准"摄像机，在顶视口中创建一个"目标"摄像机（图17-43）。

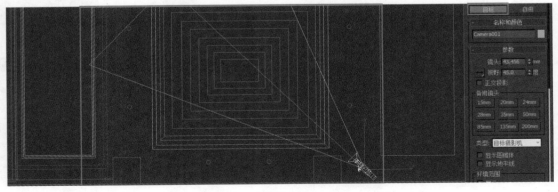

图17-43

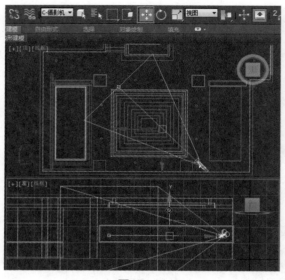

图17-44

图17-45

2）在"选择过滤器"中选择为"C-摄像机"，在前视口中选中摄像机的中线，并将摄像机向上移动（图17-44）。

3）切换到透视图按〈C〉键，将"透视口"转为"摄像机视口"，按〈Shift+F〉键显示安全框，并在其在视口中选择摄像机，进入修改面板将其"备用镜头"设置为"20mm"（图17-45）。

4）打开主菜单，选择"导入→合并"（图17-46），将本书配套资料的"模型\第17章\导入模型"中的"立柱.max"合并到场景中（图17-47）。

5）在"合并"对话框中单击"全部"，取消勾选"灯光"与"摄像机"（图17-48）。

由于场景中的模型位置已经调整好了，导入的柱子正好在应有的位置上（图17-49）。

6）继续导入模型，将本书配套资料的"模型\第17章\导入模型"中的"休息区背景墙.max"合并到场景中（图17-50）。

图17-46

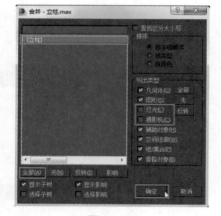

图17-48

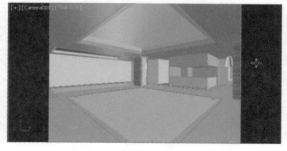

图17-47

图17-50

图17-49

7）在"合并"对话框中单击"全部"，取消勾选"灯光"与"摄像机"（图17-51）。

8）在"选择过滤器"中选择"全部"，选择墙面，打开"材质编辑器"，在展开"材质"卷展栏，双击"VRayMtl"材质，在"视图1"窗口中双击"材质"，就会出现该材质的参数面板，取名为"白色乳胶漆"，将其"漫反射"颜色调整为白色，"反射"颜色为深灰色，颜色值为12，"高光光泽度"设置为0.58，"反射光泽度"设置为0.68（图17-52）。

9）将该材质赋予部分吊顶与全部墙面（图17-53）。

10）进入显示面板，在"隐藏"卷展栏下，勾选"隐藏冻结对象"（图17-54）。

11）打开"材质编辑器"，在展开"材质"卷展栏，双击"VRayMtl"材质，在"视图1"窗口中双击"材质"就会出现该材质的参数面板，取名为"地砖"，在"漫反射"后的贴图按钮上选择"平铺"贴图（图17-55）。

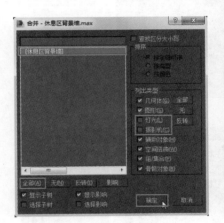

图17-51

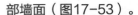

图17-52

图17-53

图17-54

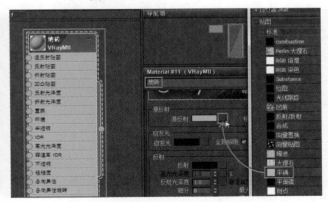

图17-55

12）单击贴图进入参数设置面板，将"标准控制"卷展栏中的"预设类型"设置为"堆栈砌合"，并单击下面纹理的"None"按钮，在弹出的对话框中选择"位图"（图17-56）。

13）在本书配套资料中，选择一张石材贴图（图17-57）。

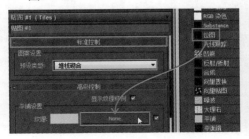

图17-56

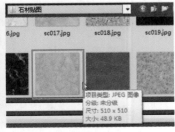

图17-57

14）将平铺设置的"水平数"与"垂直数"都设置为1，将砖缝设置的"水平间距"与"垂直间距"都设置为0.1（图17-58）。

15）在"视图1"中双击地砖材质面板，回到地砖的参数面板，将"反射"颜色设置为120，"高光光泽度"设置为1，"反射光泽度"设置为0.95，"细分"设置为12，勾选"菲涅尔反射"（图17-59）。

16）展开下面的"贴图"卷展栏，将"漫反射"贴图拖到"凹凸"贴图位置，选择"复制"的克隆方式，并将"凹凸"值设置为30.0（图17-60）。

图17-58

图17-59

图17-60

图17-61　　　　　　图17-62

17）单击"凹凸"贴图进入其参数面板，将平铺设置的纹理贴图的"对勾"取消，并将纹理颜色设置为白色，再将砖缝设置的纹理颜色加深（图17-61）。

18）将地砖的材质赋予地面上，并为地面添加"UVW贴图"修改器，选择"平面"贴图，将其"长度"与"宽度"都设置为1200.0mm（图17-62）。

19）打开"材质编辑器"，再展开"材质"卷展栏，双击"VRayMtl"材质，在"视图1"窗口

中双击"材质"就会出现该材质的参数面板，取名为"发光墙面"，将"漫反射"与"凹凸"贴图位置拖入相同的墙花贴图，自发光的"倍增器"值设置为0.8，将该材质赋予接待台墙面与柜台（除台面）（图17-63）。

图17-63

20）选择接待台的物体（除台面），为其添加"UVW贴图"修改器，选择"长方体"贴图，将"长、宽、高"都设置为1000.0mm（图17-64）。

21）打开"材质编辑器"，在展开"材质"卷展栏，双击"VRayMtl"材质，在"视图1"窗口中双击"材质"就会出现该材质的参数面板，取名为"大理石"，将其"漫反射"贴图位置拖入一张石材贴图，"反射"颜色设置为120，勾选"菲涅尔反射"，

"高光光泽度"设置为1.0，"反射光泽度"设置为0.95，"细分"设置为12，将材质赋予接待台台面（图17-65）。

22）打开"材质编辑器"，再展开"材质库"卷展栏，双击"不锈钢"材质，将该材质赋予休息区与中央区最内侧的吊顶（图17-66）。

图17-64

图17-65

图17-66

23）完成之后渲染场景能观察材质效果（图17-67）。

图17-67

补充提示

由于大堂中央很少会布置家具、设施、构造，因此要将认真制作周边的模型构件，合并进来的模型也要经过认真筛选，不能随意将就。

17.3　设置灯光与渲染

1）在创建面板选择"VR灯光"，在前视口捕捉整个大厅创建一个灯光（图17-68）。

2）调节灯光大小，在顶视口使用"移动"工具将灯光移动到墙内（图17-69）。

3）进入修改面板，将灯光的"倍增器"设置为0.5，"颜色"设置为蓝色，勾选"不可见"，同时取消勾选"影响高光反射"与"影响反射"（图17-70）。

4）打开"渲染设置"面板调整测试参数，在"公用"选项中将"输出大小"设置为320×240（图17-71），在"图像采样器"中将"类型"设置为"固定"，"抗锯齿过滤器"设置为"区域"（图17-72）。

5）展开下面的"颜色贴图"，"类型"为"指数"，"暗色倍增"设置为1.2，"亮度倍增"设置为1（图17-73）。

6）进入"间接照明"选项，将"间接照明"的"开"勾选，将首次反弹"倍增器"设置为1.0，二次反弹"倍增器"设置为1.0，展开"发光图"卷展栏，将"当前预置"设置为"非常低"，"半球细分"与"插值采样"都设置为30，勾选"显示计算相位"与"显示直接光"（图17-74）。

7）进入"设置"选项，展开"系统"卷展栏，取消勾选"显示窗口"（图17-75）。

8）设置完成之后，渲染场景查看效果，经过几秒就能看到灯光

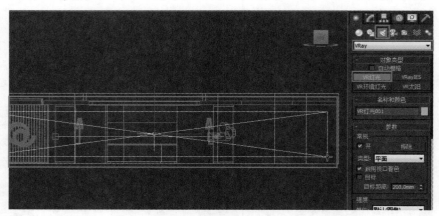

图17-68

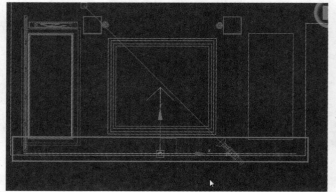

图17-69

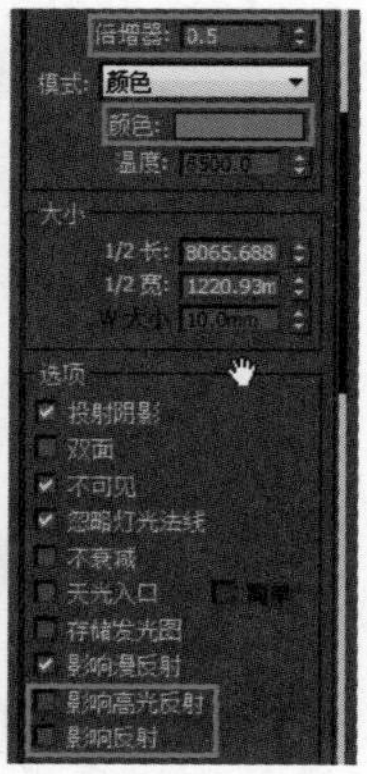

图17-70

图17-71

图17-72

图17-73

图17-74

图17-75

图17-76

效果（图17-76）。

9）合并场景模型，将"中心吊顶"合并进场景中（图17-77）。

10）在"合并"对话框中，单击"全部"，然后单击"确定"按钮，将其合并进场景中（图17-78）。

11）由于位置已经调整好了，添加其材质贴图

并将其合并进场景中的效果（图17-79）。

12）进入顶视口，打开"3维"捕捉工具，捕捉中心吊顶位置并创建一个"VR灯光"（图17-80）。

13）进入前视口，按〈S〉键关闭"捕捉"，将灯光向下移动一定距离（图17-81）。

14）选择灯光进入修改面板，将"倍增器"设置为5.0，"颜色"设置为浅黄色，勾选"影响高光反射"与"影响反射"（图17-82）。

图17-77

图17-78

图17-79

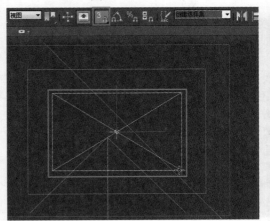

图17-80

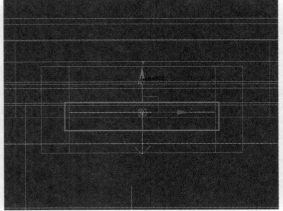

图17-81

图17-82

15）回到摄像机视口，渲染场景，观察效果（图17-83）。

16）进入顶视口，继续创建"VR灯光"，在从内向外的第3个方框中创建（图17-84）。

17）切换到前视口，将灯光向上移动至灯槽中（图17-85）。

18）切换到顶视口，将灯光复制3个分别放在灯槽的4个位置上（17-86）。

19）回到摄像机视口，渲染场景，观察效果（图17-87）。

20）进入顶视口，继续创建"VR灯光"，在从内向外的第5个方框中创建（图17-88）。

图17-83

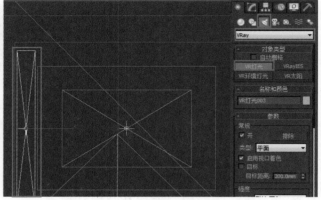

图17-84

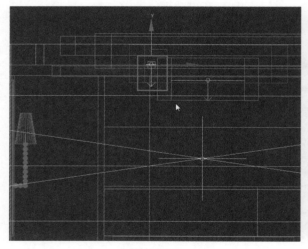

图17-85

图17-86

图17-87

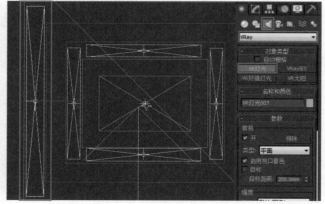

图17-88

21）切换到前视口，将灯光向上移动到灯槽中（图17-89）。

22）切换到顶视口，将灯光复制3个分别放在灯槽的4个位置上（图17-90）。

23）回到摄像机视口，渲染场景，观察效果（图17-91）。

24）使用上述方法继续创建灯槽中的灯光（图17-92）。

25）完成后回到摄像机视口，渲染场景，观察效果（图17-93）。

26）进入顶视口，在休息区的灯槽中创建一个"VR灯光"（图17-94）。

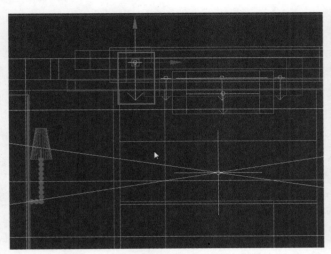

图17-89

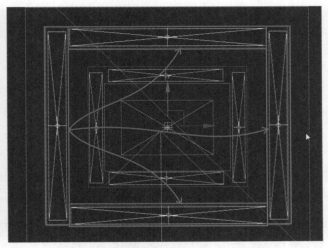

图17-90

图17-91

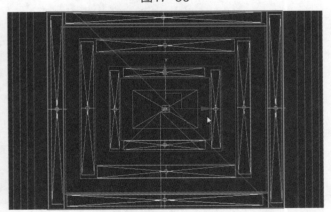

图17-92

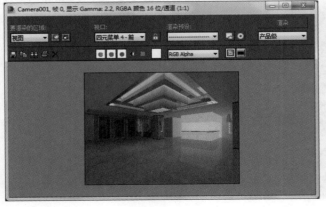

图17-93

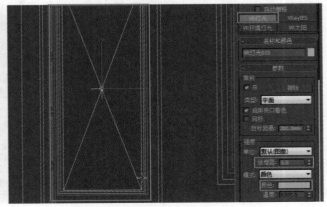

图17-94

27）切换到前视口，将灯光移动至灯槽的最顶部位置（图17-95）。

28）回到摄像机视口，渲染场景，观察效果（图17-96）。

29）在顶视口中，将休息区的吊顶灯光复制1个到前台区的吊顶里面（图17-97）。

30）回到摄像机视口，渲染场景，观察效果（图17-98）。

31）进入顶视口，在楼梯拐角的地方创建一个"VR灯光"（图17-99）。

32）切换到前视口，将灯光移动到顶部（图17-100）。

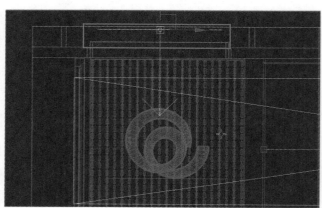

图17-95

图17-96

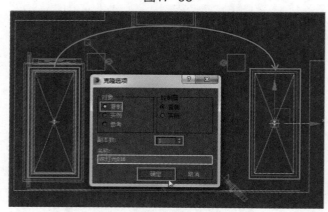

图17-97

图17-98

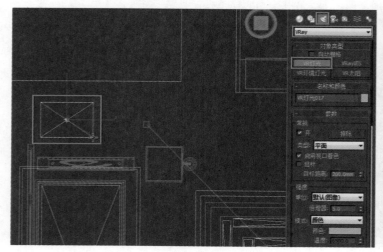

图17-99

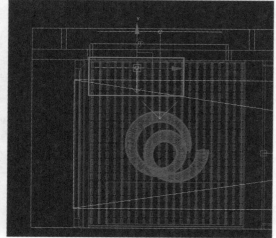

图17-100

33）回到摄像机视口，渲染场景，观察效果（图17-101）。

34）进入顶视口，将灯光复制几个到其他位置，并适当调节其大小（图17-102）。

35）回到摄像机视口，渲染场景，观察效果（图17-103）。

36）将"沙发组合"合并进场景中（图17-104）。

37）最大化顶视口，创建"VR灯光"，将"类型"改为"球体"，在台灯的位置创建一个比灯罩稍小的灯光（图17-105）。

38）切换到前视口，将灯光移动到灯罩里面，并在修改面板中将灯光的"倍增器"设置为20（图17-106）。

图17-101

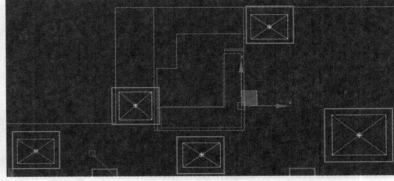

图17-102

图17-103

图17-104

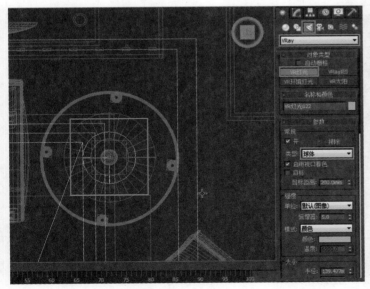

图17-105

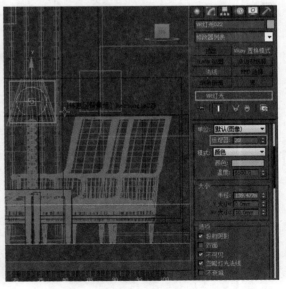

图17-106

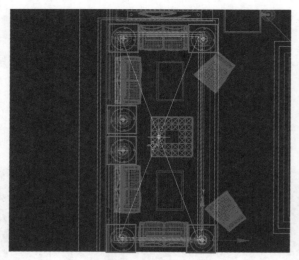

图17-107

39）切换到顶视口，将球形灯光复制到其余的台灯灯罩内（图17-107）。

图17-108

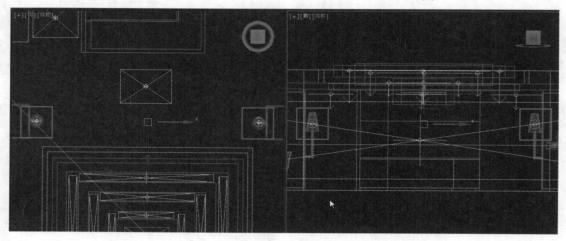

图17-109

图17-110

40）回到摄像机视口，渲染场景，观察效果（图17-108）。

41）再将球形灯光复制两个到立柱的壁灯的灯罩中，并调整好高度与位置（图17-109）。

42）回到摄像机视口，渲染场景，观察效果（图17-110）。

补充提示

　　金碧辉煌的灯光效果是大堂效果图的精髓，灯光应明亮但不能刺眼，应当具有一定柔雅的视觉效果。各种黄色的灯光应有所差异，不宜全都使用同一种黄色，还可以适当添加白色或冷色光源作为补充。否则会造成色彩单一，甚至形成单色效果图。

17.4　设置精确材质

1）打开主菜单栏，选择"导入→合并"（图17-111），进入本书配套资料的"模型\第17章\导入模型"中，将里面的剩余几个模型全部合并进场景中，由于模型的大小、比例、位置都已经调整好了，可以不用再调整了（图17-112）。

2）选择"雕塑.max"，单击"打开"，在合并面板中选择"全部"，并取消勾选"灯光"与"摄像机"（图17-113）。

图17-111　　　　　图17-112　　　　　图17-113

3）继续合并其他模型，如果遇到重复材质名称的情况，勾选"选择应用于所有重复情况"，并选择"自动重命名合并材质"（图17-114）。

4）全部合并完成之后，发现场景中的材质都没有显示贴图，因为计算机没有找到贴图路径，这时就需要为场景中的材质重新添加贴图（图17-115）。

5）按〈P〉键进入透视口，打开"材质编辑器"，使用"吸管"工具吸取没有贴图的材质，并在"视图1"中双击该材质贴图，并单击"位图"贴图按钮（图17-116）。

6）按照图片的路径与名称，在归档的压缩文件夹中找到其贴图，找到后单击打开，也可自己添

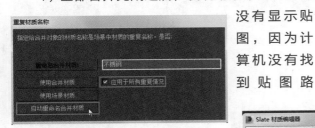

图17-114

图17-115

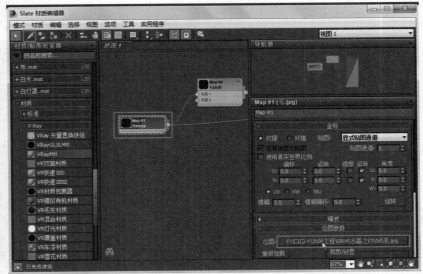

图17-116

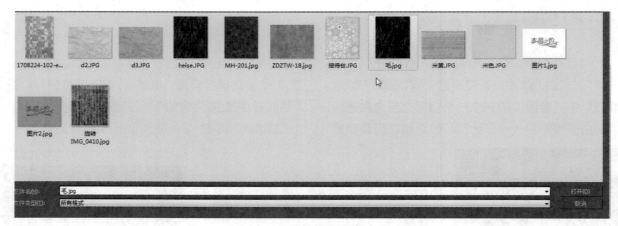

图17-117

加其他合适贴图（图17-117）。

7）完成后，继续使用此方法还原其余模型贴图，全部完成场景贴图（图17-118）。

8）渲染场景能观察效果（图17-119）。

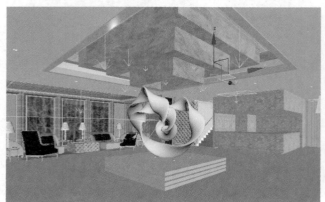

图17-118

图17-119

17.5 最终渲染

1）按〈F10〉键打开"渲染设置"面板，进入"公用参数"卷展栏的"公用"选项，将"输出大小"中的"宽度"与"高度"设置为500×375，锁定"图像纵横比"（图17-120）。

2）进入"V-Ray"选项，展开"全局开关"卷展栏，勾选"不渲染最终图像"，展开"图像采样器"卷展栏，将"图像采样器类型"设置为"自适应细分"，"抗锯齿过滤器"设置为"Mitchell-Netravali"（图17-121）。

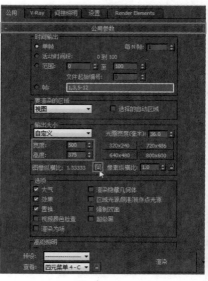

图17-120

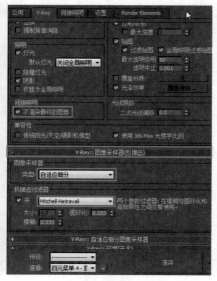

图17-121

3）进入"间接照明"选项，展开"间接照明"卷展栏，将"二次反弹"中的"全局照明引擎"改为"灯光缓存"，展开"发光图"卷展栏，将"当前预置"设置为"中"，"半球细分"设置为50，"插值采样"设置为30（图17-122）。

4）向下拖动，将"自动保存"与"切换到保存的贴图"勾选，并单击后面的"浏览"按钮，将其保存在"模型\第17章\光子文件"中，命名为"1"（图17-123）。

5）展开"灯光缓存"卷展栏，将"细分"设置为1200，勾选"显示计算相位""自动保存"与"切换到被保存的缓存"，并单击后面的"浏览"按钮，将其保存在"模型\第17章\光子文件"中，命名为"2"（图17-124）。

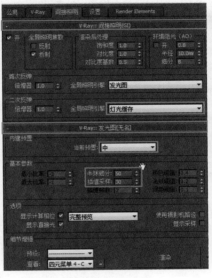

图17-122

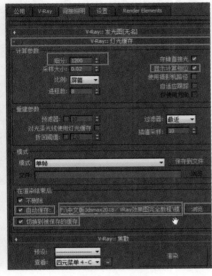

图17-123　　　　图17-124

6）切换到摄像机视口，渲染场景，经过几分钟的渲染，就会得到两张光子图（图17-125）。

7）现在可以渲染最终的图像了，按〈F10〉键打开"渲染设置"面板，进入"公用"选项，将"输出大小"设置为2000×1500，向下滑动单击"渲染输出"的"文件"按钮，将其保存在"模型\第17章"中，命名为"效果图"（图17-126）。

8）进入"V-ray"选项，将"全局开关"卷展栏中的"不渲染最终的图像"取消勾选，这个是关键，否则不会渲染出图像（图17-127）。

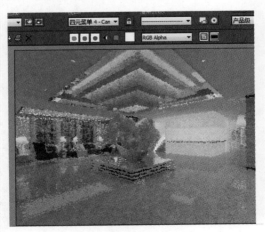

图17-125

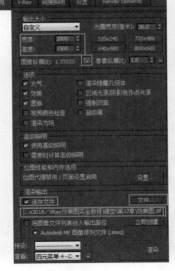

图17-126　　　　图17-127

9）单击"渲染"按钮，经过30min左右的渲染，就可以得到一张高质量的大厅效果图，并且会被保存在预先设置的文件夹内（图17-128）。

图17-128

10）将模型场景保存，并关闭3ds max 2018，这时可以使用任何图像处理软件进行修饰，如Photoshop，主要进行明暗、对比度的处理并添加背景，处理之后的效果就比较完美了（图17-129）。

图17-129

第18章 装修效果图修饰

操作难度☆☆★★★

本章简介

在前面章节已经见过Photoshop处理的效果图，从这些效果图中不难看出，经过Photoshop处理后，效果图可以变得更加明快，对比度会更加强烈，效果也更清晰，还可以在场景中添加植物与装饰品。本章将详细介绍Photoshop装修效果图的修饰方法。

18.1 修饰基础

18.1.1 认识PhotoshopCS6

PhotoshopCS6是Adobe公司出品的最新版本Photoshop软件，PhotoshopCS6相对以往版本，在界面上变化较大，添加了新功能，下面介绍PhotoshopCS6的基础知识。

图18-1

1）打开PhotoshopCS6软件，在界面最顶部即是菜单栏，其中包括文件、编辑、图像、图层、文字、选择、滤镜、视图、窗口、帮助等菜单按钮。菜单栏下方是属性栏，能显示当前使用的工具属性（图18-1）。

2）界面左侧是工具栏，里面集合了常用工具，如果工具栏图标的右下角有小三角形符号，可以在图标上单击鼠标右键，会出现若干复选工具（图18-2）。

3）界面右侧是操作面板，这里有各种面板可以对场景作不同调整，单击"折叠"按钮就可以展开面板，再单击就会关闭（图18-3）。

图18-2

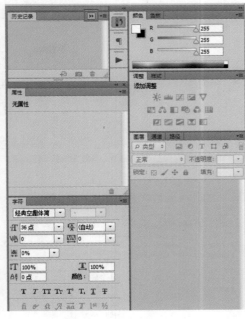

图18-3

补充提示

PhotoshopCS6是Adobe公司旗下最为出名的图像处理软件之一，是集图像扫描、编辑修改、动画制作、图像制作、广告创意、图像输入与输出于一体的图形图像处理软件，深受广大设计人员和计算机美术爱好者的喜爱。

使用PhotoshopCS6修饰效果图通常只会用到其中一部分内容，如调节明暗、对比度、色彩等，因此操作者只用了解其中部分内容即可，不必深入学习，其更多功能是针对照片修复与平面设计开发的。也可以这样理解，使用任何版本的Photoshop软件都可以轻松修饰效果图。此外，还可以尝试使用其他软件来修饰，如美图秀秀、可牛图像、光影魔术手、QQ影像等，用这些软件进行效果图常规修饰，操作起来特别简单，无须专业学习即可上手，如果有更高要求，如合成其他图像等，就只能运用最新版的PhotoshopCS6了。

4）在菜单栏的"文件"中选择"打开"，打开"现代厨房效果图"（图18-4）。

5）在效果图后期修饰中，最常用的3个命令，分别是"亮度/对比度""色阶"与"色相/饱和度"，单击菜单栏的"图像→调整"可以打开这些命令（图18-5）。

6）使用"亮度/对比度"命令，可以修改图像的亮度与对比度，一般用来调整效果图的明暗关系（图18-6）。

7）使用"色阶"命令，可以单独修改图像中亮部与暗部的黑白倾向，一般用来校正效果图的黑白对比问题（图18-7）。

图18-4

图18-5

图18-6

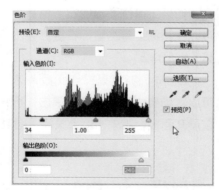

图18-7

8）使用"色相/饱和度"命令，可以修改图像的色彩面貌、色彩鲜艳程度等，一般用于加强效果图的鲜艳度或者减弱鲜艳度（图18-8）。

9）在"历史记录"中可以回到上一步的操作，也可以对比操作前后的效果（图18-9）。

10）使用"高斯模糊"命令，可以让效果图中的某一部分或某些部分产生模糊效果，可以处理窗外背景（图18-10）。

11）使用"智能锐化"工具，可以让效果图中的物体更加清晰（图18-11）。

12）使用"文字"工具，可以在效果图中添加文字说明（图18-12）。

图18-8

图18-9

图18-10

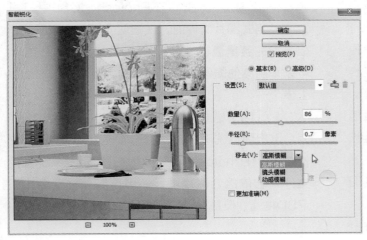

图18-11

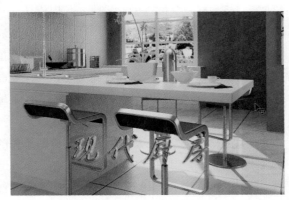

图18-12

13）合成其他图像，可以提升图面效果，增添图面内容，如文字、植物等（图18-13）。

14）使用"裁剪"工具，可以截取所需要的部分图像（图18-14）。

图18-13

补充提示

渲染效果图时就应当调整好渲染图面大小，一般不做后期裁切，否则会浪费当初的渲染设置与时间。

图18-14

18.1.2 效果图格式

保存效果图时，有 .JPG、.TIFF、.BMP、.PSD等多种格式供选择，每种格式都有不同的用途与特点，因此要熟悉每种格式。在"菜单栏"的"文件"中单击"储存为"，打开"储存为"面板，单击"格式"后的下拉列表框，可以查看PhotoshopCS6所支持的文件格式（图18-15）。

1）.PSD格式。它是Photoshop图像处理软件的专用文件格式，支持图层、通道、蒙板、不同色彩模式等图像特征，是一种非压缩的原始文件保存格式。.PSD格式文件容量比较大，可以保留所有原始信息，在效果图修饰过程中，对于不能及时制作完成的效果图，选用.PSD格式保存是最佳的选择。关闭.PSD格式效果图后，再次打开它，在控制面板中依然会保存原有图层，但.PSD格式的文件不能被其他图像处理软件打开。

2）.BMP格式。它是一种与硬件设备无关的图像文件格式，使用非常广，除了图像深度可选择外，不采用其他任何压缩技术。因此，.BMP文件所占用的空间很大。由于.BMP文件格式是Windows环境中交换与图像数据的一种标准，因此在Windows环境下运行的图形图像软件都支持.BMP图像格式，可以随时打开查看。在

PhotoshopCS6中虽然能打开.BMP格式的图片文件，但是在图层面板中却不能保留图层，它的容量只有.PSD格式的50%左右。

3）.JEPG格式。它是目前网络上最流行的图像格式，是可以将图像文件压缩到最小容量的格式，应用非常广泛，特别是在网络与光盘读物上应用很多。目前，各类浏览器与图像查看软件均支持.JPEG这种图像格式，因为.JPEG格式的文件尺寸较小，下载速度快。在 PhotoshopCS6中打开.JEPG格式图片文件时，在图层面板中没有图层，但是它的容量最小，只有.PSD格式的10%左右，可以采用其他图像软件打开查看，还可以通过网络上传。

4）.TIFF格式。它是由Aldus与Microsoft公司为桌上出版系统研制开发的一种较为通用的图像文件格式，在PhotoshopCS6中打开TIFF格式的图片文件，它依然会保存图层，但是容量往往会大于.PSD格式，但是它能在其他图像软件中查看。

18.1.3 修改图像尺寸

如果在3ds max 2018中渲染的效果图尺寸过小，希望能满足大幅面与高精度打印要求，可以在PhotoshopCS6中修改。

1）打开本书配套资料中的"书房效果图.PSD"文件，在菜单栏的"图像"中选择"图像大小"（图18-16）。

2）在"图像大小"面板中，在"像素大小"的"宽度"与"高度"中可以设置图像大小，默认为图像的原大小，在右侧下拉列表框中是"单位"，默认为"像素"，可切换为"百分比"（图18-17）。

图18-15

图18-16

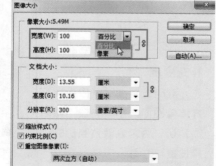

图18-17

3）在"文档大小"的"宽度"与"高度"中同样可以调整图像大小，而且它与上面的"像素大小"互为绑定，改变下面的数值，上面的"像素大小"也会发生相应变化，相反亦如此，在右侧的下拉列表框中可以选择不同"单位"（图18-18）。

4）"文档大小"中最重要的是"分辨率"，"分辨率"数值越高，图像就越大越清晰，容量也很大，相反数值越低，图像就越小越模糊，容量也很小。用于网络传播的效果图，"分辨率"设置应不低于72像素/英寸（dpi）；用于草图打印的效果图，"分辨率"的设置一般不低于150dpi；用于高

精度打印的效果图，"分辨率"设置应不低于300dpi（图18-19）。

5）最后有3个复选框，"缩放样式"能在调整图像大小时将图像按比例缩放，"约束比例"能限制图片的长宽比，"重定图像像素"能固定图像的像素大小。勾选"重定图像像素"能开启最下方的下拉列表框，这里可以切换"缩放方式"，提供了6种方式，一般使用默认 "两次立方（自动）"即可（图18-20）。

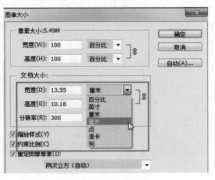 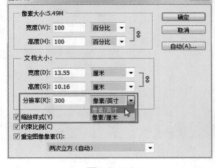 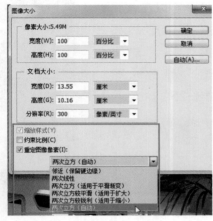

图18-18　　　　　图18-19　　　　　图18-20

18.2 后期修饰方法

本节将逐步介绍效果图的后期修饰方法。后期修饰方法很多，要根据效果图渲染的实际情况来制定修饰方案，在渲染中无法获得的效果都可以经过后期修饰变得完美。

18.2.1 亮度/对比度调整

1）打开本书配套资料的"模型\第18章\效果图"，在图层面板中，将背景图层向下拖动至"创建新图层"按钮上，完成之后将会在"背景"图层上复制一个新图层，这样即使在后期操作时出现了错误，也不会破坏原图层，删除新图层就能快速恢复原图层（图18-21）。

2）选择"背景副本图层"，在菜单栏"图像"的"调整"中选择"亮度/对比度"（图18-22）。

3）在"亮度/对比度"中调节两个滑块，"亮度"与"对比度"值向左或向右都不宜超过其最大值的30%，因为这个过程会损失大量像素，所以这里将"亮度"设置为35，"对比度"设置为25（图18-23）。

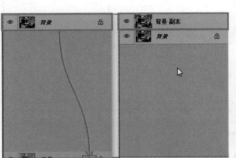 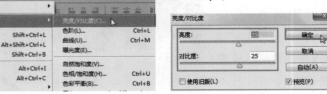

图18-21　　　　　图18-22　　　　　图18-23

4）除了可以直接调整图层的"亮度/对比度"外，还可以使用"添加图层"的方法来调节整体"亮度/对比度"，在"历史记录"中将操作向上退一步（图18-24）。

5）将图层面板上方的面板切换为"调整面板"，在"添加调整"中选择"亮度/对比度"，这时就会在"背景副本"图层之上重新添加一个"亮度/对比度图层"，并且会在左侧弹出"亮度/对比度"的属性面板，可以在该面板中调节"亮度"与"对比度"参数（图18-25）。

18.2.2　色相/饱和度调整

1）继续进行调节，在菜单栏"图像"的"调整"中选择"色相/饱和度"（图18-26）。

2）在"色相/饱和度"面板中，"预设"可以选择不同的模板，系统提供了8种"预设模板"（图18-27）。

3）将"预设"保持为"默认值"，在下拉列表框中可选择不同颜色进行单独调节（图18-28）。

图18-24

图18-25

图18-26

图18-27

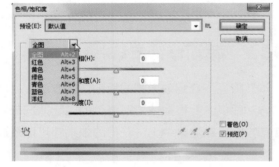

图18-28

4）色相可以改变图片整体颜色，滑动"色相"的滑块，可以让图片产生不同效果，如果使用鼠标在图片上任意位置单击，可以吸取一种颜色，再调整色相时就能改变这种颜色（图18-29）。

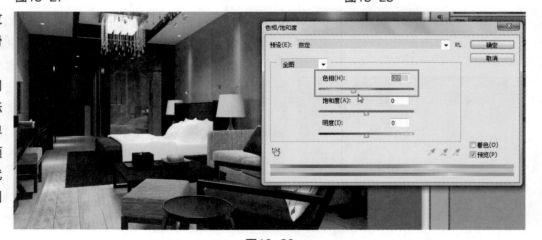

图18-29

5）饱和度可以让图片的颜色更艳丽或变成黑白，向左滑动滑块是去色（图18-30），向右滑动滑块是增色（图18-31）。

6）明度可以让图片整体变亮或变暗，但是没有明暗对比的效果，可以制作夜晚与雾霾特效（图18-32）。

图18-30

图18-31

图18-32

7）除了可以直接调整图层的"色相/饱和度"外，还可以使用"添加图层"的方法调节效果图的"色相/饱和度"，在"调整面板"中选择"色相/饱和"

和度"，将"饱和度"设置为+13，这时效果图会变得比较鲜艳，如果对调整不满意，可以随时删除"色相/饱和度"图层，即可恢复原貌（图18-33）。

图18-33

18.2.3 指定色彩调整

1）在菜单栏"图像"的"调整"中选择"通道混合器"（图18-34）。

2）在"通道混合器"面板中，"预设"可以选择不同模板，在下拉列表框中有6种黑白的"预设类

型"可供选择（图18-35）。

3）"输出通道"中有3种不同的"通道"可供选择，分别是红、绿、蓝，不同的通道会产生不同的效果（图18-36）。

4）"源通道"中也有3种颜色可供调节，这项

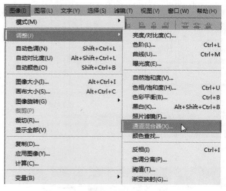

图18-34

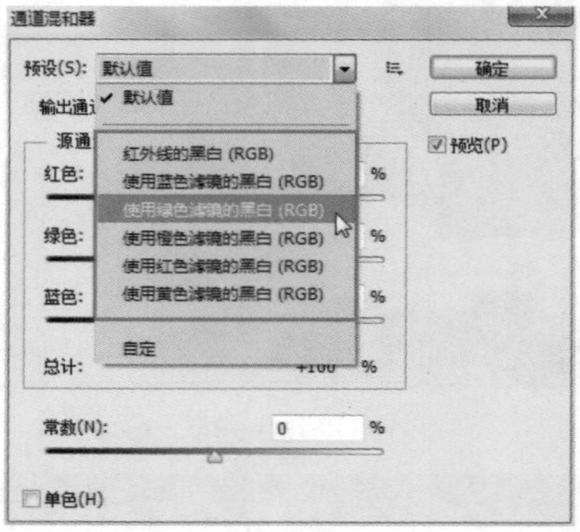

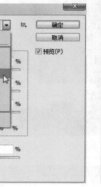

图18-35

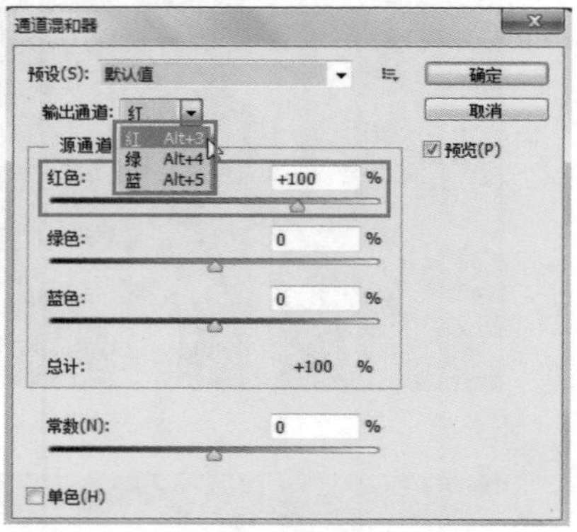

图18-36

调节变化取决于上面"输出通道"的选择，而且当"总计"为+100%时，图片的光线与对比度表现为正常，只是颜色发生变化（图18-37）。

图18-37

图18-38

图18-39

图18-40

5）常数是既影响明暗又影响颜色的值，很难控制，一般不做调节（图18-38）。

6）"单色"选项，如果勾选，图像会变成黑白，希望还原就直接将"预设"设置为"默认值"（图18-39）。

7）"通道混合器"也可以采用"添加图层"的方法进行调整，在"调整"选项中单击"通道混合器"，可以在弹出的"属性"面板中调节各项参数（图18-40）。

18.2.4 仿制图章运用

1）在"工具栏"中选择"仿制图章工具"，对"图章大小"应进行调节（图18-41）。

2）在菜单栏的下方会出现"仿制图章"工具的选项栏，在"画笔预设"中选择画笔的"大小"与"硬度"，根据图像大小设置合适的数值（图18-42）。

3）按住〈Alt〉键选取顶部的筒灯（图18-43），松开〈Alt〉键，单击鼠标左键进行涂抹（图18-44）。

4）不断使用〈Alt〉键选取不同的筒灯，然后进行填涂，可以复制出多个筒灯（图18-45）。

图18-41

图18-42

图18-43

图18-44

图18-45

18.2.5　锐化与模糊

1）使用"矩形框选"工具，框选效果图中的远景部分（图18-46）。

2）在"工具栏"中选择"模糊工具"，可以对效果图局部进行模糊处理（图18-47）。

3）将画笔"硬度"设置为最低，画笔"大小"设置为100，将框内远景的大部分面积进行模糊处理（图18-48）。

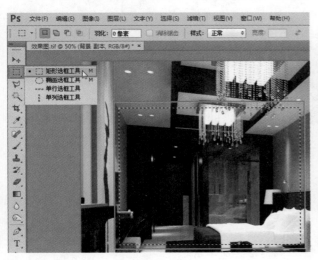

图18-46

图18-47

图18-48

4）将画笔"大小"设置为60，处理效果图远景的细节，按〈Ctrl＋D〉键取消选择，这时远景就产生了景深效果，（图18-49）。

5）在工具栏中选择"锐化工具"，选择前景区域进行处理（图18-50）。

6）将画笔"大小"设置为150像素，"硬度"设置为30%，"强度"设置为50%，对场景的近景部分进行锐化处理（图18-51）。

图18-49

图18-50

图18-51

补充提示

　　画笔的"大小"设置要适合操作的图面面积。一般而言，画笔的直径应当为操作面积宽度的10％～20％，画笔过小会降低操作效率，画笔过大会涂抹至操作区域以外。画笔的"硬度"多设置为30％～50％，这样能形成圆形且具有过渡边缘的效果，但是一般不用喷笔，否则容易造成局部细节过度模糊。画笔的"强度"多设置为50％左右，这样才能让笔触形成良好的前后衔接效果。

7）将画笔"大小"设置为50，进一步处理细节，处理完成之后，效果图就会出现明显的景深效果（图18-52）。

图18-52

18.2.6　效果图裁剪

效果图的裁剪方法有两种，一种是使用工具栏中的"裁切"工具进行裁剪，另一种是使用菜单栏中"图像"的"裁剪"命令。

1）在工具栏中选择"裁剪工具"，对图像进行裁剪（图18-53）。

2）使用鼠标框选效果图中的一部分图像（图18-54）。

3）将鼠标移动到选框外，这时可以旋转整个效果图，根据需要选择合适的方向（图18-55）。

4）旋转后按〈Enter〉键完成裁剪（图18-56）。

5）在"历史"工具中进行"返回上一步"操作，使用工具栏中的"矩形框选工具"，框选效果图中的部分图像（图18-57）。

6）在菜单栏的"图像"中选

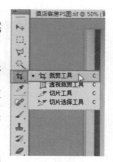

图18-53

图18-54

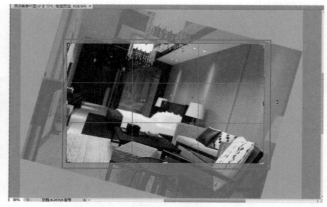

图18-55

图18-56

图18-57

择"裁剪"命令，效果图中被框选的图像部分就会
被裁剪下来（图18-58）。

这是裁剪完成后的效果（图18-59）。

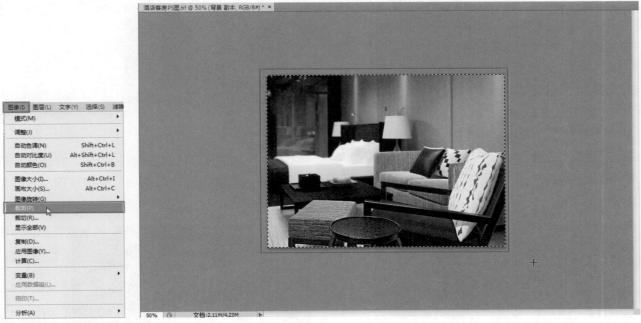

图18-58　　　　　　　　　　　　　图18-59

18.3　添加元素

　　渲染的效果图不可能总是很完美，需要添加一
些元素来增添气氛，可是效果图已经渲染完成了，
这就需要使用Photoshop来解决这一问题了。

18.3.1　添加通道背景

　　1）打开本书配套资料中的"模型\第16章\效果
图与通道图"，将通道图拖动到窗口中（图18-60）。

图18-60

2）使用"移动"工具，按住"Shift"键将通道图拖入到效果图窗口中（图18-61）。

3）关闭"通道图"窗口，将"效果图"的背景图层复制，并将"背景 副本"图层移动到"通道"图层的上面（图18-62）。

4）取消"背景 副本"图层前面的眼睛，选择"图层 1"图层，使用"魔棒工具"，选择窗户的玻璃部分（图18-63）。

图18-61　　　　　图18-62

5）切换到"背景 副本"图层，打开前面的"眼睛"按钮，按"Delete"键将玻璃部分删除（图18-64）。

图18-63

图18-64

6）打开一张3D背景图片，选择一张俯视的图片（图18-65）。

7）将该图片窗口化，使用"移动"工具，按住"Shift"键将通道图拖入到效果图窗口中（图18-66）。

8）在图层中将"图层2"图层移动到"背景 副本"图层下面，并使用"移动"工具调节背景位置（图18-67）。

9）在"图像"菜单栏的"调整"中选择"色阶"（图18-68）。

图18-65

图18-66

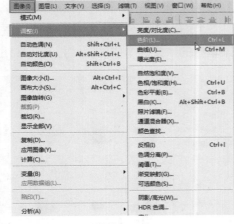

图18-67 图18-68

10）在"色阶"面板中调节其亮度与灰度（图18-69）。

11）在"滤镜"菜单栏的"模糊"中选择"高斯模糊"（图18-70）。

12）在"高斯模糊"对话框中将"半径"设置为0.5像素，单击"确定"按钮（图18-71）。

13）在图层上面单击鼠标右键选择"合并可见图层"将图层合并（图18-72）。

图18-69

图18-70

图18-71

图18-72

18.3.2 添加配饰

1）使用上述方法先对场景明暗进行处理，在菜单栏的"文件"中选择"打开"按钮，选择本书配套资料中的"PS装饰\A-D-全\A-D-017.PSD"（图18-73）。

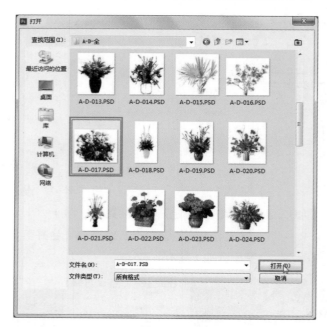

图18-73

2）打开后，在图框上按下鼠标左键不放，将其向下移动，将图框退出最大化显示（图18-74）。

3）选择"移动"工具，将这盆花拖至效果图中（图18-75）。

4）按"Ctrl＋T"键对其进行"自由变换"，单击上方"自由变换"属性栏中"保持长宽比"按钮，并控制右上角的控制点将这盆花缩小（图18-76）。

图18-74

图18-75

图18-76

5）进入图层面板，将"Layer2"图层向下拖动到"创建新图层"按钮上复制（图18-77）。

6）单击选择图层"Layer2"，按下键盘上的"Ctrl＋T"键对其

进行"自由变换"，移动上面中间的控制点将其向下翻转（图18-78）。

图18-77

图18-78

7）在菜单栏"编辑"的"变换"中选择"扭曲"（图18-79）。

8）移动控制点对其进行变形，将其变形为花瓶投影的形状，完成后单击〈Enter〉键结束（图18-80）。

9）在图层面板中的"Layer2"图层的缩略图上单击鼠标右键，在弹出的菜单中选择"选择像素"（图18-81）。

图18-79　　　　　　图18-80　　　　　　图18-81

10）单击工具栏中的"设置前景色"，打开"拾色器"对话框，由于阴影在黄色的桌面上，所以将"前景色"设置为偏黑土黄色（图18-82）。

11）设置完前景色后，在菜单栏中选择"编辑→

填充"（图18-83）。

12）弹出"填充"面板，将"使用"设置为"前景色"，其余保持不变，单击"确定"按钮（图18-84）。

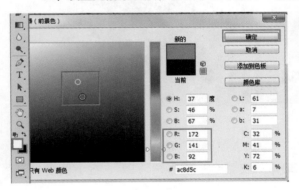

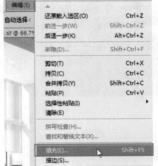

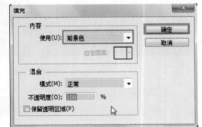

图18-82　　　　　　图18-83　　　　　　图18-84

13）在"图层"面板中将"不透明度"设置为60%（图18-85）。

14）按下"Ctrl + D"键取消选择，选择"橡皮"工具，将画笔"大小"设置为31像素，画笔"硬度"设置为100%，"不透明度"设置为40%，"流量"设置为19%（图18-86）。

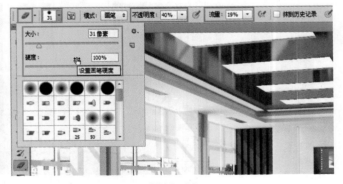

图18-85　　　　　　图18-86

15）用调整好的"橡皮"工具对阴影进行处理，让远处的阴影变浅，让阴影变得更加真实（图18-87）。

16）使用"模糊工具"对阴影作进一步模糊处理（图18-88）。

17）进入图层面板，将"Layer2副本"图层向下拖动复制一个新的图层，并选择"Layer2副本"图层（图18-89）。

图18-87　　　　　　　　　图18-88　　　　　　　　　图18-89

18）按"Ctrl＋T"键对其进行"自由变换"，移动上方中间的控制点，将其向下翻转（图18-90）。

19）按"Enter键"结束，使用"移动"工具，按"Ctrl＋'＋'键"放大图像，将两个瓶底相接（图18-91）。

图18-90　　　　　　　　　　　　　　图18-91

20）使用"多边形套索"工具，框选超出会议桌台面的部分，按"Delete"键将其删除（图18-92）。

21）进入"图层"面板，将"不透明度"设置为30%，按"Ctrl＋'－'键"缩小图像（图18-93）。

图18-92　　　　　　　　　　　　　　图18-93

22）选择"Layer2副本2"图层，对其进行明暗、饱和度处理，具体参数自定（图18-94）。

23）按住"Ctrl"键同时选择花的3个图层，按住"Alt"键同时使用"移动"工具，将其复制1份，按"Ctrl＋T"键对其进行"自由变换"，移动指定位置（图18-95）。

图18-94

图18-95

18.3.3 添加文字

1）在工具栏中选择"横排文字工具"，并在图中单击，在框内创建文字（图18-96）。

2）在上面的"文字工具选项栏"中选择"字体"与"大小"，并输入文字（图18-97）。

3）切换到"移动"工具结束创建，移动其位置（图18-98）。

4）在图层面板中双击"会议室"图层，就会

图18-96

图18-97

弹出"图层样式"对话框，在"混合选项"中可以调整各种混合模式，如不透明度、填充不透明度等（图18-99）。

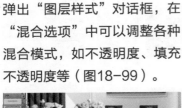

图18-98

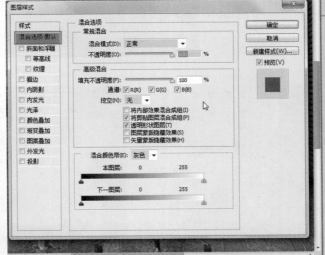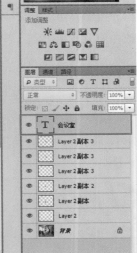

图18-99

5）斜面和浮雕，可以给文字添加立体效果，在"结构"中可以为其添加不同的效果。在"阴影"中可以调节阴影的不同效果，其中"角度"与"高度"能控制阴影方向。"高等线"与"纹理"可以加强文字的立体效果与特效（图18-100）。

6）其余选项的操作方式基本相同，就不再一一介绍了。根据设计要求依次向下进行调节，制作出独特文字效果。完成之后，单击"调整"面板旁的"样式"面板，在"样式"面板最后面的空白处单击"创建新的样式"按钮（图18-101）。

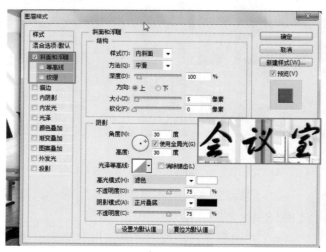

图18-100

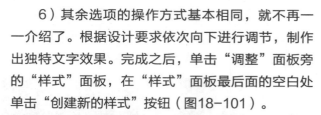

图18-101

7）给该样式命名，如果以后希望继续使用这种文字样式，可以直接单击该"样式"按钮，也可以使用其他样式（图18-102）。

8）修改文字内容，可以双击"文字"图层的"T"按钮，就可以修改文字（图18-103）。

9）单击展开"文字"面板中的"字符"按钮，可以对文字的基本参数进行修改（图18-104）。

图18-102

图18-103

图18-104

18.4　效果图保存

18.4.1　效果图整体锐化

1）打开本书配套资料中的"模型\第17章\效果图"，使用上述方法对其进行修饰（图18-105）。

2）修饰完毕后，在"图层"面板中任意选择一个图层单击右键，选择"合并可见图层"（图18-106）。

3）当所有的图层都合并为一个图层后，就可将其整体锐化，在"菜单栏"中选择"滤镜→锐化→

锐化"，整体图像就会产生一次锐化效果，锐化之后会让图像更加清晰（图18-107）。

4）如果觉得锐化效果不够明显，可将图像再进行一次锐化，或选择"滤镜→锐化→进一步锐化"，"进一步锐化"相当于"锐化"的2～3倍效果（图18-108）。

这是锐化之后的效果（图18-109）。

图18-105

图18-106

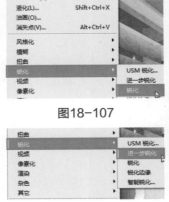

图18-107

图18-108

图18-109

18.4.2　保存格式

1）锐化完成之后就可以将文件保存，在菜单栏选择"文件→存储为"（图18-110）。

2）在"存储为"面板中，选择"第18章"，命名为"卧室"，格式为".PSD格式"，单击"保存"按钮（图18-111）。

3）再次在菜单栏选择"文件→存储为"，这次选择".JPEG格式"保存（图18-112）。

4）在"图像选项"中将滑块滑动到"大文件"，单击"确定"按钮，修饰后的效果图即被保存为".JPEG格式"，最终完成效果图的修饰（图18-113）。

图18-110

图18-111

图18-112

图18-113

本书配套资料使用说明

为辅助学习提供便利，本书提供相关配套资料的电子文件，可在网址https://pan.baidu.com/s/1nvGag0h下载相关内容，主要内容如下。

1）3D背景。其中包含大量建筑、风景图片，能用于效果图制作的户外贴图，模拟真实的场景效果。使用时，应预先在场景空间的门窗外制作1个面积较大的"矩形"或"弧形面"，其大小能完全遮盖门窗即可，将矩形或弧形面赋予一张"3D背景"图片，即能从室内观望到户外背景的效果。

2）PS装饰。其中包含大量室内外陈设、配饰、绿化图片，背景均处理为空白，能用于PhotoshopCS后期处理效果图，将其拖入效果图中，根据需要缩放，能为效果图增添真实、浓厚的氛围。

3）材质库。其中包含一个"材质库.mat文件"，使用"V-Ray渲染器"，在"材质库"中就可以打开并使用其中丰富的材质。

4）材质贴图。其中包含大量材质贴图文件，可以将其指定"材质编辑器"中的任何"材质球"，并赋予场景空间中的模型，能获得真实的渲染效果，材质贴图应配合"UVW贴图"修改器使用。

5）光域网。其中包含常见的24种"光域网"文件与灯光照射形态小样图，创建灯光后，可以在创建面板的"选择光度学文件"按钮上，为灯光添加光域网，形成真实的灯具照射效果。

6）脚本文件。其中包含一个"材质通道转换.mse"，在"MAXScript（X）"菜单栏中的"运行脚本"，就可以使用脚本文件实现快速的通道材质转换。

7）教学视频。其中包含本书全部操作视频文件，每段视频精练短小，清晰讲解步骤，能更直观地辅助本书学习3ds max 2018／VRay的操作方法。

8）模型。其中包含本书全部案例的模型、贴图、光域网、材质、渲染图等文件，可以用于独立练习与分析操作，其中压缩文件还能单独复制至其他计算机上打开使用。

9）效果图。其中包含本书几个重要场景的高精度渲染效果图，可以用于Photoshop后期处理练习。

3D背景　　　PS装饰　　　材质库　　　材质贴图　　　光域网

脚本文件　　　教学视频　　　模型　　　效果图

参考文献

[1] 胡仁喜，张日晶. 3ds Max 2013中文版标准培训教程[M]. 北京：电子工业出版社，2013.

[2] 子午视觉文化传播. 3ds Max 2013完全学习手册[M]. 北京：人民邮电出版社，2013.

[3] 曹茂鹏. 中文版3ds Max 2012完全自学教程[M]. 北京：人民邮电出版社，2012.

[4] 刘正旭. 3ds max/VRay室内外设计材质与灯光速查手册[M]. 北京：电子工业出版社，2012.

[5] 李斌，朱立银. 3ds Max/VRay印象室内家装效果图表现技法[M]. 北京：人民邮电出版社，2012.

[6] 王琦. Autodesk 3ds Max 2012标准培训教材Ⅰ[M]. 北京：人民邮电出版社，2012.

[7] 火星时代. 3ds Max&VRay室内渲染火星课堂[M]. 北京：人民邮电出版社，2012.

[8] 时代印象. 中文版3ds Max 2012技术大全[M]. 北京：人民邮电出版社，2012.

[9] 王新颖，苏醒，李少勇. 中文版3ds Max 2013基础教程[M]. 北京：印刷工业出版社，2012.

[10] 张玲. 3ds Max建筑与室内效果图设计从入门到精通[M]. 北京：中国青年出版社，2013.

[11] 王芳，赵雪梅. 3ds Max 2013完全自学教程[M]. 北京：中国铁道出版社，2013.

[12] 亓鑫辉. 3ds Max 2014火星课堂[M]. 北京：人民邮电出版社，2013.

[13] 李谷雨，刘洋，李志. 3ds Max2013中文版标准教程[M]. 北京：中国青年出版社，2013.

[14] 范景泽. 新手学3ds Max 2013（实例版）[M]. 北京：电子工业出版社，2013.

[15] 高峰、赵侠，等. 3ds Max 2013中文版从入门到精通[M]. 北京：中国青年出版社，2013.

[16] 郁陶，李少勇. 中文版3ds Max 2013完全自学教程[M]. 北京：北京希望电子出版社，2012.